U0312475

油膜轴承磁流体润滑理论

王建梅　著

北　京
冶　金　工　业　出　版　社
2019

内 容 简 介

本书共分9章，主要内容涉及理论算法推导、数值模拟、方案设计、试验验证等。本书对油膜轴承磁流体润滑理论进行了研究，详细地介绍了磁流体、油膜轴承和磁流体力学的相关基础知识、磁流体润滑性能理论基础、油膜轴承磁流体润滑机理、外加磁场设计、磁流体润滑油膜黏度特性、磁流固多场耦合润滑油膜数值模拟和磁流体润滑油膜轴承的静动特性等。

本书旨在为读者提供油膜轴承等滑动轴承类基础件的润滑理论与方法，并为工程应用提供最新的知识服务。本书可供从事机械设计及理论研究的科技人员参考，也可供高等院校机械类专业师生阅读。

图书在版编目(CIP)数据

油膜轴承磁流体润滑理论/王建梅著．—北京：冶金工业出版社，2019.1

ISBN 978-7-5024-7951-0

Ⅰ.①油… Ⅱ.①王… Ⅲ.①油膜—轴承—磁流体—润滑理论 Ⅳ.①TH133.3

中国版本图书馆CIP数据核字(2018)第244276号

出 版 人　谭学余
地　　址　北京市东城区嵩祝院北巷39号　邮编　100009　电话　(010)64027926
网　　址　www.cnmip.com.cn　电子信箱　yjcbs@cnmip.com.cn
责任编辑　常国平　美术编辑　彭子赫　版式设计　禹　蕊
责任校对　王永欣　责任印制　牛晓波
ISBN 978-7-5024-7951-0
冶金工业出版社出版发行；各地新华书店经销；固安华明印业有限公司印刷
2019年1月第1版，2019年1月第1次印刷
169mm×239mm；14.75印张；283千字；217页
56.00元
冶金工业出版社　投稿电话　(010)64027932　投稿信箱　tougao@cnmip.com.cn
冶金工业出版社营销中心　电话　(010)64044283　传真　(010)64027893
冶金工业出版社天猫旗舰店　yjgycbs.tmall.com
（本书如有印装质量问题，本社营销中心负责退换）

前　　言

基础件是我国高端装备制造产业的关键组成部分，其设计质量和水平直接关系到产品的性能和技术经济效益。油膜轴承是应用于工业的典型关键基础件，因其具有承载能力大、使用寿命长、速度范围广、运转精度高、结构尺寸小、抗冲击能力强等优点，广泛应用于钢铁、矿山、冶金、航空、航天等系统的高、精、尖关键设备。

轧机油膜轴承是迄今所公认的现代轧机比较理想的轴承，也是其他一些高运转精度、大外加载荷、长使用寿命、低摩擦损耗、宽速度范围等重型机械的比较理想的轴承。随着轧机油膜轴承理论与技术的研究进展，结合不同轧制工况的特点，油膜轴承润滑理论由最初的刚流润滑，逐渐发展到热流润滑、弹流润滑和热弹流润滑。为了进一步改善油膜轴承的润滑性能，弥补巴氏合金蠕变对油膜润滑的负面效应，引入磁流体润滑，通过设置磁场强度动态提高润滑油黏度和承载能力，以保证低速重载下油膜的形成和稳定性。开展油膜轴承磁流体润滑理论研究，拓展了磁流体润滑的应用，完善了油膜轴承润滑理论。

本书的主要内容包括：(1) 磁流体概述，简要介绍磁流体的概念、组成、特点和制备，以及磁流体润滑的特点和影响因素；(2) 油膜轴承概述，简要介绍了油膜轴承的特点、工作原理、润滑特点和油膜轴承润滑的数学模型；(3) 磁流体力学基础，给出了磁流体力学的预备公式、电磁学相关方程、磁流体动力学方程、控制磁流体流动的方程组，以及分析所需的初始条件和边界条件；(4) 油膜轴承磁流体润滑性能理论基础，给出了经典的磁流体润滑理论模型、磁流体润滑相关参数定义、磁流体润滑性能参数关系式和磁流体润滑性能参数的关联度和权重分析；(5) 油膜轴承磁流体润滑机理，给出了磁流体润滑油膜轴承数学模型，进行了磁流体润滑模型的无量纲化，以及对磁流体润滑油膜的数值求解；（6）磁流体润滑油膜轴承外加磁场设计，基于电磁学基本方程，推导了限长通电螺线管中的磁感应强度，建立了磁流体润滑油膜轴承外加磁场模型，开展了螺线管磁场的试验研究；（7）磁流体润滑油膜的黏度特性，制备了磁流体油膜轴承油，进行了磁流体黏度测量和磁流体黏度特性分析，给出了磁流体黏度控制策略；（8）磁流固多场耦合润滑油膜数值模拟，实施了磁流体润滑油膜轴承系统建模、磁流体润滑油膜模拟和磁流固多场耦合模拟，分析了磁流体润滑性能，开发了磁流体润滑油膜轴承油膜分析系统；（9）磁流体润滑油膜轴承的静动特性，建立了磁流体润滑油膜轴承的静动特性数学模型，进行了静动特性数学模型的无量纲化和数值求解。

本书介绍的油膜轴承磁流体润滑理论属于摩擦学理论与设计范畴。本书的特点是对油膜轴承润滑理论、磁流润滑理论与方法的完善与改进，体现了多学科知识、技术与方法的融合，为机械零件设计的科学计算提供了理论依据，对于提高设备运行效率和运行可靠性具有一定的实用参考价值。

本书撰写时充分注意到理论知识的连贯性，理论分析和公式推导时，立足基础理论知识，科学推理、循序渐进、有理有据、系统完整，力求做到理论研究与企业专家经验和现场生产实际相结合，是作者所在课题组成员多年来科学研究成果的结晶。本书是《油膜轴承蠕变理论》（冶金工业出版社，2018 年）著作的姊妹篇，是对油膜轴承理论与技术的进一步补充与完善。

本书出版的目的旨在为读者提供油膜轴承等滑动轴承类基础件的润滑理论与方法，并为油膜轴承的工程应用提供最新的知识服务。本书可供从事机械设计及理论、摩擦学研究的科技人员参考，也可供高等院校机械类专业师生阅读。

借本书出版之际，向资助本书出版的国家自然科学基金资助项目（51875382）、国家自然科学基金煤炭联合基金项目（U1610109）、山西省基础研究计划（自然）项目（201601D011049）和太原重型机械装备协同创新中心（1331 工程）专项资助表示由衷的感谢，并向攻读硕士研究生期间共同参与本书相关工作的黄讯杰、康建锋、张艳娟、张亚南、左正平、张婉茹、高悦鹏、管永强、赵雅琪等研究生，表示衷心感谢！封面图片由太原重型机械集团油膜轴承分公司提供，在此一并表示感谢。

创新之作，限于作者的水平，不当之处在所难免，欢迎广大读者批评与指正。

作　者

2018 年 6 月于太原

目　　录

主要符号表

M_n，M_L　磁性颗粒和润滑油质量，kg
P_n，P_L　磁性颗粒和润滑油密度，kg/m^3
ϕ　油基磁流体的体积分数
A　Fe_3O_4 颗粒吸附量
M_S　饱和磁化强度，emu/g
k_0　玻耳兹曼常数
μ_0　真空磁导率和 m 粒子间的磁矩，emu
d_{av}　Fe_3O_4 晶粒尺寸，nm
β　衍射峰半宽高，mm
λ　射线波长，mm
ρ_{NP}，ρ_f　固相微粒和油基磁流体密度，kg/m^3
h　固相微粒距参考点高度，m
C　最可几动量
δ，ψ　半径间隙和相对间隙，mm
e，ε　偏心距，mm；相对偏心率
d，r　轴颈直径和半径，mm
l　轧辊与轴承理论接触长度，mm
h_{JT}，h_{BT}　轧辊和轴承的热变形，mm
$\hat{\alpha}_J$，$\hat{\alpha}_B$　轧辊和轴承的材料线膨胀系数
D_ρ，μ_f　密温系数；黏性系数
ρ_0　大气压下温度 T_0 时润滑油密度，kg/m^3
B　磁感应强度，T
θ　热流量，W
E　电场强度，V/m
H　磁场强度，A/m
F_e　库仑力，N
τ　空间中任意一个体积，m^3
S，Σ　封闭的和张在 C 上任一曲面
Re，Re_m　雷诺数，磁雷诺数
a_0　流体的特征声速，m/s
λ_T　热传导系数
I　单位体积粒子惯性矩总和,m · kg · s^2
ρ_p　单个粒子的质量密度，kg/m^3
Ω　角速度，rad/s
C_H，C_0　磁流体和基载液（润滑油）油膜刚度，N/m
h　巴氏合金层原始厚度，mm
$R_{(y)}$　轴承内径，mm
I　电流强度，A
$\Delta\eta$　磁流体润滑油膜的黏度增量,Pa · s
d_p　团聚体分子平均直径，mm
R_I　判断矩阵平均随机一致性指标值
f_p　压力梯度
r_p　磁性微粒的半径，mm
t_s　Newton 松弛时间，s
h_e，h_T　弹性变形和热变形，mm
h_c　巴氏合金层厚度，mm
k_B　轴承热传导系数
T_R　轧辊轴径表面温度，℃
k_c　表面对流换热系数
$\eta(\dot{\gamma})$　表观黏度，Pa · s
B　轧辊和轴承间磁感应强度，T
B'，B_0　磁场增量和外加磁场磁感应

强度，T

H，M　外加磁场强度，磁化强度，A/m

V　封闭曲面 S 包围的面积

r　线圈上任意一点 Q 到点 P 的距离，mm

R　任一层到中心轴线的距离，mm

R_1，R_2　螺线管内半径和外半径，mm

B_{oy}，B_{ox}　径向和轴向磁感应强度，T

n_1，n_2　单位长度和厚度上螺线管的匝数

B_ρ，B_Z　径向和轴向的磁感应强度分量，T

η_p　纳米固相微粒和的黏度系数

β_1　管流涡旋矢量与外加磁场强度的夹角，(°)

μ　磁流体的磁导率

P_0　入口油压，MPa

M_0　磁流体摩尔质量，g/mol

c，c_c　比热容和磁流体比热容，J/(kg·K)

c_p　纳米固相微粒比热容，J/(kg·K)

λ　热导率，W/(m·K)

λ_c，λ_p　磁流体热和纳米固相微粒热导率

Z，S_0　无量纲黏压系数和无量纲黏温系数

γ^2　不稳定的涡动频率系数

χ_i　初始磁化率

T，T_0　绝对温度和特征温度，℃

D_m　磁性粒子粒径，nm

k_1　Sherrer 常数

θ　掠射角，(°)

V_{P1}　单个微粒体积，m^3

g　重力加速度，m/s^2

F　轴承载荷，kN

h_{min}　最小油膜厚度，mm

L　轴承宽度，mm

ω　轴颈旋转角速度，r/min

h_1，h_2　几何间隙，轧辊和轴承弹性变形，mm

E_1，E_2　轧辊和轴承弹性模量，MPa

P　作用于轧辊或轴承的油膜压力总和，kN

μ_1，μ_2　轧辊和轴承泊松比

η_0　常压(大气压)基载液黏度，Pa·s

ΔT　温度热变化量，℃

α　Barus 黏压系数

c_v　定容比热容，J/(kg·K)

D　电感应强度，H

ρ_e　电荷的体密度，C/m^3

η　磁扩散系数

ε_m　磁力功体密度

n　表面 S 的单位外法向矢量

V_0　特征速度，m/s

B_0　特征磁场

M_0，M_m　马赫数，磁马赫数

Pr　普朗特数

τ_s，τ_B　粒子由于摩擦内阻和布朗运动引起的旋转松弛时间，s

S　角动量，$kg \cdot m^2/s$

U　速度矢量，m/s

G　静压轴承同心时的静刚度，N/m

$H_{(i)}$　外磁场强度函数

$S_{(h)}$，$L_{(h)}$　轴承系统固体变形函数和磁流体油膜承载函数

$\partial T/\partial r_B$　轴瓦温度梯度

$A_{(y)}$　厚度方向上的作用面积，mm^2

L　轴承轴向宽度，mm

η_H，η_t　磁流体有磁场作用的黏度和基

载液润滑油膜的黏度,Pa · s

ω　管流涡旋矢量

f_g，f_η　重力和黏性力，N

μ_r　相对磁导率

η_c　基载液的动力黏度，Pa · s

h_g　轴承几何间隙，mm

J　磁性微粒绕中心轴的惯性矩，m · kg · s^2

c_B　轴承比热容，J/(kg · ℃)

K　铁磁流体热传导系数

T_{inlet}，T_{out}　轴承入口和出口油温度,℃

Q_{inlet}　润滑油入油量，mL

T_s　外界供油温度,℃

$\theta_0^{(n)}$　实际偏位角，(°)

L，L'　衬套长度和当量宽度，mm

R_0　线圈半径，mm

a　环形永磁铁外圆柱面半径，mm

B_x　轴向磁感应强度，T

χ_{iL}　Langevin 模型初始磁化率

η_{f0}　无磁场作用时铁磁流体黏性系数

γ　剪切速率

ξ　轴承承载能力系数

ρ_c，ρ_p　磁流体和纳米固相微粒密度，kg/m^3

η_{c0}　磁流体基载液的动力黏性系数

r_P　纳米磁性颗粒粒径，mm

δ　表面活性剂厚度，mm

η_H　磁场作用时铁磁流体的黏性系数

p_m，p_s　磁化压力和磁场中磁流体的体积变化引起压力变化的磁致伸缩压力，MPa

w_{x0}，w_{y0}　轴承稳定运行状态时 x 向和 y 向的油膜力，N

α_a　油膜承载区的初始边界

α_b　油膜破裂边界的角位置

k_s　磁彻体力系数

f_k　Kelvin 力，N

K_{eq}　等效油膜刚度系数

1 磁流体概述

磁流体（magnetic fluid）又称磁性液体（magnet liquid）、铁磁流体（ferrofluid）或磁液（magnetic liquid），是一种具有磁性和流动性的液体，具有强磁化性能的润滑、密封以及工程阻尼等用途，是纳米材料的一个重要应用领域。磁流体在摩擦学技术中的应用，直接在摩擦区域保留一定量的磁流体，有助于提升传动机构、轴承等的运行质量。许多情况下，磁流体代替传统的润滑方式，明显降低因摩擦引起的能量消耗，同时减少润滑材料的消耗。磁流体广泛应用于航空航天、遥测、机械、能源、电子、冶金、环保、医疗、仪表等诸多领域。

1.1 磁流体的组成和特性

1.1.1 磁流体的组成

磁流体主要由基载液、分散剂以及纳米磁性颗粒组成，三者通过化学物理反应和热运动形成相对稳定的固、液两相胶体溶液。磁流体是流体，遵循流体的运动规律；同时具有一般磁性物质的磁性，在外加磁场作用下遵从电磁学的基本运动规律。磁性颗粒在外加磁场作用下可以被控制、定位和移动，且不会出现沉淀或分层现象。其组成见图 1-1。

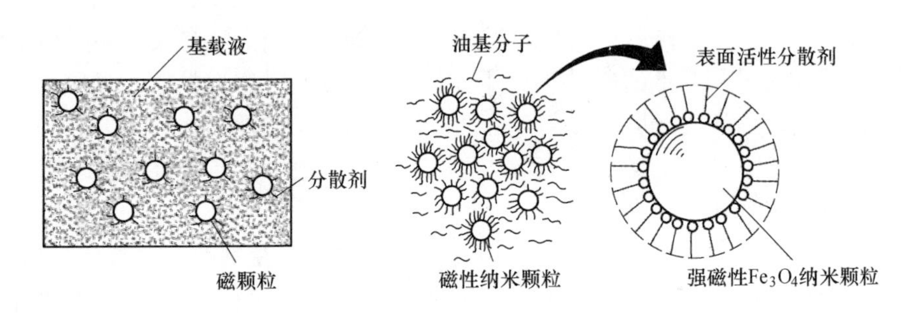

图 1-1 磁流体的组成

在磁流体中，为了保持磁性颗粒在基载液中弥散分布不产生沉淀，磁性颗粒的尺寸通常很小，一般直径范围在 8～10nm 之间。常用的磁性颗粒有铁、钴、镍及磁铁矿（Fe_3O_4）、钡铁氧体、锶铁氧体等。纳米磁颗粒可以有效地防止由于引力、磁场力和重力等外界因素而造成的凝聚或聚集现象。由于其尺寸相当于 100 个分子的大小，磁性颗粒在磁流体中具有纷乱无序的热运动，使磁流体在宏观上具有各向同性的性质，同时磁性颗粒使基载液和固相微粒之间具有巨大的接触面积。因此，仅依靠两相之间的接触黏附作用，就能够通过外磁场控制磁性颗粒来调控整个磁流体溶液。

基载液和分散剂在磁流体的三种组分中占整个溶液体积的90%以上，磁性颗粒占总体积的10%以下。作为基载液的物质来源很广，常用的有水、矿物油、有机硅油、煤油、双脂类、聚苯醚等非导电性液体，也可以是钒、铟、水银等金属或合金。为了防止微小磁性颗粒之间的相互吸引、碰撞发生磁性颗粒的聚集沉淀，引起磁流体磁学性能的改变，需要在基载液中加入分散剂。分散剂又名表面活性剂或扩散剂，是磁流体不发生凝聚的关键因素。常用的分散剂有油酸、亚油酸、卵磷脂等一类长链物质，其长链中的一端依附在磁性颗粒的外表面上，另一端处于自由状态。

1.1.2　磁流体的特性[1]

磁流体中的磁性颗粒为纳米微粒，由于纳米颗粒所特有的体积效应（量子尺寸效应与小尺寸效应）、表面效应和协同效应等特殊效应，使得磁流体在光、电、热、磁等方面呈现出不同于多数液体材料的奇异特性。磁流体具有磁性材料和流体的双重特性，同时具有利用磁场控制流变性、热物理性和光学性能的能力。

（1）磁流体的磁学性质。磁流体属于超顺磁材料，其最主要的物理性质是磁化性能。磁流体在磁场作用下被磁化，随着磁场梯度的改变，磁流体会被定位在确定的区域。通常情况下，磁化强度用来衡量磁流体的磁化性能。磁流体磁化后再退磁，一般不会出现磁滞现象。当无外加磁场时，磁性颗粒集合体类似于顺磁体，各磁化矢量相互抵消，对外不显示宏观磁性，此时磁性粒子不显磁性；当有外加磁场时，由于磁场力的作用，磁性粒子将流向磁场强度高的一方，并显示出一定的宏观磁化强度，表现出超顺磁性；同时可通过调节外加磁场改变其黏度。在垂直磁场作用下，会自发地形成稳定的波峰。

（2）磁流体的力学性质。磁流体力学性质主要体现在黏度，与基载液相比，磁流体的黏度要高许多，且随着体积分数的增加而增大。纳米磁性颗粒的尺寸与其在磁流体中的体积分数对磁流体的黏度起着决定性的作用。

（3）磁流体的光学性质。当纳米颗粒的尺寸与光的波长相当或者更小时，周期性边界条件将被破坏，使得光的反射率、折射率发生改变，使得磁流体膜体现出特殊的光学性质，如偏振、双折等。

（4）磁流体的热学性质。在热力学性质方面，磁流体与普通流体的不同之处在于，其热力学性质不仅与自身的磁化强度有关，还与外磁场的强度有关。

1.2 磁流体的制备

1.2.1 磁流体的制备方法

磁流体属于单磁畴稳定胶体悬浮液，为了使其在磁场、磁场梯度或重力场作用下保持稳定，磁流体中的纳米磁性颗粒粒度通常小于10nm。由于磁流体对于纳米微粒的粒径、表面活性剂以及稳定性的要求，其制备工艺成为诸多学者研究的热点方向。经过多年的研究，磁流体的制备技术得到了蓬勃的发展，磁流体的制备方法主要有[2]：

(1) 湿－粉碎法。湿－粉碎法主要应用于纳米磁性颗粒为铁的氧化物(Fe_3O_4、Fe_2O_3)的磁流体制备。将铁氧化物、表面活性剂以及基载液置于球磨机内进行湿磨，直到溶液呈现胶体状态。通过离心方法除去溶液中的较大颗粒，以免导致团聚与沉淀。该方法操作简单，由于耗时过长、消耗成本较大，逐渐被更加快速简单的方法所取代。

(2) 化学共沉淀法。化学共沉淀法是一种用途广泛的磁流体制备方法，其反应温度通常为0～100℃。通常将Fe^{2+}和Fe^{3+}的盐溶液以一定的比例混合，在一定温度下加入碱性物质，通过高速机械搅拌生成Fe_3O_4沉淀；在一定温度和pH条件下加入表面活性剂，通过高速搅拌得到分散性和稳定性良好的铁磁流体。该方法可得到粒度为3～20nm的磁性粒子。

有关研究表明：磁性粒子的尺寸大小、分散性和稳定性与反应时的温度、pH值、表面活性剂种类以及搅拌速度有着密切的关系。由于Fe^{2+}的氧化作用，化学共沉淀生成的化合物并非单一的Fe_3O_4，而是Fe_3O_4与Fe_2O_3的混合物。但是氧化作用对磁流体的稳定性几乎没有影响，其磁化性能也只是微小的下降，最多不超过10%，并不会影响化学共沉淀技术的应用。

(3) 铁离子替代法。该方法通常使用Co^{2+}、Mn^{2+}、Ni^{2+}、Zn^{2+}、Li^{+}或化合物来替代Fe^{2+}或部分Fe^{2+}。其中磁性颗粒的制备方法与Fe_3O_4磁性颗粒的制备方法大体相似。该方法出现的主要原因是以上材料的磁性能有很大差异，可以通过上述粒子来调整磁流体的性质，以满足各种应用。

(4) 微乳法。该方法需要两种微乳液，其中一种为金属盐溶液或金属盐混合物，另一种为碱性水溶液，将两者以一定比例混合，然后利用表面活性剂进行分散，可以得到粒径较小且分散性良好的磁流体。该方法的缺点是在制备过程中，使用的表面活性剂可能与特定应用所要求的基载液不兼容，需要使用与基载液相容的表面活性剂或者使用两种表面活性剂。

除了上述主要的制备方法外，还有热分解法、等离子体CVD法、阴离子交换树脂和真空蒸镀法等。

在制备过程中，各组成成分的选择主要依据用途和价格。通常磁性微粒主要是选择铁、钴、镍及其金属氧化物等磁性材料，这些磁性材料能使基载液呈现出较好磁性，超细颗粒（$d<10$nm）制取变得容易；分散剂是为了防止磁性微粒之间发生聚集或沉淀，通常根据基载液性能进行选取；基载液的类型根据磁流体密封介质和使用工况进行选择，而且应该满足低蒸发率、低黏度、高化学稳定性以及抗辐射和抗高温特性等条件。

稳定铁磁流体的制备关键在于：（1）确定磁流体磁性微粒的大小；（2）选择表面活性剂及其用量；（3）制备工艺的选择，保证磁流体中分散的磁性微粒状态是单颗分散。

采用化学法制备直径较小的磁性颗粒，其制造的微粒整体质量较高，且操作简单，成本较低，对设备要求也较低。在实际生产与科学研究中，主要采用化学法制备直径较小的磁性颗粒。化学共沉淀法操作简便易行，成本低廉，产物形貌结构和性能可控，适合大批量生产，实际生产中得到广泛应用。

本章节采用 Fe_3O_4 作为纳米磁性粒子，选用化学共沉淀法进行制备。

1.2.2 实验材料与仪器[3]

用于合成纳米磁性颗粒的主要试剂见表1-1。

表1-1 用于合成纳米磁性颗粒的主要试剂

化学试剂	生产单位	规格
七水合硫酸亚铁（$FeSO_4 \cdot 7H_2O$）	沈阳东兴试剂厂	分析纯（AR）
三氯化铁（$FeCl_3 \cdot 6H_2O$）	沈阳东兴试剂厂	分析纯（AR）
氨水（$NH_3 \cdot H_2O$）	上海试一化学试剂有限公司	分析纯（AR）
油酸钠（$C_{17}H_{33}CO_2Na$）	北京北化福瑞科技有限公司	分析纯（AR）
无水乙醇（CH_3CH_2OH）	上海振一化学试剂厂	分析纯（AR）
美孚润滑油	ExxonMobil 埃克森美孚	工业用（Tech）

根据现有技术采用油酸钠作为表面活性剂，实验中所有用水均为蒸馏水，基载液为埃克森美孚公司生产的轴承润滑油。图1-2所示为实验所用部分试剂实物图。

实验所用仪器设备主要有天平、磁力搅拌器、恒温水浴锅、超声波仪等，见表1-2。主要玻璃仪器见表1-3。

表1-2 主要仪器设备

名称	规格或型号	产地
数显恒温水浴锅	HH-1 型	苏州宏瑞源科技股份有限公司
精密增力电动搅拌器	JJ-1 型	江苏省金坛市宏华仪器制造厂
电动离心机	CZLY-800DD 型	常州天瑞仪器有限公司

续表 1-2

名　　称	规格或型号	产　　地
分析电子天平	CP214 型	苏州赛恩斯仪器有限公司（奥豪斯）
磁力加热搅拌器	85-2 型	济南欧莱博医疗器械有限公司
超声波分散仪	XH-2008T 型	北京祥鹄科技发展有限公司
透射电子显微镜	Tecnai G2 20 型	FEI 香港有限公司
多功能振动样品磁强计	VersaLab	美国 Quantum Design 公司
X 射线衍射仪	X′pert PRO MPD 型	荷兰 Panalytical 分析仪器公司

表 1-3　主要玻璃仪器

仪器名称	规格	数量
烧杯	100mL，250mL	若干
试管	50mL	若干
锥形瓶	250mL	2
滴管	5mL	2
移液管	20mL	2
量筒	100mL	1
pH 试纸	pH 1 ~ 14	若干

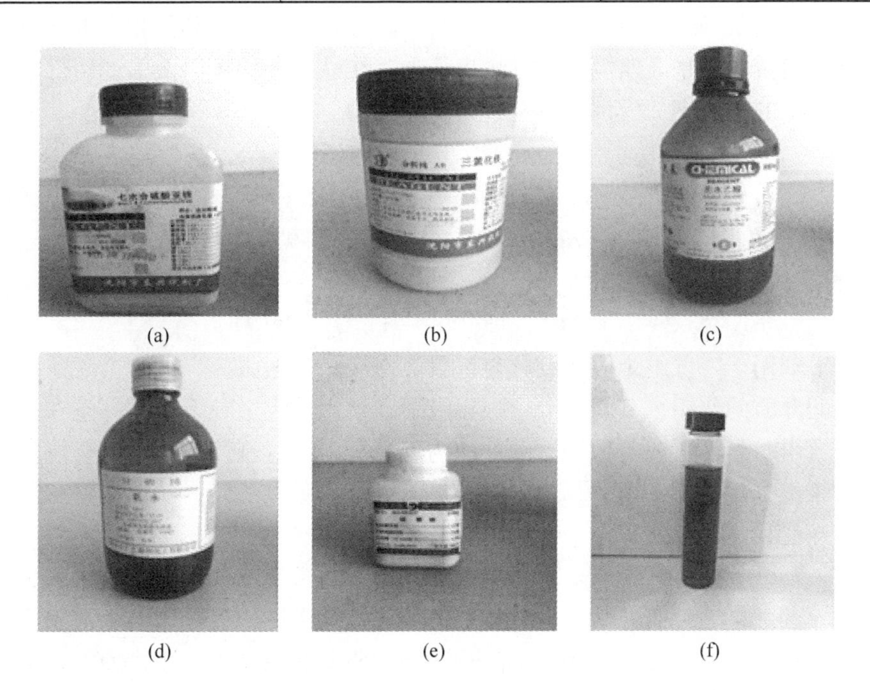

(a)　(b)　(c)

(d)　(e)　(f)

图 1-2　部分试剂实物图

(a) 七水合硫酸亚铁；(b) 三氯化铁；(c) 无水乙醇；(d) 氨水；(e) 油酸钠；(f) 美孚润滑油

为了防止混淆制备好的磁流体，在实验过程中对其进行了编号处理。编号按照基载液的类型以及磁性颗粒的体积分数进行标识，如基载液为460润滑油，磁性颗粒的体积分数为10%，则编号为460-10，其余均按照该方法进行编号。另外，独立购买的磁流体成品其基载液为矿物油，浓度为10%，编号为KWY-10；用于分析组织性能的磁流体样液（体积分数为6%）编号为OAM1、OAM2。因此，实验使用的磁流体型号分别为220-05、220-10、220-20、460-05、460-10、460-20、KWY-10、OAM1、OAM2。

1.2.3　实验原理

采用化学共沉淀的方法制备纳米级粒径的油溶性 Fe_3O_4 磁性颗粒。纳米 Fe_3O_4 颗粒具有良好的磁响应性与磁导向性，且其表面具有链接分散剂活性功能基因团等特性。

制备 Fe_3O_4 纳米磁性颗粒的原材料来源广泛，取材比较容易，成本低廉，制备工艺简单，对设备要求较低，易于大规模生产。

其制备的基本原理是：在一定温度下，把 Fe^{3+} 与 Fe^{2+} 的盐溶液按一定摩尔质量比混合后，注入过量的氨水（$NH_3 \cdot H_2O$）或者氢氧化钠（NaOH）等碱性溶液，通过高速搅拌，得到纳米尺度的 Fe_3O_4 磁性颗粒，再加入适量的表面活性剂，搅拌分散在基载液中，通过热水洗涤、磁分离的方法得到熟化后的 Fe_3O_4 磁性粒子。然后，通过高速搅拌的方法将其分散在油膜轴承润滑油中，制得应用于油膜轴承中的高稳定性磁性液体。其化学反应为：

$$Fe^{2+} + 2OH^- \longrightarrow Fe(OH)_2 \tag{1-1}$$

$$Fe^{3+} + 3OH^- \longrightarrow Fe(OH)_3 \tag{1-2}$$

$$Fe(OH)_2 + 2Fe(OH)_3 \longrightarrow Fe_3O_4 + 4H_2O \tag{1-3}$$

合成过程的总反应方程式为：

$$2Fe^{3+} + 8OH^- + Fe^{2+} \longrightarrow Fe_3O_4 + 4H_2O \tag{1-4}$$

分散剂用于降低纳米固体微粒与基载液之间的表面张力，在整个磁流体中承担着中间介质的作用，其长链分子一端吸附在纳米磁性微粒上，另一端在基载液中处于自由状态，形成类似于摆动杆的物理模型，通过刚性杆摆动所提供的排斥势能，来抵抗磁流体中范德华力的吸引势能以及磁吸引势能，从而使得磁流体中的悬浮颗粒稳定。

表面活性剂对分散剂有着不可忽视的作用。通常选取油酸与油酸钠作为表面活性剂。油酸是一种脂肪酸，含有较长的非极性分子链，在基载液中起到阻止粒子团聚长大而发生沉降的作用，油酸分子上的羧基容易与 Fe_3O_4 表面的羟基相结合。图1-3为油酸与固相微粒结合机理的结构示意图。

油酸钠是良好的表面活性剂，由憎水基和亲水基两部分组成，其中憎水基与

Fe_3O_4 磁性微粒良好的结合，亲水基使得 Fe_3O_4 磁性微粒很好地溶解于基载液。此外，油酸钠具有很好的渗透力、去污力和溶解力等，不易挥发，对皮肤和黏膜微有刺激性。

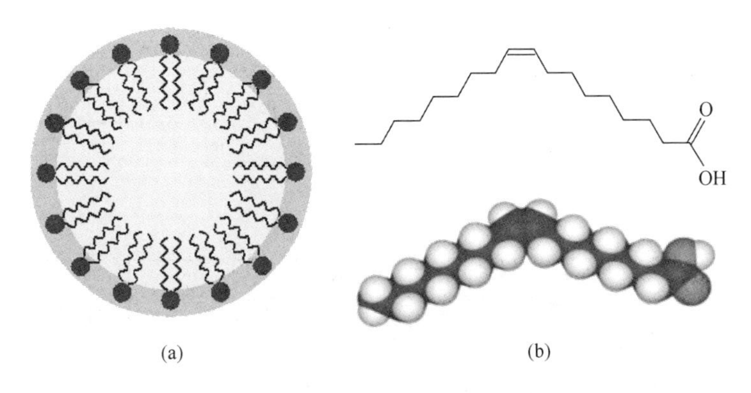

图 1-3　油酸与固相微粒结合机理的结构示意图

（a）分散剂作用示意图；（b）油酸分子结构示意图

1.2.4　实验方法[4]

采用两种不同的方法制备油基磁流体：一种是纳米磁性粒子被熟化后经过真空干燥处理，然后加入到基载液中；另一种是纳米磁性粒子未经过干燥处理直接加入到基载液中。具体制备方法有如下三种：

（1）制备熟化的 Fe_3O_4 纳米磁性粒子。分别配制 0.1 ~ 5mol/L 的 Fe^{2+} 和 Fe^{3+} 的盐溶液及 1 ~ 10mol/L 的氨水，按 Fe^{3+} 与 Fe^{2+} 的摩尔比为 3 : 2 将两种盐溶液倒入锥形烧瓶内，通入氮气排出烧瓶内的空气。将烧瓶放入 40℃ 的恒温水浴锅内，开始搅拌，转速为 1500r/min。按 Fe^{3+} 与 OH^- 的摩尔比约为 1 : 9 注入定量的氨水，水浴温度保持在 40 ~ 50℃，搅拌 40 ~ 50min。采用磁分离的方法分离出 Fe_3O_4 颗粒，使用蒸馏水与无水乙醇洗涤至溶液 pH 值为 10，超声分散 30min 后，按油酸与 Fe_3O_4 的摩尔比为 0.14 : 1 ~ 0.2 : 1 往烧瓶中注入油酸进行熟化，将温度升高到 80℃，机械搅拌 2h。

（2）经过干燥处理的纳米磁性粒子的油基磁流体制备。熟化完毕后，采用热水洗涤、磁分离的方法，制备得到熟化后的 Fe_3O_4 磁性颗粒，超声分散 15min，40℃ 真空干燥去除水分后，注入基载液中充分搅拌 1h，超声分散 30min，静置去除沉淀，制备得到油基磁流体 OAM1。

（3）未经干燥处理的纳米磁性粒子的油基磁流体制备。重复上述步骤（1），熟化完毕后，直接将 50mL 的基载液注入溶液中，充分搅拌 1h，超声分散 30min，静置分层，制备得到油基磁流体 OAM2。

磁流体制备工艺流程如图1-4和图1-5所示。

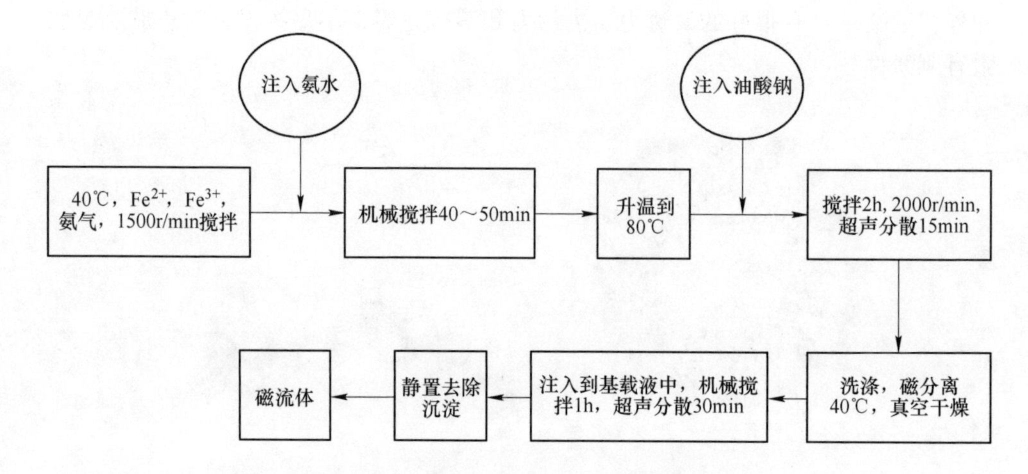

图1-4 纳米磁性颗粒经过干燥处理的磁流体制备工艺流程

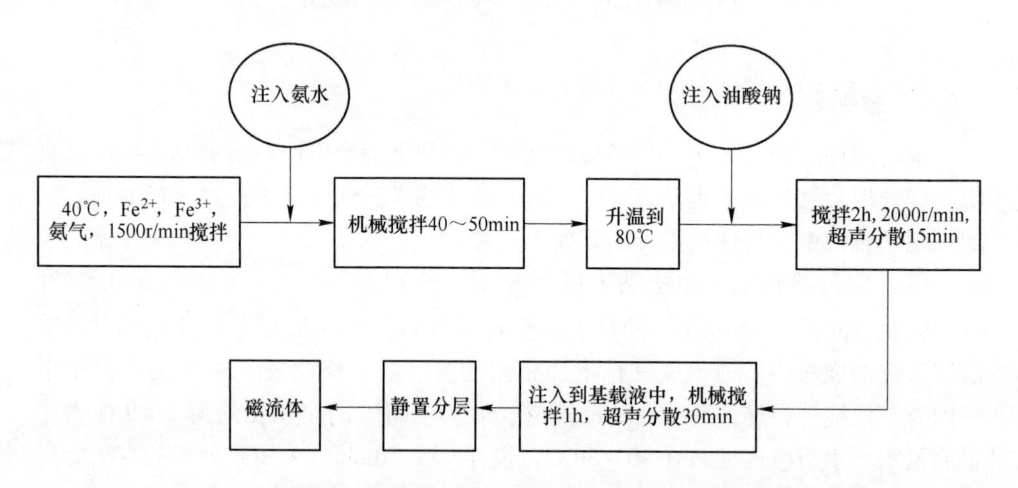

图1-5 纳米磁性颗粒直接注入基载液中的磁流体制备工艺流程

应用上述方法，分别制备了OAM1与OAM2两种新型油基磁流体。具体制备过程如下：

(1) 分别取六水合三氯化铁（$FeCl_3 \cdot 6H_2O$）19.45g与七水合硫酸亚铁（$FeSO_4 \cdot 7H_2O$）13.44g配制成Fe^{2+}和Fe^{3+}的盐溶液。按Fe^{3+}与Fe^{2+}摩尔比为3∶2的两种盐溶液注入锥形烧瓶内。通入氮气排出烧瓶内的空气。将烧瓶放入40℃的恒温水浴锅内，开始搅拌，转速设定为1500r/min。按Fe^{3+}与OH^-摩尔比约为1∶9注入定量的氨水，水浴温度保持在40～50℃，搅拌40min。采用磁分离的方法，分离出 Fe_3O_4 颗粒，使用蒸馏水与无水乙醇洗涤至溶液 pH 值为 10，超声分散 30min，按油酸与 Fe_3O_4 摩尔比为 0.18：1 往烧瓶中注入油酸钠 5g 进行熟化，将温度升高到 80℃，机械搅拌 2h。

（2）熟化完毕后，采用热水洗涤、磁分离的方法制备得到熟化后的 Fe_3O_4 磁性颗粒，超声分散 15min，40℃真空干燥去除水分后，注入 50mL 的 S-220 基础油中，如图 1-6（a）所示，充分搅拌 1h，超声分散 30min，静置去除沉淀，得到油基磁流体 OAM1，如图 1-6（b）所示。

（3）分别取六水合三氯化铁（$FeCl_3 \cdot 6H_2O$）26.35g 与七水合硫酸亚铁（$FeSO_4 \cdot 7H_2O$）18.22g 配制成 Fe^{2+} 和 Fe^{3+} 的盐溶液。重复上述步骤（1），熟化完毕后，直接将 50mL 的 S-220 基础油注入溶液中，充分搅拌 1h，超声分散 30min，静置分层，得到油基磁流体 OAM2，如图 1-6（c）所示。

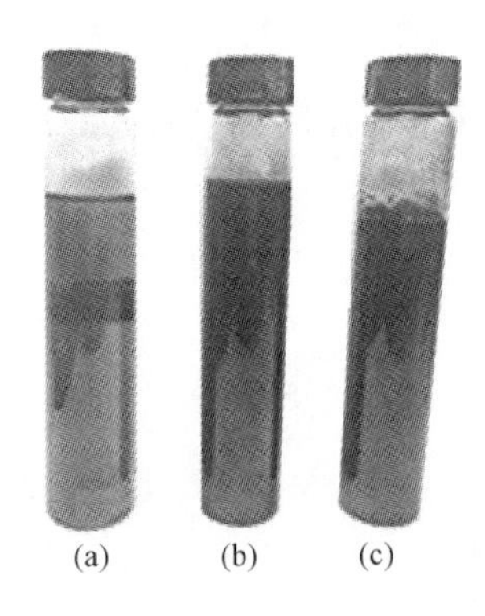

图 1-6 基载液以及制得的新型油基磁流体

采用化学共沉淀法制备铁磁流体操作简便易行，为了制备比较稳定的铁磁流体，制备过程中需注意以下方面：

（1）滴完氨水后，为了防止磁性微粒 Fe_3O_4 发生聚沉现象形成大分子团聚体，使用搅拌器继续搅拌 20min，以便搅碎生成的大颗粒团。

（2）由于表面活性剂对离子强度非常敏感，洗涤的目的在于去除溶液中多余的电解质离子杂质，离子强度高时影响活性剂对微粒的包裹，应重复洗涤多次。

（3）表面活性剂的包裹需要一段时间才能稳定吸附在 Fe_3O_4 颗粒表面，包裹阶段除了加热外，还需适时地进行长时间搅拌与振荡，制备存放一段时间后，使用前一定要进行搅拌和振荡。

（4）机械搅拌是一种长程力分散，适于均匀混合和打开较大的团聚力，超声波分散是一种短程力，适于打开较小的团聚力（纳米级），实验中两者适时穿插进行。反应过程前后的搅拌是为了保证反应均匀和安全，防止产生大颗粒。

（5）沉淀后和洗涤时的搅拌是为了打开较大的团聚体；加热过程中的搅拌可以防止沉淀造成颗粒和表面活性剂的相对分离。

（6）表面活性剂一般容易吸水，长久储存时容易发生聚集产生大颗粒，加入到铁磁流体中由于表面张力作用，有些表面活性剂包裹的颗粒不会溶于水，将会给整个铁磁流体的品质造成严重的影响。

1.3 磁流体的表征

1.3.1 宏观表征

制备得到体积分数为6%的油基磁流体，其宏观表现为黑色、不透明液体。体积分数的计算方法如下：

$$\phi = \frac{m_n/\rho_n}{m_n/\rho_n + m_L/\rho_L} \tag{1-5}$$

式中，m_n，m_L 分别为磁性颗粒和润滑油的质量；ρ_n，ρ_L 分别为磁性颗粒和润滑油的密度。

实验现象如图1-7所示。

图1-7 实验现象

所制备得到的 Fe_3O_4 纳米磁性颗粒的磁性大小，可用其吸附量 A 粗略表征。取一定量的 Fe_3O_4 颗粒，用天平称重，质量记作 m_0。将 Fe_3O_4 颗粒置于平铺在玻璃板的纸上，置于20mm×20mm×10mm钕铁硼磁铁下方2.5cm处，磁力作用将 Fe_3O_4 颗粒吸附在磁铁上。将剩余的 Fe_3O_4 颗粒称重记作 m_1，Fe_3O_4 颗粒的吸附量大小 A 可表示为：

$$A = \frac{m_0 - m_1}{m_0} \times 100\% \tag{1-6}$$

Fe_3O_4 颗粒的磁响应性可以通过其在水溶液中完全被吸附的时间来表示。具体方法为：将干燥处理过的 Fe_3O_4 磁性颗粒超声分散在蒸馏水中；将所制备得到的溶液置于试管中。在试管一测放置一块磁铁，开始计时，当纳米磁性颗粒被完全吸附时，停止计时。所用时间可以粗略表示 Fe_3O_4 纳米颗粒的磁响应性。

1.3.2 磁流体的磁光效应

磁流体一般为黑色不透明的液体，无磁场作用时，纳米磁性固相微粒均匀地分布在基载液中，其光学性质为各向同性；当外加磁场作用时，磁流体中的纳米磁性颗粒由于磁力的作用，沿外加磁场方向作定向排列，此时，其光学性质为各向异性，通常表现出偏振、双折射等光学性能。其磁光效应是指磁流体在磁场作用下所体现出的各向异性的光学现象。

将所制备得到的磁流体置于培养皿中，将 20mm×20mm×10mm 的钕铁硼磁铁置于下方，日光照射下，磁流体出现明显的磁光环现象，光环随着磁铁的移动而移动，如图 1-8 所示。

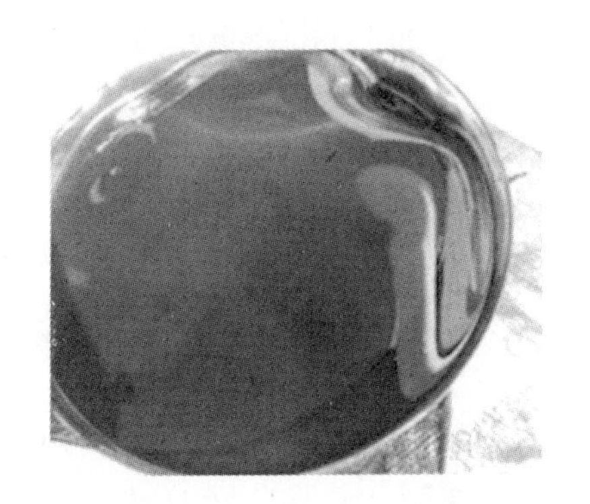

图 1-8 磁流体的磁光现象

1.3.3 磁锥现象

磁流体的黏度在磁场作用下随着磁场强度的大小而变化。磁流体的黏度与其纳米固相微粒的体积分数有直接关系。随着磁流体中纳米固相微粒体积分量的增加，磁流体的流动性会越来越弱，甚至停止流动，形成菱形体堆砌，宏观上表现为磁流体的磁锥现象，该效应被称为 Rosensweing 效应。图 1-9（a）为实验过程中磁流体在磁力搅拌转子上形成的磁锥现象；图 1-9（b）为将所制备得到的磁流体，将其放置于培养皿中，放置磁铁在培养皿下方，磁流体所表现出的磁锥现象。

顺磁性的磁流体在强垂直磁场作用下，表面形成规律的波峰波谷，这些波峰可能形成紧密排列的六边形图案，原因在于悬浮颗粒的表面不稳定。这种不稳定是由于磁场力的驱动而导致的，可以通过研究流体形状最小化系统的总能量来解释。从磁响应的角度来讲，这种波峰效应是非常有利的。在波纹结构中，磁场集中在峰值。波峰和波谷的形成同时受到重力和表面张力的影响，磁力作用下，磁

(a)　(b)

图 1-9　磁流体的磁锥现象

（a）磁力转子上的磁锥现象；（b）磁流体磁锥现象

流体波峰与波谷的形成，使其表面自由能量与重力势能增加，磁场能量总体减小。

当然，只有超过临界磁场时才会形成波纹结构，当磁场强度增大时，波的振幅变大，形成波峰，且磁场越大，波的峰值越大。实验中 Rosensweing 效应明显，证明所制备得到的油基磁流体磁响应性良好，具有顺磁性质。

1.3.4　电子显微镜

使用扫描电子显微镜（型号 Sigma IGMA 500）对所制备得到的磁流体进行观测，如图 1-10（a）所示。将制备得到的 Fe_3O_4 样品置于导电胶带上，在扫描电子显微镜下进行观察，得到的电子显微镜图片，如图 1-10（b）所示。可以看出：所制备得到的纳米颗粒粒径较小且分散均匀。由于扫描电镜的放大倍数有限，需要采用透射电子显微镜（TEM）进一步观察。

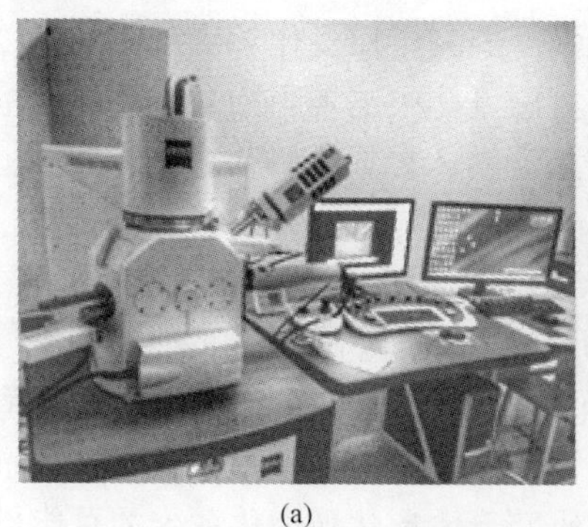

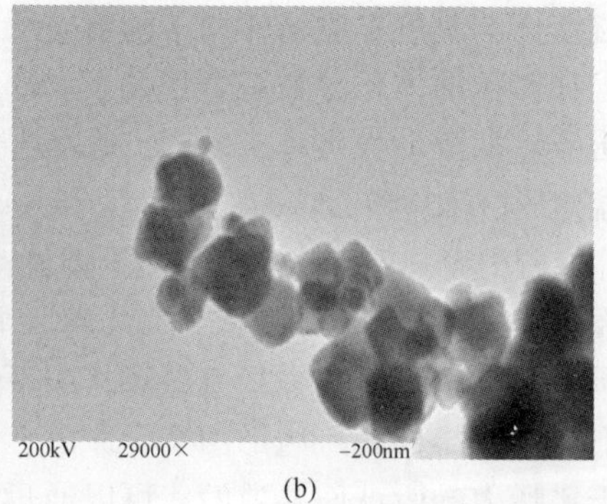

(a)　(b)

图 1-10　扫描电子显微镜

（a）Sigma IGMA 500 扫描电子显微镜；（b）Fe_3O_4 磁性颗粒的扫描电镜图

使用 Tecnai G2 20 型号的透射电子显微镜（TEM）获得了纳米磁性颗粒的显微照片，如图 1 - 11 所示。将制备得到的 Fe_3O_4 磁性颗粒溶于无水乙醇，超声分散后滴于双联铜网支持膜上，将网对折在一起，再将 Fe_3O_4 纳米磁性颗粒置于中间位置进行观测。

图 1-11（a）是 OAM1 中磁性颗粒的 TEM 形貌，可以看出，磁性颗粒分散比较均匀，有轻微的团聚现象，颗粒形状近似为球形，平均粒径为 11nm 左右；图 1-11（b）是 OAM2 中磁性颗粒的 TEM 形貌，可以看出，磁性颗粒分散相对均匀，有部分的团聚现象，颗粒形状大部分近似为球形，平均粒径较大，约 20nm。所有制备的磁性粒子的粒径大小都属于同一纳米级别，符合油基磁流体纳米磁性粒子的尺度要求。

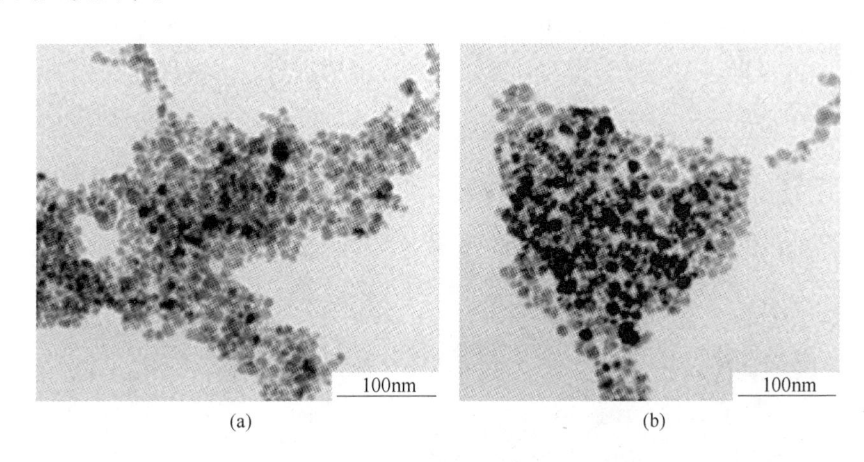

(a) (b)

图 1-11 Fe_3O_4 磁性颗粒的 TEM 照片

（a）OAM1 油基磁流体中 Fe_3O_4 颗粒的 TEM 照片；（b）OAM2 油基磁流体中 Fe_3O_4 颗粒的 TEM 照片

一方面，经过干燥处理所制备磁流体中的 Fe_3O_4 纳米磁性颗粒要比未经过干燥处理的 Fe_3O_4 纳米磁性颗粒小，且分散更加均匀。另一方面，润滑剂中的水分含量严重影响润滑剂各方面的性能。分析可知：真空干燥步骤有助于减小磁流体中纳米磁性颗粒的粒度，且有助于控制油基磁流体的含水量。

1.3.5 振动样品磁强计

磁化性能是磁流体最重要的物理性质，外加磁场作用下，磁流体通过磁性微粒内的磁畴旋转与固相微粒自身旋转两种方式而被磁化。当撤去磁场后，一般没有磁滞现象，也没有矫顽力与剩磁。

磁化强度是表征磁流体磁化性能的指标。磁流体宏观上所表征的磁化性能来源于基载液中的纳米磁性微粒。磁性微粒作为调节磁流体磁化性能的唯一途径，其磁化性能决定着磁流体的磁性能。

使用多功能振动样品磁强计（VSM）对制备的磁性颗粒结构与磁性能进行测试（温度 298K）。将一个开路磁体置于磁场中，此样品一定距离内探测线圈感应到的磁通可以被视作外磁化场及由该样品带来的扰动之和。将待测样品放置在磁场中以一定方式振动，放置样品在一定距离，使用示波线圈感应样品磁通，探测线圈感应到的样品磁通信号不断快速地交变，保持环境磁场等其他量不变，即可测得外磁场及由样品带来的扰动之和。这是一种使用交流信号实现对磁性材料直流磁特性测量的方法。

振动样品磁强计（VSM）正是应用上述原理工作。VSM 是一种高灵敏度的磁矩测量仪器。采用电磁感应原理，测量一组探测线圈中心以固定频率和振幅作微振动的样品的磁矩。对于足够小的样品，在探测线圈中振动所产生的感应电压与样品磁矩、振幅、振动频率成正比。在保证振幅、振动频率不变的基础上，用锁相放大器测量这一电压，即可计算出待测样品的磁矩。测试现场及其工作原理如图 1-12 所示。

(a)

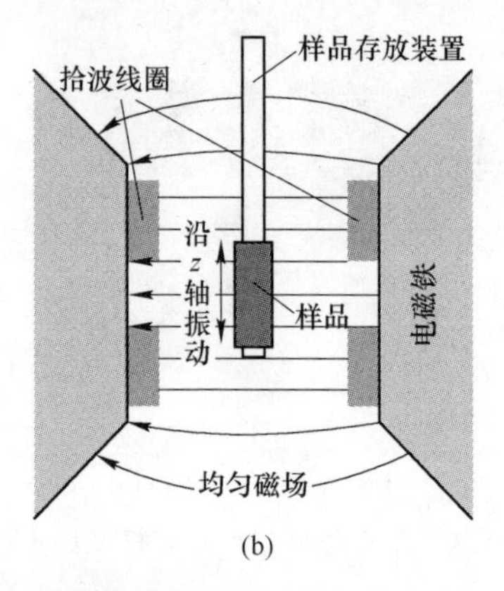

(b)

图 1-12　振动样品磁强计实物及其工作原理
（a）实物图；（b）工作原理

图 1-13 是磁流体 OAM1 与 OAM2 所对应的磁滞回线。可以看出：磁性粒子经过干燥处理的 OAM1 磁性能要比磁性粒子未干燥处理得到的 OAM2 饱和磁化强度高，分别为 81. 376emu/g 和 68. 351emu/g。由于所用基液为工业级，且含有一定杂质，其剩磁与矫顽力都不为零，剩磁分别为 4. 845emu/g 和 1. 298emu/g，矫顽力分别为 44. 165Oe 和 10. 661Oe，均表现出超顺磁性。

上述磁化曲线可以用 Frohlich 方程式拟合，表达式如式（1-7）所示：

$$M = \frac{M_S \chi_i H}{M_S + \chi_i H} \tag{1-7}$$

式中，M_S 为饱和磁化强度；χ_i 为初始磁化率。

也可以使用 Langevin 函数来拟合磁化曲线，如式（1-8）所示：

$$M = M_S\left(\coth\xi - \frac{1}{\xi}\right) \qquad \xi = \frac{\mu_0 mH}{kT} \tag{1-8}$$

$$D_m = \left(\frac{18kT\chi_i}{\pi\mu_0 M_S^2}\right)^{1/3} \tag{1-9}$$

式中，k 为玻耳兹曼常数；T 为绝对温度；μ_0 为真空磁导率和 m 粒子之间的磁矩；D_m 为磁性粒子的粒径。

初始磁化率和饱和磁化强度都可以直接从磁化曲线得到，利用这些饱和磁化强度和初始磁化率值，也可以用式（1-9）直接计算出 OAM1 与 OAM2 中的磁性粒子的粒径约为 10.6nm 与 17.8nm，与 TEM 显微照片所显示的粒径尺寸相一致。

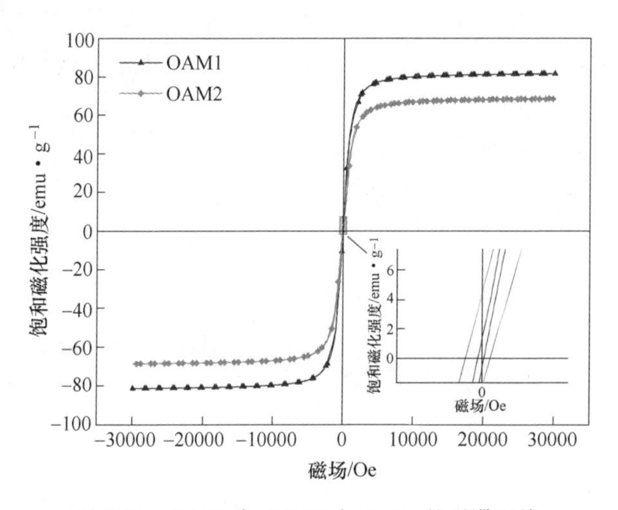

图 1-13 OAM1 与 OAM2 中 Fe_3O_4 的磁滞回线

1.3.6 X 射线衍射测定

X 射线衍射仪（XRD）是对物质和材料的组成以及原子级别的结构进行研究鉴定的基本手段。其最广泛的用途是鉴定和表征结晶固体，每一个结晶固体产生一个独特的衍射图案。衍射图案中的位置（对应于晶格间距）和线的相对强度表示特定的相和材料，提供用于比较的“指纹”。另一个用途为确定粉末结晶度，与由一系列尖锐峰组成的结晶图案相反，无定形材料（液体、玻璃等）产生宽的背景信号。许多聚合物显示半结晶行为，即部分材料通过折叠分子形成有序微晶。单个聚合物分子可以很好地折叠成两个不同的相邻微晶，从而形成两者之间的连接。结果造成其结晶度将永远不会达到 100%，XRD 通过比较背景图案的积分强度与尖锐峰的积分强度来确定结晶度，也可以用来确定物质的晶格参数，衍射峰的位置与单元内原子位置“独立”，并完全由晶相的晶胞尺寸和形状决定。每个峰代表一个特定的晶格面，因此，可以用密勒指数来表征。如果对称性很高，如立方体或六边形，即使是未知的相位，通常也不难确定每个峰的指数。

使用 X′pert PRO MPD 型 XRD 测定了未包覆前的磁性粒子与溶液的物相以及晶体结构。用连续扫描方式，从 10°扫描到 90°，数据点间隔为 0.02°，扫描速度为 4°/min，如图 1-14 所示。

图 1-14　X′pert PRO MPD 型 X 射线衍射仪

图 1-15 是用未熟化的 Fe_3O_4 磁性颗粒经过真空干燥后制得的样品（BM）与 OAM1 制得的样品（OAM）得到的 X 射线衍射谱图。将 BM 曲线与 JCPDS 卡片（编号 65-3107）对比，其衍射峰强度和位置与卡片一致，且衍射峰形尖锐，说明所制得的样品为 Fe_3O_4 颗粒，且杂峰很少，证实了几乎没有 Fe_2O_3 杂质存在。

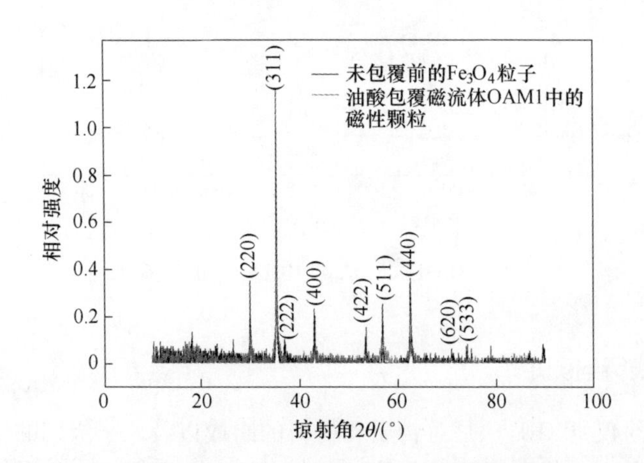

图 1-15　Fe_3O_4 纳米颗粒的 X 射线衍射图谱

通过 OAM 曲线可以看出，其衍射峰位置与卡片一致，衍射峰强度相对较低、峰形平缓，其原因主要是由于油酸包覆在 Fe_3O_4 颗粒表面而形成。从 X 射线衍射结果，使用 Scherrer 公式计算得出 OAM1 中 Fe_3O_4 磁性颗粒的平均粒径为 10.5nm，与其 TEM 照片显示粒径尺寸一致，计算得出包覆前 Fe_3O_4 磁性颗粒的平均粒径为 101.8nm，粒径较大的原因是磁沉降与干燥制样过程中发生团聚。

Scherrer 公式：

$$d_{av} = \frac{k_1 \lambda}{\beta_1 \cos\theta} \tag{1-10}$$

式中，d_{av}为晶粒尺寸；k_1 为 Sherrer 常数，值为 0.89；β_1 为衍射峰半宽高；θ 为掠射角；λ 为 X 射线波长，值为 0.154056nm。

利用 Jade 分析软件对所得到的数据进行分析，分别计算了 BM 样品与 OAM 样品的粒径大小计算结果，如图 1-16 所示，计算得出包覆前 Fe_3O_4 磁性颗粒的平均粒径为 102.6nm，OAM1 中 Fe_3O_4 磁性颗粒的平均粒径为 11.6nm，与利用 Sherrer 公式计算值相一致。

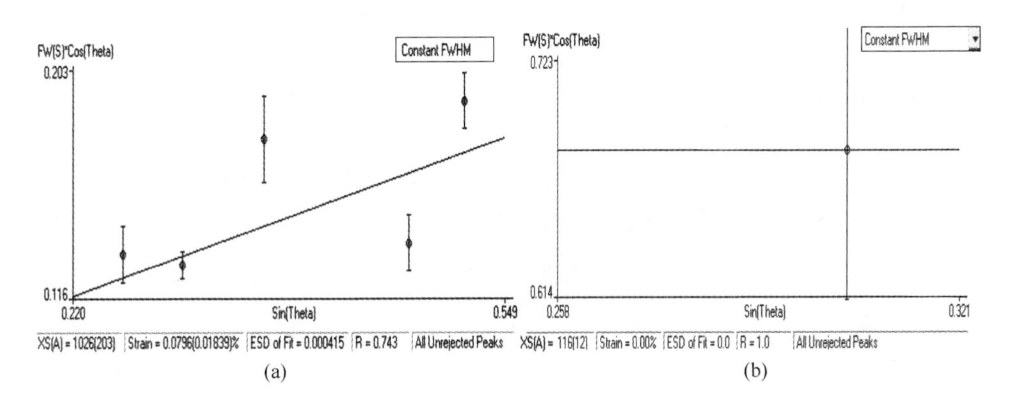

图 1-16 Fe_3O_4 纳米颗粒粒径计算结果

综合分析可知，实验方案所制备得到的 Fe_3O_4 颗粒纯度高，且平均粒径为 10nm，符合纳米磁流体制备的要求。

1.3.7 稳定性测试

将所制得的溶液 OAM1 和 OAM2 取相同质量（1500g）放入试剂瓶中，静置 10 天观察其悬浮稳定性。

将两种溶液超声分散 15min，取相同质量（1500g）放入试剂瓶中，置于 20mm×20mm×10mm 钕铁硼磁铁上，观察其沉降情况。

将两种溶液置于离心机离心，离心速度为 4000r/min。试验后，将溶液倒入试剂瓶中静置观察，观察其现象：是否有上清液，是否有沉淀产生。

常温下磁流体的悬浮稳定性直接关系着磁流体的使用寿命。磁流体的固相微粒在相互作用下聚集形成较大的颗粒，由于聚集体尺寸变大，使热运动减弱发生沉淀。由于固相微粒团聚使得固相微粒与基载液之间的接触面积减小，使得磁流体在磁场作用下响应能力变差，磁作用有效性降低。因此，控制固相微粒的粒度是磁流体胶体稳定的关键。

当磁流体中固相微粒的统计热运动能量大于或等于其重力势能，则可以保持其悬浮稳定性，其关系式为[5]：

$$E_H \geqslant E_g \tag{1-11}$$

即

$$Ck_0T \geqslant (\rho_{NP} - \rho_f)V_{P1}gh \tag{1-12}$$

V_{P1}为一个微粒的体积，$V_{P1} = \pi d^3/6$，代入公式（1-12），得到：

$$d_p \leqslant \left[\frac{6Ck_0T}{\pi(\rho_{NP} - \rho_f)gh}\right]^{1/3} \tag{1-13}$$

常温下，$T = 298\text{K}$，固相微粒的密度 $\rho_{NP} = 5240\text{kg/m}^3$，油基磁流体的密度 $\rho_f = 900\text{kg/m}^3$。$h$ 是固相微粒距参考点的高度，大小为0.1m。重力加速度 $g = 9.81\text{m/s}^2$。根据统计学热运动量系数 C 为最可几动量，取值为1.0。$k_0 = 1.38 \times 10^{-23}\text{N/(m·K)}$。计算得到其悬浮稳定条件为 $d_p \leqslant 12.5 \times 10^{-9}\text{m}$。

将OAM1与OAM2静置10天，静置与磁沉降实验结果见表1-4，OAM1无沉淀产生，OAM2有少许沉淀产生。可以看出：在磁场作用下OAM1相对稳定，且去除磁场后将试剂瓶倒置无沉淀产生，稳定性良好。

表1-4　静置与磁沉降实验结果

名称	静置时间/d			磁沉降时间/min		
	3	5	10	1	5	倒置
OAM1	无沉淀	无沉淀	无沉淀	无沉淀	慢速沉降	无沉淀
OAM2	无沉淀	无沉淀	少许	无沉淀	快速沉降	少许

离心实验前，先将两种溶液进行超声分散30min，离心转速均为3000r/min。离心实验结果如图1-17所示。OAM1未分层且无大量沉淀产生（图1-17（b）），OAM2出现分层且有沉淀产生（图1-17（a））。综上得知，OAM1稳定性优于OAM2，且与理论结果相吻合。

综合分析可知：油基磁流体的磁性能和稳定性与磁性颗粒粒径尺寸相关，粒径越小，其稳定性越好。

(a)　(b)

图1-17　离心沉淀分层现象

1.4　磁流体润滑[6]

1.4.1　磁流体润滑的特点

磁流体润滑使用磁流体代替或改进传统的润滑油，对两接触件表面进行润滑，再施加以相应的磁场，从而改善摩擦性能，降低摩擦系数，减小磨损，延长接触件的使用寿命。磁流体润滑可用于滑动轴承、压缩机、磨床、透面镜的加工、齿轮、滚动轴承、各种滑座和表面相互接触等任何复杂运动机构。随着磁流体润滑理论和工程应用的研究进展，磁流体润滑的特性会更加完善，磁流体润滑的应用也将越发广泛[7]。

作为一种新型可控的润滑介质，磁流体应用于油膜轴承润滑有其独特的优势。通常加入到基载液（润滑油）中的固相微粒的尺寸极其微小，粒度范围为8～10nm，远小于表面粗糙度，不会引起摩擦副磨损，润滑油在摩擦副中可以保持其原有的润滑特性。外磁场作用下，通过合理的磁场梯度产生磁力，铁磁流体保持在需要润滑的部位，克服重力以及轴承转动带来的离心力作用，改善润滑油的悬浮稳定性，提高抗磨性能，使摩擦区域状态稳定。通过施加磁场改变磁流体的黏度，提高承载能力。在润滑过程中接触区润滑状态稳定，不会出现无润滑摩擦，且具有良好的抗磨减摩和极压性能，既可以实现连续润滑，同时又可以防止泄漏和外界污染。

1.4.2 磁流体润滑的影响因素

磁流体的性能要求是：稳定性好，不凝聚、不沉淀、不分解，初始磁导率大，饱和磁化强度高，黏度与饱和蒸汽低。此外，对其凝固点、沸点、表面张力、热导率和比热容等也有一定的要求。

磁流体稳定性是磁流体各种特性存在的前提。影响磁流体稳定性的主要因素有：微粒大小、表面活性剂与载液的合理配比。

磁流体在润滑中会受到下列条件的限制：

（1）黏度。磁流体作为润滑剂，其最主要的特性是黏度。在油膜轴承润滑中，黏度低极有可能使得轴承与主轴发生直接摩擦接触而发生烧损，因而对黏度要求比较高，但也不能太高，否则容易导致油膜振荡。

（2）颗粒大小。通常滑动轴承或油膜轴承都要求液体中的固相颗粒直径相对油膜间隙或者润滑界面粗糙度不能太大，否则容易划伤润滑界面。

（3）蒸发。磁流体由磁性微粒、表面活性剂和基载液三部分组成，特别是水基类的磁流体比较容易蒸发，从而改变各成分比例，导致磁流体本身的稳定性改变。应选用蒸气压低的基载液，使蒸发损失降低到最小。

（4）温升。温度升高会导致磁铁退磁和磁流体蒸发。温度升高，容易引起黏度降低，摩擦减小，从而降低功率消耗。但是温度升高，也会导致磁饱和强度下降，也可能使得润滑油膜承载能力下降。因此，磁流体工作温度一般不超过105℃，否则，应采取冷却措施。

（5）稳定性。磁流体的稳定性主要与沉降、温升、运动速度有关。颗粒和基载液的相对比重是沉降的原因；温升会影响到凝聚，从而影响稳定性；在周转运动中，超过一定的周速，磁流体成分难以保持其稳定性。

1.4.3 磁流体油膜轴承

轧机油膜轴承作为大型轧钢机械的核心部件，其旋转精度直接影响着整个轧制系统运转的好坏。为了实现高速和精确的旋转，轴承必须具有优异的刚度和阻尼特性。油膜轴承由于润滑油的黏弹性效应而具有优良的阻尼特性，润滑油在温度、压力和转速等条件下的黏度特性对于油膜轴承的运转性能有着不可忽视的影响，长期积累甚至会缩短油膜轴承的使用寿命。

磁流体作为一种新型的智能化润滑介质，由于纳米添加剂的特殊效应，使其具有更好的润滑性能。与普通轴承相比，磁流体油膜轴承具有以下优点：

（1）润滑性能好。磁流体中纳米粒的粒径尺度为纳米级别，与轴承表面粗糙度相比小得多，不会引起摩擦副磨损，基载液（润滑油）在摩擦副中可以保持原有的润滑特性。纳米颗粒在磨损表面附着，可以填补轴承表面的微裂纹，具有一定的自修复作用。

（2）密封性能好。通过设计特殊的轴承构造，可使得磁流体油膜轴承本身具备自密封性能，不发生泄露，还能避免外界杂质的污染。

（3）传热性能好。磁流体具有良好的传热性能，且随着温度的升高，其磁化性会相应地降低，温度较低的磁流体受到磁力吸引进入摩擦区域；温度较高的磁流体则回到油箱，不仅能改善摩擦副的温度，也有助于适当减小油箱体积。

（4）承载能力大。通常磁流体的黏度远大于普通润滑油的黏度，且可通过外磁场作用，适当增加磁流体的黏度，从而使得磁流体油膜轴承具有更好的承载能力。

（5）振动小、噪声低。磁流体油膜轴承运转过程中，在外磁场作用下，通过合理的磁场梯度产生磁力，磁流体将会保持在需要润滑的部位，克服重力以及轴转动带来的离心力作用，有利于改善润滑油的悬浮稳定性，提高抗磨性能，使摩擦区域状态保持稳定。正是由于磁流体优良的润滑性能，磁场作用下的可控性，磁流体油膜轴承在相对较低的摩擦条件下，振动较小、噪声低，且可适应的转速更高。

2　油膜轴承概述

油膜轴承，又称流体润滑轴承或液体摩擦轴承，是一种加工精度、表面粗糙度以及各种参数（包括润滑油和载荷）的匹配度非常理想的滑动轴承。按照不同的润滑方式、结构形式、工作参数等，分为各种不同的类型。将能够适应各种轧制工艺要求，成功应用到各类轧机上的油膜轴承称为轧机油膜轴承[8]。在轧钢机械中，动压油膜轴承广泛应用于除冷连轧机之外的各类轧机。

2.1　油膜轴承的特点与工作原理[9]

2.1.1　油膜轴承的特点

油膜轴承工作时能够在轴与轴承之间形成一层完整的油膜，从而使得轴与轴承之间完全避免金属的直接接触，形成纯液体摩擦，保护轴承免受损伤。现代轧机支承辊轴承，特别是具有板厚与板形自动控制功能的大型板带材连轧机，大都采用油膜轴承。其主要特点是：

（1）承载能力大。承载能力的大小，是相对滚动轴承而言的。在油膜轴承衬套外径尺寸与滚动轴承外径相同的条件下，油膜轴承的承载能力一般是滚动轴承的2～7倍。此外，带有油膜轴承的轧辊辊颈的强度要比带有滚动轴承的辊颈的强度高37%～50%。

（2）使用寿命长。油膜轴承的理论寿命为15～20年，实际寿命要比理论寿命短。滚动轴承在轧机上的使用寿命比油膜轴承相对短，主要与轧机的受载方式、运行制度、大型或特大型轴承的制造质量、轴承本身的受力状态，以及润滑、安装、维修等技术有关。

（3）速度范围宽。油膜轴承可以在10～12m/s的低速条件下工作，也可以在80～90m/s的高速条件下工作，甚至可以大于110m/s。此外，油膜轴承还可以适应轧机在可逆状态下工作，其速度范围非常宽。

（4）结构尺寸小。相对于滚动轴承，相同承载能力下，油膜轴承的尺寸更小。

（5）抗污染能力强。相对来讲，钢铁厂的环境不如机械加工厂，尤其热轧机的环境更差。油膜轴承具有良好的固定密封和回转密封，能够长期在尘埃、水、氧化铁皮等存在的极差环境下正常工作。

（6）抗冲击能力强。轧机在轧制过程中咬入轧件形成冲击载荷，油膜轴承在工作过程中形成的润滑油膜能够起到缓冲的作用，这种缓冲以损失油膜厚度为代价。

（7）润滑系统复杂。油膜轴承的润滑系统要求过滤精度高、润滑油流量大、自调节灵敏度高；此外，还要有过滤器压差报警，油温、油压、液面的控制与报警，以及油的检测与分离等，故润滑系统的一次性投资较大。

2.1.2　油膜轴承的工作原理

油膜轴承是一种以润滑油作为润滑介质的径向滑动轴承，其工作原理是：轧制力迫使轧辊轴径偏移而与油膜轴承两者中心产生偏心，使油膜轴承与轴颈之间的间隙，沿轴颈旋转方向逐渐变大形成发散楔，沿轴颈旋转方向逐渐减小形成收敛楔。在动压油膜轴承运转过程中，轴颈与衬套的间隙内充满润滑油，当旋转的轴颈把具有一定黏度的润滑油从发散区代入收敛楔时，产生润滑油膜压力。油膜内各点压力沿轧制方向的合力就是油膜轴承的承载力。当轧制力大于承载力时，偏心距增大。在收敛区内，最小油膜厚度逐渐变小，油膜压力变大，承载力变大，直至与轧制力达到平衡，轴颈中心不再偏移，油膜轴承与轴颈完全被润滑油隔开，理论上形成了全流体动力润滑。

油膜轴承系统最重要的参数是最小油膜厚度。若最小油膜厚度值太小，润滑油中的金属颗粒过大，甚至大于最小油膜厚度时，金属颗粒常会在最小油膜厚度处造成金属接触，烧损轴承[10]。若最小油膜厚度值太小，尤其当出现堆钢等事故时，很容易造成轴颈和油膜轴承的金属接触而导致烧瓦[11]。最小油膜厚度值的大小与油膜轴承的结构尺寸和材料、相关零件的加工精度、油膜轴承系统的安装精度、润滑油及轧制力的大小等有关[12]。

为便于理解，油膜轴承各部件之间的机械结构及其运动关系，如图 2-1 所示。

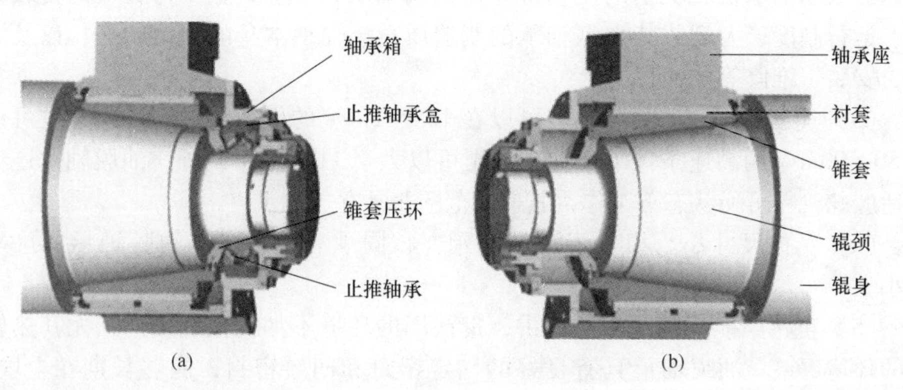

图 2-1　油膜轴承结构示意图

（a）止推侧；（b）不带止推侧

油膜轴承的工作原理具体描述如下：

（1）当轴颈静止时，沉在轴承内表面的底部，如图2-2（a）所示。

（2）当轴开始旋转时，由于摩擦力的作用，使得轴颈沿轴承内表面上浮，当摩擦力不能克服重力时，轴颈打滑在某个位置，形成半液体摩擦，如图2-2（b）所示。

（3）随着转速的继续升高，具有黏性的润滑油被轴颈代入收敛的油楔，在油楔中会产生一定油压，油压把轴颈挤向另一侧，如图2-2（c）所示。

（4）由于油楔内润滑油流量的连续性，油压会升高，使入口处的平均流速减小，出口处的平均流速增大，油膜自然地形成动压，该轴承称为流体动压轴承，在间隙内积聚的油层称为润滑油膜，油膜压力会把轴颈顶起，如图2-2（d）所示。

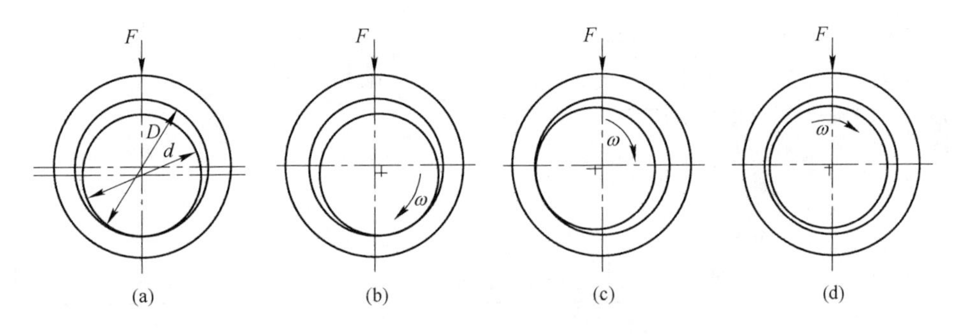

图2-2　动压轴承工作状态

（a）$\omega=0$；（b）$\omega>0$；（c）$\omega<0$；（d）$\omega=\infty$

当油膜压力与外载荷（轧制力）平衡时，轴颈会在与轴承内表面不发生接触的情况下，保持稳定运转，此时的轴心位置略有偏移，这就是流体动压润滑轴承的工作原理。

2.2　油膜轴承润滑

2.2.1　油膜轴承润滑理论发展[13,14]

油膜轴承的润滑性能决定着整个设备的安全运行。对其润滑理论的研究，针对不同工况的油膜轴承，相继经历了刚流润滑（20世纪70年代后期，低速重载油膜轴承的润滑理论，不考虑轴系弹性变形对油膜的影响）、热流润滑（20世纪80年代，高速轻载油膜轴承的润滑理论，仅考虑润滑油发热对油膜的影响）、弹流润滑（20世纪80～90年代，低速重载油膜轴承的润滑理论，考虑轴系变形对油膜的影响）、热弹流润滑理论（20世纪90年代～21世纪初，高速重载油膜轴承的润滑理论，考虑轴系弹性变形和热变形对油膜的影响）的研究进展，目前机械表面界面科学的发展促进了油膜轴承润滑理论向跨尺度多场耦合润滑机理方向发展，因此，深入开展了磁流固多场耦合润滑机理（在热弹流润滑基础上，考虑磁场强度和合金蠕变对油膜的影响，能适应低速重载工况及可逆、启动、制动等特殊工况）等研究，如图 2-3 所示。

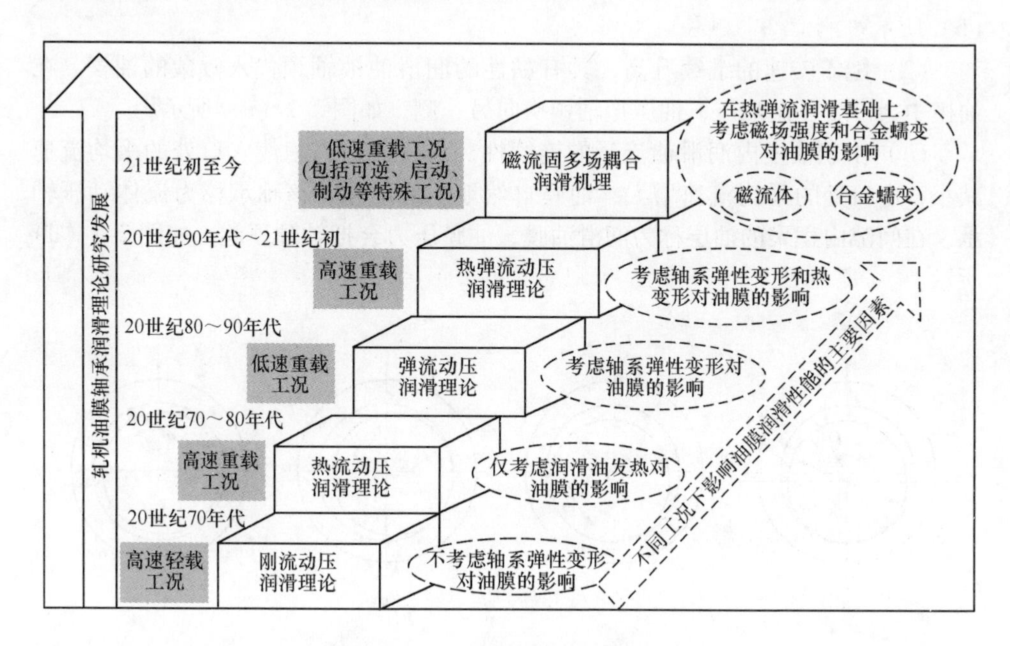

图 2-3　轧机油膜轴承润滑理论发展

2.2.2　油膜轴承润滑的特点

润滑油膜能平衡负载，隔离轴颈与轴承，将金属间的固体摩擦转化为液体内部的分子摩擦，降低摩擦磨损，可以最大范围地满足承载压力、抗冲击力、变换速度、轧制精度、结构尺寸与使用寿命等要求。

油膜轴承润滑要想保证轧机在不同运转状态下持续稳定工作，必须将轧制压力、轧制速度、轴承间隙和润滑油黏度四要素合理匹配，以形成不间断的、稳定的承载油膜，实现液体动压润滑。

实际上，油膜轴承的润滑特点是以下三种情况交替存在的混合润滑：

（1）起动或停机时，运动速度等于零或趋近于零，流体动压润滑尚未形成或逐渐消失，此时处于边界润滑甚至是半干摩擦状态，应该注意避免轴与轴承直接接触磨损。

（2）轧机操作中，由于产生振动或进水过多或供油不足或油质有问题，都可能产生混合润滑，这种不平稳情况即使没有损伤轴承，也会影响轧制效果。

（3）轧机运转正常平稳时，呈流体润滑状态，这是比较理想的润滑状态。

为适应钢铁企业高速、重载、自动化、大型化和高效生产的需要，油膜轴承的润滑要求和日趋苛刻的工况条件，对油膜轴承所用的润滑油有了更高的要求。油膜轴承的润滑特点决定了润滑油必须满足其使用性能要求，以保障轧机的正常运转和连续生产。

因此，润滑油需具备以下性能：

(1) 优良的黏温性能，在轴承温度大幅度变动时，保证实现各个润滑部位的正常润滑。

(2) 优越的抗乳化性能，在长期使用中能迅速分离油中水分。

(3) 良好的抗磨及极压性能，运转时油中混入少量水分时，仍能形成油膜保持重载和抗磨性能。

(4) 良好的抗磨、防锈、抗泡沫性能，防止润滑系统产生锈蚀，阻塞油路、造成磨损和供油不足。

(5) 良好的氧化安定性、清洗性与过滤性，使润滑系统油路畅通，保证润滑正常。

2.3　油膜轴承润滑数学模型

2.3.1　油膜轴承承载能力[15]

轴颈在轴承内旋转时的油膜压力分布情况，如图 2-4 所示。

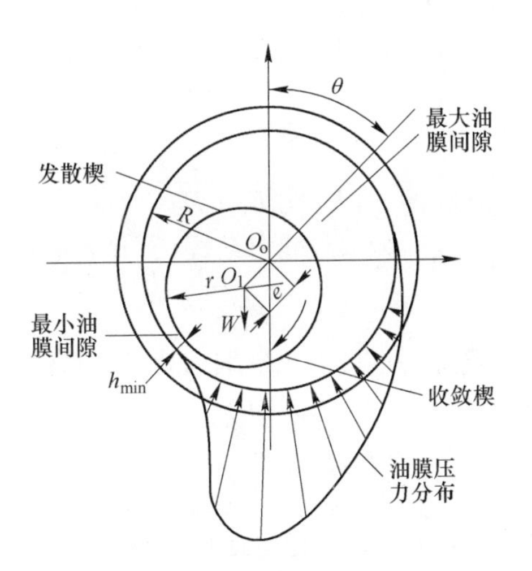

图 2-4　轴承内油膜压力分布

相关几何参数计算如下[16]：

$$\delta = R - r = (D - d)/2 \tag{2-1}$$

$$\psi = \delta / r \tag{2-2}$$

$$h_{\min}=\delta-e=\delta(1-\varepsilon) \tag{2-3}$$

式中，e 为偏心距；δ 为平均间隙；ψ 为相对间隙；ε 为相对偏心率，$\varepsilon=e/r$；$h_{\min}$为最小油膜厚度。

另外，轴承承载能力与多种参数有关，对于圆柱轴承表达式为[2]：

$$F=K_{\omega}\frac{\eta\omega Ld}{\psi^{2}} \quad 或 \quad F=K_{\omega}\frac{2\pi n\eta Ld}{60\psi^{2}} \tag{2-4}$$

式中，F 为轴承载荷；K_{ω} 为轴承承载能力系数；η 为润滑油动力黏度系数；L 为轴承宽度；d 为轴颈直径；ω 为轴颈旋转角速度；n 为主轴转速。

由式（2-4）得知，当 $K_{\omega}>1$ 时，称为低速重载转子；当 $K_{\omega}<1$ 时，称为高速轻载转子。K_{ω} 是偏心率 ε 和轴承宽径比 L/d 的函数，偏心率越大或轴承宽径比越大，则 K_{ω} 也越大，轴承承载能力也大，但偏心率过大时，最小油膜厚度过薄，有可能出现轴颈与轴承内表面干摩擦的危险。

对于轧机油膜轴承来讲，主要承载来自于轧制力，承载能力是油膜轴承主要的性能参数。当求解出油膜轴承的压力分布与承载区域后，对压力在承载区域进行积分，即可得到其承载能力。

油膜压力沿水平方向和法向方向的积分关系式为：

$$F_{x}=\int_{0}^{L}\int_{0}^{\theta_{1}}P\sin(\theta-\theta_{0})\,\mathrm{d}x\mathrm{d}y \tag{2-5}$$

$$F_{y}=\int_{0}^{L}\int_{0}^{\theta_{1}}P\cos(\theta-\theta_{0})\,\mathrm{d}x\mathrm{d}y \tag{2-6}$$

式中，F_{x} 为水平方向的合力，理想状态下应为零，即 $F_{x}=0$；F_{y} 等同于外载荷，或称承载能力。

垂直方向的合力即是轴承的承载能力，其表达式为：

$$F=\sqrt{F_{x}^{2}+F_{y}^{2}} \tag{2-7}$$

无量纲油膜承载力（或称为承载能力系数），其表达式为：

$$\overline{F}=\sqrt{\overline{F}_{x}^{2}+\overline{F}_{y}^{2}} \tag{2-8}$$

轴承承载能力（外载荷）也可由无量纲承载能力系数得到：

$$F=\frac{\eta LU}{\psi^{2}}\overline{F} \tag{2-9}$$

式（2-9）实际上和式（2-4）是一致的，U 为轴承相对滑动速度。

在理想运行条件下，即轴承处于稳定运行状态，承载力沿水平方向的分量为零，即 $F_{x}=0$；此时，沿竖直方向的油膜压力之和与轧制力相等，即 $F=F_{y}$。

因此，理想情况下的轴承应满足条件：

$$\arctan(F_{x}/F_{y})=0 \tag{2-10}$$

实际生产运行中，由于振动及其他外在因素的影响，轴承润滑系统并非一直处于稳定运行状态。为了便于对轴承润滑性能进行求解，当偏位角增量满足如下条件时，即可认为偏位角足够精确。

$$d\theta_0^{(n)} = \arctan(F_x^{(n)}/F_y^{(n)}) \tag{2-11}$$

当 $d\theta_0^{(n)}=0$，满足轴承理想的稳定运行状态。否则，采用 Newton-Raphson 迭代法求解 $d\theta_0^{(n)}$，即：

$$\theta_0^{(n+1)} = \theta_0^{(n)} - \frac{d\theta_0^{(n)}}{(d\theta_0^{(n)} - d\theta_0^{(n-1)})/(\theta_0^{(n)} - \theta_0^{(n-1)})} \tag{2-12}$$

假如 $d\theta_0^{(n)}$ 满足：

$$|d\theta_0^{(n)}| = \left|\arctan\frac{F_x^{(n)}}{F_y^{(n)}}\right| = 0.5\times10^{-3} \tag{2-13}$$

则所得的偏位角 $\theta_0^{(n)}$ 为实际大小，基本满足实际轴承稳定运行条件。

2.3.2 油膜轴承润滑基本方程[17]

了解油膜轴承工作原理和特点，不仅有利于改进油膜轴承结构与润滑特性，还可以为深入研究油膜轴承润滑理论奠定坚实的基础。油膜轴承的设计与计算涉及大量的理论方程。油膜轴承润滑特性涉及大量的方程与关系式，如油膜厚度方程、黏温 - 黏压方程、承载能力方程、速度方程以及润滑雷诺方程，以函数关系式阐述油膜轴承工作原理及其主要润滑特点。

2.3.2.1 油膜厚度方程[18]

油膜厚度是指轧辊与轴承之间形成的实际楔形间隙的距离，是体现轴承润滑性能的主要参数之一。对于圆柱形轴承，油膜厚度沿轴承的圆周方向变化，主要包含轴承与轧辊之间形成的几何间隙 h_1、轧辊和轴承的弹性变形 h_2、机械系统在工作过程中由于温度升高引起组成轴承和轧辊材料的热变形 h_3 等，即油膜厚度方程为：

$$h = h_1 + h_2 + h_3 \tag{2-14}$$

A 轴承与轧辊之间的几何间隙 h_1

轴承运行过程中，轴承位置可以通过偏位角 α 和偏心率 ε 两个参数唯一确定。轴承运行过程中某一时刻轧辊与轴承之间的几何间隙，如图 2-5 所示。

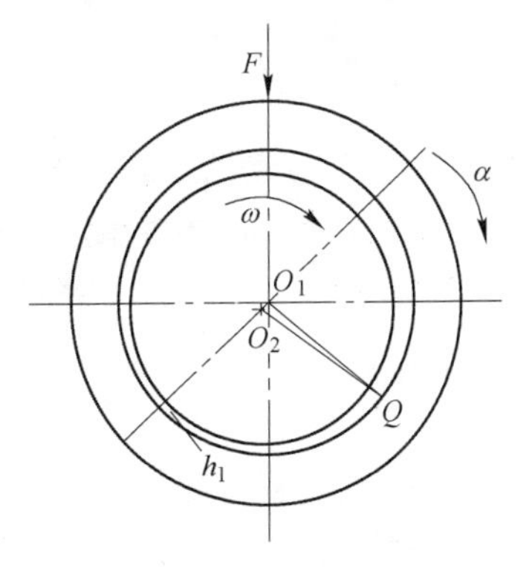

图 2-5 油膜几何间隙示意图

设轴颈半径为 r，轴承半径为 R，轴承上任取一点 Q，在 $\triangle O_1O_2Q$ 中，偏心距为 $|O_1O_2| = e$，$|O_1Q| = R$，$|O_2Q| = r + h_1$，根据三角函数的余弦定理，得到：

$$\cos(\pi-\alpha)=\frac{R^2+e^2-(r+h_1)^2}{2e(r+h_1)} \tag{2-15}$$

对式（2-15）进行转化得到：

$$(r+h_1)^2=(R-e\cos(\pi-\alpha))^2+e^2\sin^2\alpha \tag{2-16}$$

将式（2-16）变换为几何间隙 h_1 的一元二次方程，忽略极小量 $e^2\sin^2\alpha$，即得到：

$$h_1\approx\delta(1+\varepsilon\cos\alpha) \tag{2-17}$$

式中，δ 为半径间隙；ε 为相对偏心率，即 $\varepsilon=e/\delta$。

当偏位角 α 由最小油膜厚度处算起时，几何间隙 h_1 表达式为：

$$h_1\approx\delta(1-\varepsilon\cos\alpha) \tag{2-18}$$

考虑到数值求解过程中需要求解任意一点的油膜厚度，则轴承与轧辊之间的几何间隙表达式为：

$$h_1(i,j)=\delta(1+\varepsilon\cos\alpha(i,j)) \tag{2-19}$$

B　轧辊和轴承的弹性变形 h_2

当轧机油膜轴承机械系统承受较大载荷，并以较低的运行速度运转时，作用于轧辊与轴承之间的润滑油在外载荷作用下产生油膜压力，使与润滑油接触的轧辊外表面与轴承内表面发生一定的弹性变形。当外载荷较小时，弹性变形与几何间隙相比较小，可以忽略。随着外载荷的逐渐增大，弹性变形量与轧辊与轴承之间的几何间隙为同一数量级，此时，不可以忽略弹性变形对油膜厚度变化的影响。

根据 Hertz 接触理论，获得弹性接触的变形计算公式为：

$$h_2=\frac{P}{E\pi l}\ln\frac{6.59El^3}{PR} \tag{2-20}$$

式中，l 为轧辊与轴承的理论接触长度；E 为轧辊与轴承的等效弹性模量，$\frac{1}{E}=\frac{1-\mu_1^2}{E_1}+\frac{1-\mu_2^2}{E_2}$；$P$ 为作用于轧辊或轴承上的油膜压力总和；R 为轧辊与轴承合成之后的曲率半径，$\frac{1}{R}=\frac{1}{R_1}\pm\frac{1}{R_2}$（当摩擦副为外接触时取正号，内接触时取负号）；$E_1$，$E_2$ 分别为轧辊和轴承的弹性模量；R_1，R_2 分别为轧辊与轴承的半径；μ_1，μ_2 分别为轧辊与轴承的泊松比。

实际工程实践中，通常采用 Palmgren 计算公式求解接触弹性变形，计算公式如下：

$$h_2=1.36\frac{(P/E)^{0.9}}{l^{0.8}} \tag{2-21}$$

由式（2-21）可知，该公式与接触摩擦副组成的曲率半径无关，实际上，曲率半径对弹性体的接触变形有较大的影响，因此，采用式（2-20）作为求解轧辊和轴承的弹性变形的依据。由于轧辊与轴承形成的摩擦副属于外接触润滑，故式（2-20）中的符号取为负号，即轧辊和轴承的弹性变形 h_2 为：

$$h_2 = \frac{P}{\pi l} \frac{(1-\mu_1^2)E^2 + (1-\mu_2^2)E_1}{E_1 E_2} \times \ln\left\{\frac{6.59 l^3 (R_2 - R_1) E_1 E_2}{P R_1 R_2 [(1-\mu_1^2)E_2 + (1-\mu_2^2)E_1]}\right\} \tag{2-22}$$

由于轧辊与油膜轴承形成的间隙为楔形区域，在楔形间隙处形成的油膜压力沿不同周向位置的大小相差较大，并且沿同一轴向的油膜压力大小也有所不同。如果采用常规求解接触弹性变形的计算公式，将与实际轴承运行中在轧辊和轴承表面产生的变形有较大误差。

因此，在数值求解过程中，将式（2-22）中的油膜压力运用不同区域网格中的平均油膜压力进行替代，即：

$$h_2(i,j) = \frac{\overline{\sum P(i,j)}}{\pi l} \frac{(1-\mu_1^2)E_2 + (1-\mu_2^2)E_1}{E_1 E_2} \cdot \ln\left\{\frac{6.59 l^3 (R_2 - R_1) E_1 E_2}{\overline{\sum P(i,j)} R_1 R_2 [(1-\mu_1^2)E_2 + (1-\mu_2^2)E_1]}\right\} \tag{2-23}$$

式中，$P(i, j)$ 为轴承承载区（i，j）点处的油膜压力。

C　热变形 h_3

在轴承稳定运行过程中，轴承整个润滑系统由于机械运动与润滑介质之间的摩擦及润滑介质的热运动产生热量，使轧辊与轴承表面的温度升高。考虑到温升对轧辊与轴承具有一定的影响，使其表面发生热变形。假设在轴承稳定运行过程中，轴承和轧辊处于均匀温度场，轧辊与轴承发生的热变形，可以表示为：

$$h_3 = h_{BT}(x, \Delta T) + h_{JT}(x, \Delta T) \tag{2-24}$$

考虑轧辊轴径各节点温度相对均匀，其热变形可采用与材料线膨胀系数相关的表达式：

$$h_{BT}(x, \Delta T) = \hat{\alpha}_B \Delta T h_1 \tag{2-25}$$

$$h_{JT}(x, \Delta T) = \hat{\alpha}_J \Delta T h_1 \tag{2-26}$$

式中，h_{BT}，h_{JT}分别为轴承和轧辊的热变形；$\hat{\alpha}_B$，$\hat{\alpha}_J$ 分别为轴承与轧辊的材料线膨胀系数，mm/K；ΔT 为温度变化量。

考虑到油膜温度随时间的增加逐渐增大，同一温度条件下轧辊与轴承同一点的热变形相同。

将式（2-9）和式（2-6）代入式（2-4），轴承与轧辊的热变形方程为：

$$h_3 = \hat{\alpha}_B \Delta T h_1 + \hat{\alpha}_J \Delta T h_1 \tag{2-27}$$

将式（2-23）、式（2-25）、式（2-27）代入式（2-14），得到任意一点的油膜厚度方程表达式：

$$h(i,j) = [1 + (\hat{\alpha}_B + \hat{\alpha}_J)\Delta T]\delta(1 + \varepsilon\cos\alpha(i,j)) + h_2(i,j) \tag{2-28}$$

2.3.2.2　黏温－黏压方程

对于弹性流体动压润滑理论，用于描述润滑油工作时的油膜黏度与油膜压力的关系，通常采用 Barus 指数关系式：

$$\eta = \eta_0 e^{\alpha P} \tag{2-29}$$

式中，η 为压力 P 时的黏度；η_0 为常压（大气压下）的黏度；α 为 Barus 黏压系数；此处 e 是自然指数。当压力不是很高时（$P \leqslant 0.3 \sim 5\text{GPa}$），油温在 $T = 30 \sim 100$℃范围时，对于一般矿物油，$\alpha = 1.3 \times 10^{-8} \sim 3.4 \times 10^{-8}$。

轴承运行过程中同时存在温升与压力的变化，两者对润滑油黏度的影响会因实际情况而有所不同。考虑温升和压力的影响，通常采用雷诺式黏温－黏压关系式：

$$\eta = \eta_0 \exp\left\{(\ln\eta_0 + 9.67)\left[(1 + 5.1 \times 10^{-9} p)^{\beta}\left(\frac{T - 138}{T_0 - 138}\right)^{-\gamma} - 1\right]\right\} \tag{2-30}$$

式中，η_0 为初始黏度，即压力输入为零（无载荷）且温度 T 等于环境温度 T_0（$T = T_0$）时的润滑油黏度；β 为无量纲黏压系数；γ 为无量纲黏温系数。

式（2-29）中的 Barus 公式形式简单、易于求解，但其精度较低。本书采用雷诺公式作为基本的黏温－黏压关系式，求解无磁场作用时的磁流体黏度。

2.3.2.3　密度方程

与温度相比，油膜压力的变化对润滑油密度的影响较小。使用最多的润滑油密度与压力、温度关系式为：

$$\frac{\rho}{\rho_0} = 1 + \frac{D_1 P}{1 + D_2 P} + D_\rho (T - T_0) \tag{2-31}$$

式中，ρ_0 为大气压下温度 T_0 时润滑油的密度；D_1，D_2 为实验常数；D_ρ 为密温系数。

2.3.2.4　连续性方程

体积为 V_0 的润滑油质量表达式为：

$$m = \int_{V_0} \rho \partial V_0 \tag{2-32}$$

将式（2-32）对时间 t 取导数，得到：

$$\frac{dm}{dt} = \int_{V_0} \left[\frac{d\rho}{dt}\partial V_0 + \rho \frac{d(\partial V_0)}{dt}\right] \tag{2-33}$$

直角坐标系下，微元控制体 ∂V_0 写成如下关系式：

$$\partial V_0 = \partial x \partial y \partial z$$

则式（2-33）右边第二项可转化为：

$$\frac{\mathrm{d}(\partial V_0)}{\partial V_0 \mathrm{d}t} = \frac{1}{\partial x}\frac{\mathrm{d}(\partial x)}{\mathrm{d}t} + \frac{1}{\partial y}\frac{\mathrm{d}(\partial y)}{\mathrm{d}t} + \frac{1}{\partial z}\frac{\mathrm{d}(\partial z)}{\mathrm{d}t} = \frac{\partial u}{\partial x} + \frac{\partial v}{\partial y} + \frac{\partial w}{\partial z} \tag{2-34}$$

式中，u，v，w 分别是润滑油速度 V 沿三个坐标轴方向上的分量。

一般情况下，速度的变化为：

$$\frac{\mathrm{d}(\partial V_0)}{\partial V_0 \mathrm{d}t} = \frac{\partial u}{\partial x} + \frac{\partial v}{\partial y} + \frac{\partial w}{\partial z} = \nabla \cdot V \tag{2-35}$$

将式（2-35）代入式（2-33），得到：

$$\frac{\mathrm{d}m}{\mathrm{d}t} = \int_{V_0}\left(\frac{\mathrm{d}\rho}{\mathrm{d}t} + \rho \nabla \cdot V\right)\delta V_0 \tag{2-36}$$

假设在体积 V_0 内没有润滑油的流入和流出，则润滑介质的质量将保持不变，即：

$$\frac{\mathrm{d}m}{\mathrm{d}t} = 0$$

则：

$$\frac{\mathrm{d}\rho}{\mathrm{d}t} + \rho \nabla \cdot V = 0 \tag{2-37}$$

又有$\frac{\mathrm{d}\rho}{\mathrm{d}t} = \frac{\partial \rho}{\partial t} + V \cdot \nabla\rho$，代入式（2-36）得到：

$$\frac{\partial \rho}{\partial t} + \nabla \cdot (\rho V) = 0 \tag{2-38}$$

2.3.2.5 雷诺方程

雷诺方程是轴承润滑模型中最基本的方程，描述了油膜压力与油膜温度、油膜厚度、润滑油黏度等参数之间的关系。其推导过程主要为：

（1）由微元体受力平衡，计算润滑介质沿膜厚方向的流体速度；

（2）将流速沿润滑油膜厚度方向积分，计算润滑油的流量；

（3）应用在任意截面上的流量连续，推导出一般条件下的雷诺方程。

建立流体润滑轴承数学模型的一些假设条件：

（1）轴承与轧辊均看作是弹性体。

（2）润滑油看作是非弹性流体，在轧辊与轴承之间是层流流动，且润滑油与工作表面吸附牢固，即在工作表面上油分子的运动规律与之相同。因此，润滑油在微元体上下两表面存在剪切力。

（3）不计润滑油的惯性力和重力的影响，后者表明油膜中压力沿径向无变化，微元体上下两面压力相互平衡。

（4）不考虑油膜压力沿油膜厚度方向的变化，即$\frac{\partial P}{\partial y} = 0$。

(5) 与$\frac{\partial u}{\partial y}$和$\frac{\partial w}{\partial y}$相比，其他沿膜厚方向的速度梯度可以忽略。

(6) 在轴承稳定运转过程中，轴承与轧辊沿轴向没有相对运动。

基本雷诺方程推导的微元体模型，如图2-6（b）所示。

由以上假设条件及微元体受力平衡模型，如图2-6（b）所示，得到二维雷诺方程为：

$$\frac{\partial}{\partial x}\left(\frac{\rho h^3}{\eta}\frac{\partial p}{\partial x}\right)+\frac{\partial}{\partial z}\left(\frac{\rho h^3}{\eta}\frac{\partial p}{\partial z}\right)=6u\frac{\partial(\rho h)}{\partial x} \tag{2-39}$$

式中，u为轧辊转速。

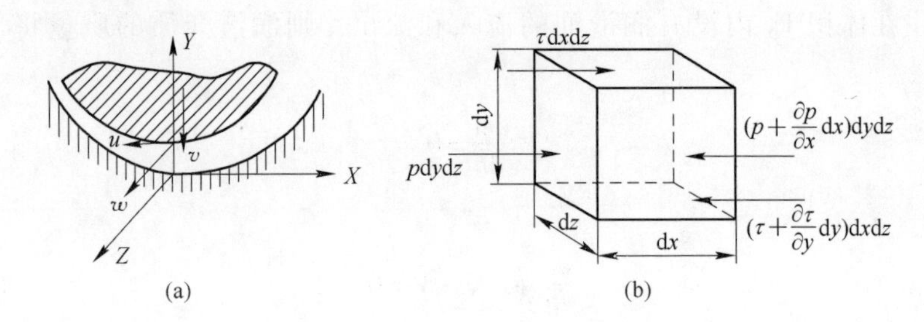

图2-6 雷诺方程推导模型
（a）流体模型；（b）微元体模型

2.3.2.6 能量守恒方程

根据热力学第一定律，通常流体的能量守恒方程为：

$$\rho\frac{\partial e}{\partial t}+\rho V\cdot\nabla e=\nabla\cdot(K\nabla T)-\nabla p\cdot V+\Phi \tag{2-40}$$

式中，e为流体的内能，$e=c_vT$；c_v为定容比热容；K为热传导系数。

式（2-40）表示流体内能的变化等于流体热传导相$\nabla\cdot(K\nabla T)$、流体膨胀功$\nabla p\cdot V$和机械能损耗Φ的和。其中，机械能损耗Φ是由于摩擦使轴承运动产生的机械能转化为热能，根据热力学第二定律，损耗功是一种不可逆功。

(1) 单位体积内的内能$\rho\frac{\partial e}{\partial t}+\rho V\cdot\nabla e$

$$\rho\frac{\partial e}{\partial t}+\rho V\cdot\nabla e=\rho c_v\left(\frac{\partial T}{\partial t}+u\frac{\partial T}{\partial x}+v\frac{\partial T}{\partial y}+w\frac{\partial T}{\partial z}\right) \tag{2-40a}$$

(2) 热传导相$\nabla\cdot(K\nabla T)$

$$\nabla\cdot(K\nabla T)=K\left(\frac{\partial^2T}{\partial x^2}+\frac{\partial^2T}{\partial y^2}+\frac{\partial^2T}{\partial z^2}\right) \tag{2-40b}$$

(3) 膨胀功$\nabla p\cdot V$

$$\nabla p \cdot V = u \frac{\partial p}{\partial x} + v \frac{\partial p}{\partial y} + w \frac{\partial p}{\partial z} \tag{2-40c}$$

（4）损耗功 Φ。根据机械运动的观点，损耗功 Φ 为：

$$\Phi = \eta \left(\frac{\partial u_i}{\partial x_j} + \frac{\partial u_j}{\partial x_i} \right) \frac{\partial u_i}{\partial x_j} - \frac{2}{3} \eta (\nabla \cdot V)^2 \quad (i,j=1,2,3) \tag{2-40d}$$

将式（2-40a）~式(2-40d）代入式（2-40），得到流体的能量守恒方程为：

$$\rho c_v \left(\frac{\partial T}{\partial t} + u \frac{\partial T}{\partial x} + v \frac{\partial T}{\partial y} + w \frac{\partial T}{\partial z} \right) = K \left(\frac{\partial^2 T}{\partial x^2} + \frac{\partial^2 T}{\partial y^2} + \frac{\partial^2 T}{\partial z^2} \right) - \left(u \frac{\partial p}{\partial x} + v \frac{\partial p}{\partial y} + w \frac{\partial p}{\partial z} \right) + \eta \left(\frac{\partial u_i}{\partial x_j} + \frac{\partial u_j}{\partial x_i} \right) \frac{\partial u_i}{\partial x_j} - \frac{2}{3} \eta (\nabla \cdot V)^2 \tag{2-41}$$

对于轴承稳定运行状态，采用如下条件进行简化。

1）轴承稳定运行过程中的温度不随时间变化，即$\frac{\partial T}{\partial t}=0$；

2）与其他两个方向的大小相比，油膜厚度方向的值很小，认为沿膜厚方向的温度不变，即$\frac{\partial T}{\partial y}=0$；

3）能量方程的简化满足一般雷诺方程的假设条件。

故流体的能量方程简化如下：

$$\rho c_v \left(u \frac{\partial T}{\partial x} + w \frac{\partial T}{\partial z} \right) = K \left(\frac{\partial^2 T}{\partial x^2} + \frac{\partial^2 T}{\partial z^2} \right) - \left(u \frac{\partial p}{\partial x} + w \frac{\partial p}{\partial z} \right) + \eta \left[\left(\frac{\partial u}{\partial y} \right)^2 + \left(\frac{\partial w}{\partial y} \right)^2 \right] \tag{2-42}$$

2.3.2.7　边界条件

合理的边界条件能够使求解计算过程更快速，求解结果更精确。雷诺方程给出了轴承承载区内各节点油膜压力与其他因素之间的关系，但边界处的油膜压力只能由边界条件确定。

对轴承润滑油入口处的油膜压力，由实际供油时的入口压力确定其入口边界条件；对于轴承出口边界条件，由于轴承出口处楔形间隙形成的发散区，使润滑油膜破裂，对出口边界的处理通常有三种不同的边界条件：Sommerfeld 边界条件、半 Sommerfeld 边界条件和雷诺边界条件[7]。

（1）Sommerfeld 边界条件。该边界条件认为润滑油存在于轴承的整个楔形间隙，即在最大油膜厚度和最小油膜厚度处，油膜压力为零。油膜压力随接触点位置的不同而周期性变化，并有负压的存在。

$$\begin{cases} \varphi = -\frac{\pi}{2}, p=0 \\ \varphi = \frac{\pi}{2}, p=0 \end{cases} \tag{2-43}$$

（2）半 Sommerfeld 边界条件。该边界条件是在 Sommerfeld 边界条件的基础上将油膜压力为负的值取为零，边界条件如公式（2-44）所示：

$$\begin{cases}\varphi = -\dfrac{\pi}{2}, p = 0 \\ \varphi > 0, p = 0\end{cases} \tag{2-44}$$

（3）雷诺边界条件。轧辊与轴承之间的润滑油膜承受轧制力，当润滑油膜压力下降到略低于油膜压力时，存在于润滑油中的气体将会以气泡的形式由流体中溢出，导致润滑油膜的破裂。油膜破裂往往发生在最小油膜厚度处的某一发散间隙处（$\varphi = \varphi^*$），该处压力为零，同时为了保持润滑油流量的连续性，设定该点处的油膜压力梯度为零。

$$\begin{cases}p = 0 \\ \partial p/\partial x = 0\end{cases}, \varphi = \varphi^* \tag{2-45}$$

Sommerfeld 边界条件认为轴承能够承受持续的负压，与油膜实际承压情况不符；半 Sommerfeld 边界条件在最小油膜间隙处满足不了流量连续性条件。本书采用雷诺边界条件作为求解轴承润滑模型的边界条件，不仅满足压力为零条件，同时也满足流量连续性条件。

对于由轧辊和轴承组成的摩擦副系统，承载区入油口处的边界条件由实际运行供油压力决定，即 $p = p_0$；出口边界条件为 $\partial p/\partial x = 0$；润滑油在轴承的两端面没有泄漏，即 $p = 0$。

2.3.2.8　摩擦力与摩擦系数

根据牛顿流体黏度的定义，得到润滑介质间的剪切力，总阻力等于轴承量表面的各点所受剪切力的和，沿轴承圆周运行方向积分，润滑油的总剪切力为：$F_{\mathrm{J}} = \iint \tau \,\mathrm{d}A$。

考虑油膜边界条件，轴承运行过程中表面上的总阻力为：

$$F_{\mathrm{J}} = \int_0^y\int_0^x \left[\left(\pm \frac{h}{2}\frac{\partial P}{\partial x} + v_0 \frac{\eta}{h} + \frac{\mu v_0 h_b}{h^2}\right)\mathrm{d}x\right]\mathrm{d}y \tag{2-46}$$

理论上润滑油所承受的摩擦阻力是整个圆周区域上的摩擦力的总和，考虑到非承载区没有油膜压力的存在，故对非承载区的摩擦阻力不进行求解，即润滑油所承受的总的摩擦阻力近似等于承载区摩擦阻力。其中，摩擦系数为：

$$f = F_{\mathrm{J}}/F \tag{2-47}$$

3　磁流体力学基础

油膜轴承的服役寿命与润滑油膜的润滑性能密切相关。采用磁流体代替传统润滑油，可以提高轴承的承载能力，并且可以通过控制外加磁场的大小动态调控磁流体的黏度，以保证轴承的承载能力，并减小轧辊与轴承的摩擦系数。

磁流体动力学理论是分析磁流体润滑轴承的基础理论，比较典型的磁流体数学模型有三种：Gogosov 相流模型、Shliomis 微极模型和 Rosensweig 简化模型。实际工程应用中，不同模型各有特点与优势。Gogosov 相流模型将基载液和磁性颗粒看为两个不同的相，其应用复杂且磁性颗粒直径较小，两相不易区分；Shliomis 微极模型考虑了磁性颗粒在外加磁场作用下的微极旋转作用，与润滑油膜的剪切率相比，磁性颗粒之间的微极旋转作用较小；Rosensweig 简化模型形式简单，应用方便，符合磁流体作为润滑介质的力学本质。

3.1　磁流体力学预备公式

为了推导磁流体力学方程组，先给出一些已知的关系式：

奥高公式：

$$\oint_S n \cdot \varphi \mathrm{d}S = \int_V \nabla \cdot \varphi \mathrm{d}V \tag{3-1}$$

式中，点“·”表示内积。

斯托克斯公式：

$$\oint_L a \cdot \mathrm{d}r = \int_S \mathrm{rot}_n a \mathrm{d}S = \int_S \mathrm{rot}a \cdot \mathrm{d}S \tag{3-2}$$

由式（3-2）得到变形速率张量 S 在直角坐标系中的分量形式：

$$S = s_{ij} = \begin{pmatrix} \dfrac{\partial u}{\partial x} & \dfrac{1}{2}\left(\dfrac{\partial v}{\partial x} + \dfrac{\partial u}{\partial y}\right) & \dfrac{1}{2}\left(\dfrac{\partial u}{\partial z} + \dfrac{\partial w}{\partial x}\right) \\ \dfrac{1}{2}\left(\dfrac{\partial v}{\partial x} + \dfrac{\partial u}{\partial y}\right) & \dfrac{\partial v}{\partial y} & \dfrac{1}{2}\left(\dfrac{\partial w}{\partial y} + \dfrac{\partial v}{\partial z}\right) \\ \dfrac{1}{2}\left(\dfrac{\partial u}{\partial z} + \dfrac{\partial w}{\partial x}\right) & \dfrac{1}{2}\left(\dfrac{\partial w}{\partial y} + \dfrac{\partial v}{\partial z}\right) & \dfrac{\partial w}{\partial z} \end{pmatrix} \tag{3-3}$$

流体力学中，对于斯托克斯假设下的牛顿流体，可知 $P = p_{ij}$ 与 $S = s_{ij}$ 之间的本构关系：

$$\begin{cases} p_{ij} = -p\delta_{ij} + 2\mu_f\left(\psi_{ij} - \frac{1}{3}\psi_{kk}\delta_{ij}\right) \\ P = -pI + 2\mu_f\left[\Psi - \frac{1}{3}(\mathrm{div}V)I\right] \end{cases} \tag{3-4}$$

式中，$P = p_{ij}$是一个对称应力张量，表示连续体中质点间相互作用的表面力；μ_f是黏性系数，黏性系数是流体的属性，只依赖于流体当前所处的热力学状态，与流体的运动状态无关。通常这种情况下将导电流体当作牛顿流体。

热力学中，热流量 $\boldsymbol{\theta}$ 与温度 $\boldsymbol{T}$ 之间的傅里叶关系式为：

$$\boldsymbol{\theta} = -\lambda_T \nabla \boldsymbol{T} \tag{3-5}$$

电磁学中，欧姆定律为：

$$\boldsymbol{J} = \sigma(\boldsymbol{E} + \boldsymbol{V} \times \boldsymbol{B}) + \rho_e \boldsymbol{V} \tag{3-6}$$

电感应强度 $\boldsymbol{D}$、电场强度 $\boldsymbol{E}$ 以及磁感应强度 $\boldsymbol{B}$ 与磁场强度 $\boldsymbol{H}$ 间的关系式为：

$$\boldsymbol{D} = \varepsilon \boldsymbol{E} \tag{3-7}$$

$$\boldsymbol{B} = \mu \boldsymbol{H} \tag{3-8}$$

3.2 电磁学方程

3.2.1 基本方程的导出

电磁学里最为关键、决定电磁学规律的基本定律是电荷守恒定律和法拉第定律。由这两个定律可以推导出很多其他的电磁学方程。

电荷守恒定律认为：任意一个流体介质控制体内所包含的电荷，在运动过程中保持不变，其数学表达式为：

$$\frac{\mathrm{d}}{\mathrm{d}t}\int_\tau \rho_e \mathrm{d}\tau = 0 \tag{3-9}$$

式中，ρ_e 为电荷的体密度。

应用积分与微分的交换公式，上式可以用场方法表示为：

$$\int_\tau \frac{\partial \rho_e}{\partial t}\mathrm{d}\tau + \oint_S \rho_e \boldsymbol{n} \cdot \boldsymbol{V}_e \mathrm{d}S = 0 \tag{3-10}$$

由电流密度 $\boldsymbol{J} = \rho_e \boldsymbol{V}_e$，替代上式中 $\rho_e \boldsymbol{V}_e$，推导式（3-10）可以得到：

$$\int_\tau \frac{\partial \rho_e}{\partial t}\mathrm{d}\tau + \oint_S \boldsymbol{J} \cdot \boldsymbol{n}\mathrm{d}S = \int_\tau \left(\frac{\partial \rho_e}{\partial t} + \nabla \cdot \boldsymbol{J}\right)\mathrm{d}\tau = 0 \tag{3-11}$$

式中，τ是任意控制体；电荷 ρ_e 是某矢量的散度，该矢量记为 $\boldsymbol{D}$，称为电感应强度。从而有：

$$\nabla \cdot \boldsymbol{D} = \rho_e \tag{3-12}$$

对于式（3-11），应用式（3-12）与奥高公式（3-1），可以得到：

$$\oint_S \boldsymbol{n} \cdot \left(\frac{\partial \boldsymbol{D}}{\partial t} + \boldsymbol{J}\right)\mathrm{d}S = 0 \tag{3-13}$$

式（3-13）表明，矢量 $\partial \boldsymbol{D}/\partial t+\boldsymbol{J}$ 穿过任一封闭曲面的通量都为零。因此，该矢量必是某个矢量的旋度，记为 $\boldsymbol{H}$，称为磁场强度矢量，从而得到安培定理的微分表达形式：

$$\boldsymbol{J}+\frac{\partial \boldsymbol{D}}{\partial t}=\nabla\times\boldsymbol{H} \tag{3-14}$$

法拉第电磁感应定律认为：在场的内部通过某一任意封闭曲线 C 上，曲面 Σ 磁通量的变化率等于在封闭曲线 C 上产生的电动势的负值。

法拉第电磁感应定律的数学表达式为：

$$\frac{\mathrm{d}}{\mathrm{d}t}\int_{\Sigma}\boldsymbol{B}\cdot\boldsymbol{n}\mathrm{d}S+\oint_{C}\boldsymbol{E}\cdot\mathrm{d}r=0 \tag{3-15}$$

由式（3-15）进行变换，得到法拉第定律的微分形式表达式：

$$\nabla\times\boldsymbol{E}=-\frac{\partial \boldsymbol{B}}{\partial t} \tag{3-16}$$

由于磁流体力学中所研究的电磁现象都是低频的，而且认为不论是中性粒子，还是带电粒子的运动速度都远小于光速。基于以上假设，安培定理中 $\partial \boldsymbol{D}/\partial t=\nabla\times\boldsymbol{H}$，可以忽略不计。

在磁流体力学的近似前提下，安培定理可以表示为：

$$\nabla\times\boldsymbol{H}=\boldsymbol{J} \tag{3-17}$$

同时，欧姆定律可以由式（3-6）简化为：

$$\boldsymbol{J}=\sigma(\boldsymbol{E}+\boldsymbol{V}\times\boldsymbol{B}) \tag{3-18}$$

并且，可以得到电流场 $\boldsymbol{J}=\boldsymbol{J}(r,\ t)$ 和磁感应强度 $\boldsymbol{B}=\boldsymbol{B}(r,\ t)$ 都是无源场，即：

$$\nabla\cdot\boldsymbol{J}=0;\ \nabla\cdot\boldsymbol{B}=0 \tag{3-19}$$

3.2.2 磁扩散方程

在上节中建立的电磁学控制方程，都是以三个矢量场 $\boldsymbol{J}$、$\boldsymbol{E}$ 和 $\boldsymbol{B}$ 作为未知量的函数关系式，分别代表了欧姆定律、安培定律和法拉第定律，三者的微分方程表达式分别为：

$$\begin{cases}\boldsymbol{J}=\sigma(\boldsymbol{E}+\boldsymbol{V}\times\boldsymbol{B})\\ \nabla\times\boldsymbol{E}=-\dfrac{\partial \boldsymbol{B}}{\partial t}\\ \nabla\times\boldsymbol{B}=\mu\boldsymbol{J}\end{cases} \tag{3-20}$$

式（3-20）为麦克斯韦方程。可以看出，控制方程通过速度矢量 $\boldsymbol{V}$ 与流场相联系，表示速度场对电磁场的作用。通过 $\boldsymbol{E}$ 和 $\boldsymbol{B}$，应用关系式（3-7）和式（3-8）可得到 $\boldsymbol{D}$ 和 $\boldsymbol{H}$，且方程组中的 $\boldsymbol{J}$ 和 $\boldsymbol{B}$ 都是无源场。

为减少未知量，便于理论计算，式（3-20）中消去 $\boldsymbol{J}$ 与 $\boldsymbol{E}$，记 $\eta=1/\mu\sigma$，可

以得到：

$$\frac{\partial \boldsymbol{B}}{\partial t}=\eta\nabla^2\boldsymbol{B}+\nabla\times(\boldsymbol{V}\times\boldsymbol{B}) \tag{3-21}$$

式中，η 为磁扩散系数，等式右边第一项 $\eta\nabla^2\boldsymbol{B}$ 称为扩散项，表示由于扩散而引起的磁感应强度的变化；右端第二项 $\nabla\times(\boldsymbol{V}\times\boldsymbol{B})$ 称之为对流项，表示流体介质的流动对磁感应强度的变化。

3.2.3 磁力体密度和磁力功体密度

当电荷相对于实验室坐标系以速度 $\boldsymbol{V}$ 运动时，在实验室坐标下的库仑力 $\boldsymbol{F}_{\rm e}$ 为：

$$\boldsymbol{F}_{\rm e}=\rho_{\rm e}\boldsymbol{E}+\rho_{\rm e}\boldsymbol{V}\times\boldsymbol{B} \tag{3-22}$$

又因 $J=\rho_{\rm e}\boldsymbol{V}$，故上式可改写成：

$$\boldsymbol{F}_{\rm e}=\rho_{\rm e}\boldsymbol{E}+\boldsymbol{J}\times\boldsymbol{B} \tag{3-23}$$

式（3-23）给出了磁力体密度，即单位体积物质介质上作用的磁力表达式。

在磁流体力学的近似下，电场项 $\rho_{\rm e}\boldsymbol{E}$ 与磁场项 $\boldsymbol{J}\times\boldsymbol{B}$ 相比忽略不计，因此：

$$\boldsymbol{F}_{\rm e}=\boldsymbol{J}\times\boldsymbol{B} \tag{3-24}$$

式（3-23）与式（3-24）是基于空间为真空的假设前提下得到的。实际上，磁流体动力学是研究磁场强度对导电流体的影响规律。故必须考虑导电介质对磁力体密度的作用。主要表现在两个方面：（1）由于流场的非均匀性，导致磁导率 $\mu=\mu(\rho,\ T)$ 和电介质常数 $\varepsilon=\varepsilon(\rho,\ T)$ 的不均匀性所引起的效应；（2）磁紧缩效应与电紧缩效应，两效应与磁导率 μ 和电介质常数 ε 关于导电流体密度 ρ 的微分有关。

由于导电流体及等离子体都不是磁性材料，其导磁率与真空空间的导磁率 μ_0 非常接近；同样，可以认为磁流体力学里所研究的介质是低电极化材料，其电介质常数与真空空间中的电介质常数 ε_0 相当接近。因此，在磁流体力学中，将 μ 与 ε 看做与介质材料无关的常数。这种情况下，由于流场的非均匀性及磁和电紧缩效应，对磁力 $\boldsymbol{F}_{\rm e}$ 的体密度的影响为零。

根据玻印亭定理，得到磁力作用在单位体积物质介质上的功率，也即磁力功体密度：

$$\varepsilon_{\rm m}=\boldsymbol{E}\cdot\boldsymbol{J} \tag{3-25}$$

3.3 磁流体动力学方程

磁流体动力学中应用的动力学方程，实际上就是在磁力作用下流体力学中的质量守恒方程、能量守恒方程和动量守恒方程的推广。本节将依次加以讨论。

3.3.1 质量守恒方程

牛顿力学体系中，质量守恒定律认为，流体内任一有限物质在运动过程中所具有的质量始终保持恒定不变。在流体内任取一有限物质，将其质量设为 m，其占有的空间为 τ，则质量守恒方程的数学表达式表示为：

$$\frac{\mathrm{d}m}{\mathrm{d}t} = \frac{\mathrm{d}}{\mathrm{d}t}\int_{\tau} \rho \mathrm{d}\tau = 0 \tag{3-26}$$

通过积分与微分的转换，得到：

$$\begin{cases} \int_{\tau}\left[\frac{\partial \rho}{\partial t} + \nabla\cdot(\rho \boldsymbol{V})\right]\mathrm{d}\tau = 0 \\ \int_{\tau}\left[\frac{\mathrm{d}\rho}{\mathrm{d}t} + \rho\nabla\cdot\boldsymbol{V}\right]\mathrm{d}\tau = 0 \end{cases} \tag{3-27}$$

由于所选取的物质体积 τ 任意选取，由式（3-27）得到能量守恒方程式的微分表达式：

$$\frac{\mathrm{d}\rho}{\mathrm{d}t} + \rho\nabla\cdot\boldsymbol{V} = 0 \tag{3-28}$$

质量守恒方程又可以称为连续性方程。此方程不涉及力场的作用，与流体力学中的质量守恒方程有相同的形式。

3.3.2 动量守恒方程

牛顿力学体系中，动量守恒定律认为物质所具有的动量变化速率等于作用在物质上所有作用力的和。在流体内任意取一有限物质，其占有的空间为 τ，包围该体积的曲面记作 S，动量守恒定律表示为：

$$\frac{\mathrm{d}}{\mathrm{d}t}\int_{\tau}\rho\boldsymbol{V}\mathrm{d}\tau = \int_{\tau}\rho\boldsymbol{F}\mathrm{d}\tau + \oint_{S}\boldsymbol{P}_n\mathrm{d}S \tag{3-29}$$

式中，等式右端第一项表示作用在物质体积上的体积力，$\boldsymbol{F}$ 为体积力的体密度；右端第二项代表作用在物质体积表面上的表面力。由于表面力的面密度表示为 $\boldsymbol{P}_n = \boldsymbol{n}\cdot\boldsymbol{P}$，应用奥高公式（3-1）和连续性方程，得到：

$$\int_{\tau}\left(\rho\frac{\mathrm{d}\boldsymbol{V}}{\mathrm{d}t} - \rho\boldsymbol{F} - \nabla\cdot\boldsymbol{P}\right)\mathrm{d}\tau = 0 \tag{3-30}$$

由于所选体积 τ 的任意性，得到动量守恒方程式的微分表达式：

$$\rho\frac{\mathrm{d}V}{\mathrm{d}t} = \rho\boldsymbol{F} + \nabla\cdot\boldsymbol{P} \tag{3-31}$$

由式（3-31）可知，动量守恒方程所表达的本质就是惯性力 $\rho\mathrm{d}\boldsymbol{V}/\mathrm{d}t$、体积力 $\rho\boldsymbol{F}$ 和表面力 $\nabla\cdot\boldsymbol{P}$ 之间的平衡关系。在伽利略变换下，力是一个常量，因此，上式方程中的左端项与右端项都是不变量，动量方程微分形式是一个不变式。

磁流体力学中，将式（3-24）表示的磁力 $\boldsymbol{J}\times\boldsymbol{B}$ 从体积力 $\rho\boldsymbol{F}$ 中分离出来，从而体力项可以表示为：

$$\rho\boldsymbol{F} = \rho\boldsymbol{F}_{\mathrm{f}} + \boldsymbol{J}\times\boldsymbol{B} \tag{3-32}$$

式中，$\rho\boldsymbol{F}_{\mathrm{f}}$ 表示重力及除磁力之外的其他外力。

应用本构关系式（3-4），方程（3-32）等式右边第二项可以表示为：

$$\nabla \cdot \boldsymbol{P} = -\nabla p + \nabla(\lambda_{\mathrm{f}} \nabla \boldsymbol{V}) + \nabla \cdot (2\mu_{\mathrm{f}} S) \tag{3-33}$$

进而得到：

$$\rho\left[\frac{\partial \boldsymbol{V}}{\partial t} + (\boldsymbol{V} \cdot \nabla)\boldsymbol{V}\right] = \rho \boldsymbol{F}_{\mathrm{f}} - \nabla p + \nabla(\lambda_{\mathrm{f}} \nabla \cdot \boldsymbol{V}) + \nabla \cdot (2\mu_{\mathrm{f}} S) + \boldsymbol{J} \times \boldsymbol{B} \tag{3-34}$$

以上两个方程在推导过程中使用了基于牛顿流体的本构方程，只适用于牛顿流体的情况。在动力学中称该方程为运动方程。

某些情况下，为了便于分析涡运动，在斯托克斯假设成立的前提下，将运动方程表示为：

$$\rho \frac{\mathrm{d}\boldsymbol{V}}{\mathrm{d}t} = \rho \boldsymbol{F}_{\mathrm{f}} - \nabla p + \nabla \cdot (2\mu_{\mathrm{f}} S) - \frac{2}{3}\nabla(\mu_{\mathrm{f}} \nabla \cdot \boldsymbol{V}) + \boldsymbol{J} \times \boldsymbol{B} \tag{3-35}$$

3.3.3　能量守恒方程

牛顿力学体系中，能量守恒定律认为流体内任意一个有限体积所具有总能量的变化速率，等于作用在这一个体积介质上的作用力所作的功率与单位时间内通过表面传入的热量及对体积介质加热热量的总和。

运动流体内任取一个有限体积 τ，设其表面积为 S，外单位法向矢量为 $\boldsymbol{n}$，得到该有限体积 τ 所具有的动能为 $\int_\tau \frac{1}{2}\rho V^2 \mathrm{d}\tau$，内能为 $\int_\tau \rho \varepsilon_{\mathrm{f}} \mathrm{d}\tau$。因此，总能量为 $\int_\tau \rho\left(\varepsilon_{\mathrm{f}} + \frac{1}{2}V^2\right)\mathrm{d}\tau$。

作用在流体介质上的所有力包括有：磁力 $\boldsymbol{F}_{\mathrm{e}} = \boldsymbol{J} \times \boldsymbol{B}$，外力 $\rho \boldsymbol{F}_{\mathrm{f}}$ 和表面力 $\boldsymbol{P}_n$。由电磁学知识可知，速度 $\boldsymbol{V}$ 和电学量在非相对论的伽利略变换中不是时空等同量。根据时空系的转变，将电磁学量变换为以下方程组：

$$\begin{cases} \boldsymbol{E}^* = \boldsymbol{E} + \boldsymbol{V} \times \boldsymbol{B} & \boldsymbol{H}^* = \boldsymbol{H} - \boldsymbol{V} \times \boldsymbol{D} \\ \boldsymbol{D}^* = \boldsymbol{D} + \dfrac{1}{c^2}\boldsymbol{V} \times \boldsymbol{H} \approx \boldsymbol{D} & \boldsymbol{B}^* = \boldsymbol{B} - \dfrac{1}{c^2}\boldsymbol{V} \times \boldsymbol{E} \approx \boldsymbol{B} \\ \boldsymbol{J}^* = \boldsymbol{J} - \rho_{\mathrm{e}} \boldsymbol{V} \approx \boldsymbol{J} & \rho_{\mathrm{e}}^* = \rho_{\mathrm{e}} - \dfrac{\boldsymbol{V} \cdot \boldsymbol{J}}{c^2} \approx \rho_{\mathrm{e}} \end{cases} \tag{3-36}$$

由式（3-25）及式（3-36）可以得到：

$$\begin{aligned} \varepsilon_{\mathrm{m}} &= \boldsymbol{E} \cdot \boldsymbol{J} = (\boldsymbol{E}^* - \boldsymbol{V} \times \boldsymbol{B}) \cdot \boldsymbol{J}^* = \boldsymbol{E}^* \cdot \boldsymbol{J}^* + \boldsymbol{V} \cdot (\boldsymbol{J} \times \boldsymbol{B}) \\ &= (\boldsymbol{E} + \boldsymbol{V} \times \boldsymbol{B}) + \boldsymbol{V} \cdot (\boldsymbol{J} \times \boldsymbol{B}) = \boldsymbol{J}^2/\sigma + \boldsymbol{V} \cdot (\boldsymbol{J} \times \boldsymbol{B}) \end{aligned} \tag{3-37}$$

因此，可以得到磁力 $\boldsymbol{F}_{\mathrm{e}}$ 在有限体积 τ 上所作的功率为 $\int_\tau [\boldsymbol{J}^2/\sigma + \boldsymbol{V} \cdot (\boldsymbol{J} \times \boldsymbol{B})]\mathrm{d}\tau$。外力 $\rho \boldsymbol{F}_{\mathrm{f}}$ 的功率为 $\int_\tau \rho \boldsymbol{F}_{\mathrm{f}} \cdot \boldsymbol{V} \mathrm{d}\tau$，得到表面应力 $\boldsymbol{P}_n$ 所起作用的功率为 $\oint_S (\boldsymbol{P} \cdot \boldsymbol{n}) \cdot \boldsymbol{V} \mathrm{d}S = \int_\tau \nabla \cdot (\boldsymbol{P} \cdot \boldsymbol{V})\mathrm{d}\tau$。

应用傅里叶关系式（3-5），假设热传导系数 λ_T 为常数，得到通过表面 S 由热传导流入体积 τ 内的热量为：

$$\oint_S \boldsymbol{n} \cdot (\lambda_T \nabla \boldsymbol{T})\mathrm{d}S = \int_\tau \nabla \cdot (\lambda_T \nabla \boldsymbol{T})\mathrm{d}\tau = \int_\tau \lambda_T \nabla^2 \boldsymbol{T} \mathrm{d}\tau \tag{3-38}$$

在后面的讨论中，不考虑其他热源。

通过以上分析与推导，可以得到如下的能量守恒关系式：

$$\frac{\mathrm{d}}{\mathrm{d}t}\int_\tau \rho\left(\varepsilon_{\mathrm{f}} + \frac{\boldsymbol{V}^2}{2}\right)\mathrm{d}\tau = \int_\tau \left[\rho \boldsymbol{F}_{\mathrm{f}} \cdot \boldsymbol{V} + \nabla \cdot (\boldsymbol{P} \cdot \boldsymbol{V}) + \lambda_T \nabla^2 \boldsymbol{T} + \frac{\boldsymbol{J}^2}{\sigma} + \boldsymbol{V} \cdot (\boldsymbol{J} \times \boldsymbol{B})\right]\mathrm{d}\tau \tag{3-39}$$

由于有限体积 τ 的任意性，由式（3-39）得到微分形式的能量守恒方程式：

$$\rho \frac{\mathrm{d}}{\mathrm{d}t}\left(\varepsilon_{\mathrm{f}} + \frac{\boldsymbol{V}^2}{2}\right) = \rho \boldsymbol{F}_{\mathrm{f}} \cdot \boldsymbol{V} + \nabla \cdot (\boldsymbol{P} \cdot \boldsymbol{V}) + \lambda_T \nabla^2 \boldsymbol{T} + \frac{\boldsymbol{J}^2}{\sigma} + \boldsymbol{V} \cdot (\boldsymbol{J} \times \boldsymbol{B}) \tag{3-40}$$

进而得到积分形式的能量守恒方程式：

$$\int_\tau \frac{\partial}{\partial t}\left[\rho\left(\varepsilon_{\mathrm{f}} + \frac{\boldsymbol{V}^2}{2}\right)\right]\mathrm{d}\tau + \oint_C \rho \boldsymbol{V}_n\left(\varepsilon_{\mathrm{f}} + \frac{\boldsymbol{V}^2}{2}\right)\mathrm{d}S = \int_\tau \rho \boldsymbol{F}_{\mathrm{f}} \cdot \boldsymbol{V}\mathrm{d}\tau + \oint_S \boldsymbol{P}_n \cdot \boldsymbol{V}\mathrm{d}S + \int_S \boldsymbol{n} \cdot (\lambda_T \nabla \boldsymbol{T})\mathrm{d}S + \int_\tau \left[\frac{\boldsymbol{J}^2}{\sigma} + \boldsymbol{V} \cdot (\boldsymbol{J} \times \boldsymbol{B})\right]\mathrm{d}\tau \tag{3-41}$$

应用式（3-3）和式（3-4），得到：

$$\begin{aligned}\nabla \cdot (\boldsymbol{P} \cdot \boldsymbol{V}) &= \nabla \cdot (\boldsymbol{V} \cdot \boldsymbol{P}) = \frac{\partial}{\partial x_j}(v_i p_{ij}) \\ &= v_i \frac{\partial p_{ij}}{\partial x_j} + p_{ij}\frac{\partial v_i}{\partial x_j} = v_i \frac{\partial p_{ij}}{\partial x_j} + p_{ij}s_{ij} = \boldsymbol{V} \cdot (\boldsymbol{V} \cdot \boldsymbol{P}) + \boldsymbol{P} \cdot \boldsymbol{S}\end{aligned} \tag{3-42}$$

代入式（3-40），得到：

$$\rho \frac{\mathrm{d}}{\mathrm{d}t}\left(\varepsilon_{\mathrm{f}} + \frac{\boldsymbol{V}^2}{2}\right) = \rho \boldsymbol{F}_{\mathrm{f}} \cdot \boldsymbol{V} + \boldsymbol{V} \cdot (\nabla \cdot \boldsymbol{P}) + \boldsymbol{P} \cdot \boldsymbol{S} + \lambda_T \nabla^2 \boldsymbol{T} + \frac{\boldsymbol{J}^2}{\sigma} + \boldsymbol{V} \cdot (\boldsymbol{J} \times \boldsymbol{B}) \tag{3-43}$$

为得到更为通用的能量守恒方程，应用动量守恒方程消去上式机械能部分，用速度矢量 V 标量乘以动量守恒方程（3-31）的两端，得到：

$$\rho \frac{\mathrm{d}}{\mathrm{d}t}\left(\frac{\boldsymbol{V}^2}{2}\right) = \rho \boldsymbol{F}_{\mathrm{f}} \cdot \boldsymbol{V} + \boldsymbol{V} \cdot (\boldsymbol{J} \times \boldsymbol{B}) + \boldsymbol{V} \cdot (\nabla \cdot \boldsymbol{P}) \tag{3-44}$$

将此结果代入方程（3-43），得到所要求解的能量守恒方程的形式为：

$$\rho \frac{\mathrm{d}\varepsilon_{\mathrm{f}}}{\mathrm{d}t} = \boldsymbol{P} \cdot \boldsymbol{S} + \lambda_T \nabla^2 \boldsymbol{T} + \frac{\boldsymbol{J}^2}{\sigma} \tag{3-45}$$

计算 $\boldsymbol{P} \cdot \boldsymbol{S}$ 并进行相关代换，得到关于速度场 $\boldsymbol{V}$ 的能量守恒方程：

$$\rho \frac{\mathrm{d}\varepsilon_{\mathrm{f}}}{\mathrm{d}t} = -p \nabla \cdot \boldsymbol{V} + \boldsymbol{\Phi} + \mu_{\mathrm{f}}'(\nabla \cdot \boldsymbol{V})^2 + \lambda_T \nabla^2 \boldsymbol{T} + \frac{\boldsymbol{J}^2}{\sigma} \tag{3-46}$$

3.4　控制磁流体流动的方程组[19]

3.4.1　磁流体方程组的微分形式

为了不失一般性，仅给出无外力 $\rho \boldsymbol{F}_{\mathrm{f}}$ 作用，并且第二黏性系数为零情形下的微分方程式，总结前面的讨论，得到实验室坐标系下的控制导电流体在磁场作用下矢量形式的微分方程：

$$\begin{cases}\dfrac{\mathrm{d}\rho}{\mathrm{d}t}+\rho\,\nabla\cdot\boldsymbol{V}=0\\ \rho\,\dfrac{\mathrm{d}\boldsymbol{V}}{\mathrm{d}t}=-\nabla p+\nabla\cdot(2\mu_{\mathrm{f}}\boldsymbol{S})-\dfrac{2}{3}\nabla(\mu_{\mathrm{f}}\,\nabla\cdot\boldsymbol{V})+\boldsymbol{J}\times\boldsymbol{B}\\ \rho\,\dfrac{\mathrm{d}\varepsilon_{\mathrm{j}}}{\mathrm{d}t}=-p\,\nabla\cdot\boldsymbol{V}+\boldsymbol{\Phi}+\lambda_{T}\,\nabla^{2}\boldsymbol{T}+\dfrac{\boldsymbol{J}^{2}}{\boldsymbol{\sigma}}\\ \boldsymbol{J}=\sigma(\boldsymbol{E}+\boldsymbol{V}\times\boldsymbol{B}),\nabla\times\boldsymbol{E}=-\dfrac{\partial\boldsymbol{B}}{\partial t},\nabla\times\boldsymbol{B}=\mu\boldsymbol{J}\end{cases}\tag{3-47}$$

方程组（3-47）中的各方程依次称为：连续性方程、运动方程、能量方程以及磁扩散方程。且恒有磁感应强度 $\boldsymbol{B}$ 和电流强度 $\boldsymbol{J}$ 为无源场，即：

$$\begin{cases}\nabla\cdot\boldsymbol{B}=0\\ \nabla\cdot\boldsymbol{J}=0\end{cases}\tag{3-48}$$

同时，存在如下关系式：

$$\frac{\mathrm{d}}{\mathrm{d}t}=\frac{\alpha}{\partial t}+(\nabla\cdot\boldsymbol{V})\qquad \boldsymbol{\Phi}=-\frac{2}{3}\mu_{\mathrm{f}}(\nabla\cdot\boldsymbol{V})^{2}+2\mu_{\mathrm{f}}S\cdot S\tag{3-49}$$

用熵表示能量方程，用磁扩散方程代替电磁学方程时，实验室坐标系下矢量形式的微分方程组为[3]：

$$\begin{cases}\dfrac{\mathrm{d}\rho}{\mathrm{d}t}+\rho\,\nabla\cdot\boldsymbol{V}=0\\ \rho\,\dfrac{\mathrm{d}\boldsymbol{V}}{\mathrm{d}t}=-\nabla p+\nabla\cdot(2\mu_{\mathrm{f}}\boldsymbol{S})-\dfrac{2}{3}\nabla(\mu_{\mathrm{f}}\,\nabla\cdot\boldsymbol{V})+\dfrac{1}{\mu}(\nabla\times\boldsymbol{B})\times\boldsymbol{B}\\ \rho\,\dfrac{\mathrm{d}\varepsilon_{\mathrm{f}}}{\mathrm{d}t}=-p\,\nabla\cdot\boldsymbol{V}+\boldsymbol{\Phi}+\lambda_{T}\,\nabla^{2}\boldsymbol{T}+\dfrac{1}{\sigma\mu^{2}}(\nabla\times\boldsymbol{B})^{2}\\ \dfrac{\partial B}{\partial t}=\eta\,\nabla^{2}\boldsymbol{B}+\nabla\times(\boldsymbol{V}\times\boldsymbol{B})\\ \nabla\cdot\boldsymbol{B}=0\end{cases}\tag{3-50}$$

通过验证可知，式（3-47）和式（3-50）都能组成一个封闭的系统，从而求解出方程组中所有的未知物理量。

3.4.2　不可压缩导电流体的矢量形式微分方程组

由于流体不可压缩，故其密度始终保持不变，此时的连续性方程（3-28）等价为 $\nabla\cdot\boldsymbol{V}=0$。黏性系数 μ_{f} 通常可以视为常数，则考虑重力作用下的不可压缩导电流体矢量形式微分方程组为：

$$\begin{cases}\nabla \cdot \boldsymbol{V}=0 \\ \rho \dfrac{\mathrm{d}\boldsymbol{V}}{\mathrm{d}t}=\rho g-\nabla p+\mu_{\mathrm{f}}\nabla \cdot (2\boldsymbol{S})+\dfrac{1}{\mu}(\nabla \times \boldsymbol{B})\times \boldsymbol{B} \\ \rho \dfrac{\mathrm{d}\varepsilon_{\mathrm{f}}}{\mathrm{d}t}=\boldsymbol{\Phi}+\lambda_T \nabla^2 \boldsymbol{T}+\dfrac{1}{\sigma\mu^2}(\nabla \times \boldsymbol{B})^2 \\ \dfrac{\partial \boldsymbol{B}}{\partial t}=\eta \nabla^2 \boldsymbol{B}+\nabla \times (\boldsymbol{V}\times \boldsymbol{B}) \\ \nabla \cdot \boldsymbol{B}=0\end{cases} \tag{3-51}$$

式中，g 为重力加速度。

3.4.3 直角坐标系中微分方程组的分量形式

将矢量形式的微分方程组（3-50）在直角坐标系 $O\text{-}xyz$ 中展开，各轴向的速度分量记为 $\boldsymbol{u}$、$\boldsymbol{v}$、$\boldsymbol{w}$，则有式（3-52）。

$$\begin{cases}\dfrac{\mathrm{d}\rho}{\mathrm{d}t}+\rho\left(\dfrac{\partial \boldsymbol{u}}{\partial x}+\dfrac{\partial \boldsymbol{v}}{\partial y}+\dfrac{\partial \boldsymbol{w}}{\partial z}\right)=0 \\ \rho \dfrac{\mathrm{d}\boldsymbol{u}}{\mathrm{d}t}=-\dfrac{\partial p}{\partial x}+\dfrac{\partial}{\partial x}\left[2\mu_{\mathrm{f}}\dfrac{\partial \boldsymbol{u}}{\partial x}-\dfrac{2}{3}\mu_{\mathrm{f}}\left(\dfrac{\partial \boldsymbol{u}}{\partial x}+\dfrac{\partial \boldsymbol{v}}{\partial y}+\dfrac{\partial \boldsymbol{w}}{\partial z}\right)\right]+\dfrac{\partial}{\partial y}\left[\mu_{\mathrm{f}}\left(\dfrac{\partial \boldsymbol{u}}{\partial x}+\dfrac{\partial \boldsymbol{v}}{\partial y}\right)\right]+ \\ \qquad \dfrac{\partial}{\partial z}\left[\mu_{\mathrm{f}}\left(\dfrac{\partial \boldsymbol{w}}{\partial z}+\dfrac{\partial \boldsymbol{u}}{\partial x}\right)\right]+(\boldsymbol{J}_y\boldsymbol{B}_z+\boldsymbol{J}_z\boldsymbol{B}_y) \\ \rho \dfrac{\mathrm{d}\boldsymbol{v}}{\mathrm{d}t}=-\dfrac{\partial p}{\partial y}+\dfrac{\partial}{\partial y}\left[2\mu_{\mathrm{f}}\dfrac{\partial \boldsymbol{v}}{\partial y}-\dfrac{2}{3}\mu_{\mathrm{f}}\left(\dfrac{\partial \boldsymbol{u}}{\partial x}+\dfrac{\partial \boldsymbol{v}}{\partial y}+\dfrac{\partial \boldsymbol{w}}{\partial z}\right)\right]+\dfrac{\partial}{\partial x}\left[\mu_{\mathrm{f}}\left(\dfrac{\partial \boldsymbol{u}}{\partial y}+\dfrac{\partial \boldsymbol{v}}{\partial x}\right)\right]+ \\ \qquad \dfrac{\partial}{\partial z}\left[\mu_{\mathrm{f}}\left(\dfrac{\partial \boldsymbol{v}}{\partial z}+\dfrac{\partial \boldsymbol{w}}{\partial y}\right)\right]+(\boldsymbol{J}_z\boldsymbol{B}_x+\boldsymbol{J}_x\boldsymbol{B}_z) \\ \rho \dfrac{\mathrm{d}\boldsymbol{w}}{\mathrm{d}t}=-\dfrac{\partial p}{\partial z}+\dfrac{\partial}{\partial z}\left[2\mu_{\mathrm{f}}\dfrac{\partial \boldsymbol{w}}{\partial z}-\dfrac{2}{3}\mu_{\mathrm{f}}\left(\dfrac{\partial \boldsymbol{u}}{\partial x}+\dfrac{\partial \boldsymbol{v}}{\partial y}+\dfrac{\partial \boldsymbol{w}}{\partial z}\right)\right]+\dfrac{\partial}{\partial y}\left[\mu_{\mathrm{f}}\left(\dfrac{\partial \boldsymbol{v}}{\partial z}+\dfrac{\partial \boldsymbol{w}}{\partial y}\right)\right]+ \\ \qquad \dfrac{\partial}{\partial x}\left[\mu_{\mathrm{f}}\left(\dfrac{\partial \boldsymbol{w}}{\partial x}+\dfrac{\partial \boldsymbol{u}}{\partial z}\right)\right]+(\boldsymbol{J}_x\boldsymbol{B}_y+\boldsymbol{J}_y\boldsymbol{B}_x) \\ \rho \dfrac{\mathrm{d}\varepsilon_{\mathrm{f}}}{\mathrm{d}t}=-p\left(\dfrac{\partial \boldsymbol{u}}{\partial x}+\dfrac{\partial \boldsymbol{v}}{\partial y}+\dfrac{\partial \boldsymbol{w}}{\partial z}\right)+\boldsymbol{\Phi}+\lambda_T\left(\dfrac{\partial^2 \boldsymbol{T}}{\partial x^2}+\dfrac{\partial^2 \boldsymbol{T}}{\partial y^2}+\dfrac{\partial^2 \boldsymbol{T}}{\partial z^2}\right)+\dfrac{1}{\sigma}(\boldsymbol{J}_x^2+\boldsymbol{J}_y^2+\boldsymbol{J}_z^2) \\ \boldsymbol{J}_x=\sigma(\boldsymbol{E}_x+\boldsymbol{v}\boldsymbol{B}_z-\boldsymbol{w}\boldsymbol{B}_y);J_y=\sigma(\boldsymbol{E}_y+\boldsymbol{w}\boldsymbol{B}_x-\boldsymbol{u}\boldsymbol{B}_z);J_z=\sigma(\boldsymbol{E}_y+\boldsymbol{u}\boldsymbol{B}_y-\boldsymbol{v}\boldsymbol{B}_x) \\ \dfrac{\partial \boldsymbol{E}_z}{\partial y}-\dfrac{\partial \boldsymbol{E}_y}{\partial z}=-\dfrac{\partial \boldsymbol{B}_x}{\partial t};\dfrac{\partial \boldsymbol{E}_x}{\partial z}-\dfrac{\partial \boldsymbol{E}_z}{\partial x}=-\dfrac{\partial \boldsymbol{B}_y}{\partial t};\dfrac{\partial \boldsymbol{E}_y}{\partial x}-\dfrac{\partial \boldsymbol{E}_x}{\partial y}=-\dfrac{\partial \boldsymbol{B}_z}{\partial t} \\ \dfrac{\partial \boldsymbol{B}_z}{\partial y}-\dfrac{\partial \boldsymbol{B}_y}{\partial z}=\mu \boldsymbol{J}_x;\dfrac{\partial \boldsymbol{B}_x}{\partial z}-\dfrac{\partial \boldsymbol{B}_z}{\partial x}=\mu \boldsymbol{J}_y;\dfrac{\partial \boldsymbol{B}_y}{\partial x}-\dfrac{\partial \boldsymbol{B}_x}{\partial y}=\mu \boldsymbol{J}_z\end{cases} \tag{3-52}$$

同时，式（3-51）中，如下关系式成立：

$$\frac{\mathrm{d}}{\mathrm{d}t}=\frac{\partial}{\partial t}+\boldsymbol{u}\frac{\partial}{\partial x}+\boldsymbol{v}\frac{\partial}{\partial y}+\boldsymbol{w}\frac{\partial}{\partial z} \tag{3-53}$$

$$\Phi = -\frac{2}{3}\mu_{\mathrm{f}}\left(\frac{\partial \boldsymbol{u}}{\partial x}+\frac{\partial \boldsymbol{v}}{\partial y}+\frac{\partial \boldsymbol{w}}{\partial z}\right)^2+2\mu_{\mathrm{f}}\left[\left(\frac{\partial \boldsymbol{u}}{\partial x}\right)^2+\left(\frac{\partial \boldsymbol{v}}{\partial y}\right)^2+\left(\frac{\partial \boldsymbol{w}}{\partial z}\right)^2+\right.$$

$$\frac{1}{2}\left(\frac{\partial \boldsymbol{w}}{\partial y}+\frac{\partial \boldsymbol{v}}{\partial z}\right)^2+\frac{1}{2}\left(\frac{\partial \boldsymbol{u}}{\partial z}+\frac{\partial \boldsymbol{w}}{\partial x}\right)^2+\frac{1}{2}\left(\frac{\partial \boldsymbol{v}}{\partial x}+\frac{\partial \boldsymbol{u}}{\partial y}\right)^2\Bigg] \tag{3-54}$$

3.4.4　柱坐标系中微分方程组的分量形式

柱坐标系 $O\text{-}r\theta z$ 与直角坐标系 $O\text{-}xyz$ 之间的换算关系：

$$\begin{cases} x = r\cos\theta \\ y = r\sin\theta \qquad (0 \leqslant \theta \leqslant 2\pi) \\ z = z \end{cases} \tag{3-55}$$

根据拉梅系数定义：

$$H_i = \left|\frac{\partial \boldsymbol{r}}{\partial q_1}\right| = \sqrt{\left(\frac{\partial x}{\partial q_i}\right)^2+\left(\frac{\partial y}{\partial q_i}\right)^2+\left(\frac{\partial z}{\partial q_i}\right)^2} \quad (i=1,2,3) \tag{3-56}$$

得到拉梅系数为：

$$\begin{cases} H_1 = H_r = 1 \\ H_2 = H_\theta = r \\ H_3 = H_z = 1 \end{cases} \tag{3-57}$$

对应轴线上速度分量 $\boldsymbol{V}$ 的分量分别记为 $\boldsymbol{v}_r$、$\boldsymbol{v}_\theta$、$\boldsymbol{v}_z$，则在实验室柱坐标系中的磁流体力学方程组为：

$$\begin{cases}
\dfrac{\mathrm{d}\rho}{\mathrm{d}t}+\rho\left[\dfrac{1}{r}\dfrac{\partial}{\partial r}(rv_r)+\dfrac{1}{r}\dfrac{\partial v_z}{\partial z}\right]=0 \\[2ex]
\rho\left(\dfrac{\mathrm{d}v_r}{\mathrm{d}t}-\dfrac{v_\theta^2}{r}\right) = -\dfrac{\partial p}{\partial r}+\dfrac{\partial}{\partial r}\left\{2\mu_{\mathrm{f}}\dfrac{\partial v_r}{\partial r}-\dfrac{2}{3}\mu_{\mathrm{f}}\left[\dfrac{1}{r}\dfrac{\partial}{\partial r}(rv_r)+\dfrac{1}{v}\dfrac{\partial v_\theta}{\partial \theta}+\dfrac{\partial v_z}{\partial z}\right]\right\}+ \\
\qquad \dfrac{1}{r}\dfrac{\partial}{\partial \theta}\left[\mu_{\mathrm{f}}\left(\dfrac{1}{r}\left(\dfrac{\partial v_r}{\partial \theta}+\dfrac{\partial v_\theta}{\partial r}-\dfrac{v_\theta}{r}\right)\right)\right]+\dfrac{\partial}{\partial z}\left[\mu_{\mathrm{f}}\left(\dfrac{\partial v_r}{\partial z}+\dfrac{\partial v_z}{\partial r}\right)\right]+ \\
\qquad \mu_{\mathrm{f}}\dfrac{2}{r}\left(\dfrac{\partial v_r}{\partial r}-\dfrac{1}{r}\dfrac{\partial v_\theta}{\partial \theta}-\dfrac{v_r}{r}\right)+(\boldsymbol{J}_\theta\boldsymbol{B}_z-\boldsymbol{J}_z\boldsymbol{B}_\theta) \\[2ex]
\rho\left(\dfrac{\mathrm{d}v_\theta}{\mathrm{d}t}-\dfrac{v_rv_\theta}{r}\right) = -\dfrac{1}{r}\dfrac{\partial p}{\partial \theta}+\dfrac{1}{r}\dfrac{\partial v_\theta}{\partial \theta}\left\{\mu_{\mathrm{f}}\dfrac{2}{r}\dfrac{\partial v_\theta}{\partial \theta}-\dfrac{2}{3}\mu_{\mathrm{f}}\left[\dfrac{1}{r}\dfrac{\partial}{\partial r}(rv_r)+\dfrac{1}{r}\dfrac{\partial v_\theta}{\partial \theta}+\dfrac{\partial v_z}{\partial z}\right]\right\}+ \\
\qquad \dfrac{\partial}{\partial z}\left[\mu_{\mathrm{f}}\left(\dfrac{1}{r}\dfrac{\partial v_z}{\partial \theta}+\dfrac{\partial v_\theta}{\partial z}\right)\right]+\dfrac{\partial}{\partial r}\left[\mu_{\mathrm{f}}\left(\dfrac{1}{r}\left(\dfrac{\partial v_r}{\partial \theta}+\dfrac{\partial v_\theta}{\partial r}-\dfrac{v_\theta}{r}\right)\right)\right]+ \\
\qquad \mu_{\mathrm{f}}\dfrac{2}{r}\left(\dfrac{1}{r}\dfrac{\partial v_r}{\partial \theta}+\dfrac{\partial v_\theta}{\partial r}-\dfrac{v_\theta}{r}\right)+(\boldsymbol{J}_z\boldsymbol{B}_r-\boldsymbol{J}_r\boldsymbol{B}_z) \\[2ex]
\rho\dfrac{\mathrm{d}v_z}{\mathrm{d}t} = -\dfrac{\partial p}{\partial z}+\dfrac{\partial}{\partial z}\left\{2\mu_{\mathrm{f}}\dfrac{\partial v_z}{\partial z}-\dfrac{2}{3}\mu_{\mathrm{f}}\left[\dfrac{1}{r}\dfrac{\partial}{\partial r}(rv_r)+\dfrac{1}{r}\dfrac{\partial v_\theta}{\partial \theta}+\dfrac{\partial v_z}{\partial z}\right]\right\}+ \\
\qquad \dfrac{1}{r}\dfrac{\partial}{\partial r}\left[\mu_{\mathrm{f}}r\left(\dfrac{\partial v_r}{\partial z}+\dfrac{\partial v_z}{\partial r}\right)\right]+\dfrac{1}{r}\dfrac{\partial}{\partial \theta}\left[\mu_{\mathrm{f}}\left(\dfrac{1}{r}\dfrac{\partial v_z}{\partial \theta}+\dfrac{\partial v_\theta}{\partial z}\right)\right]+(\boldsymbol{J}_r\boldsymbol{B}_\theta-\boldsymbol{J}_\theta\boldsymbol{B}_r) \\[2ex]
\rho\dfrac{\mathrm{d}\varepsilon_{\mathrm{f}}}{\mathrm{d}t} = -p\left[\dfrac{1}{r}\dfrac{\partial}{\partial r}(rv_r)+\dfrac{1}{r}\dfrac{\partial v_\theta}{\partial \theta}+\dfrac{\partial v_z}{\partial z}\right]+\boldsymbol{\Phi}+\lambda_T\left[\dfrac{1}{r}\dfrac{\partial}{\partial r}\left(r\dfrac{\partial T}{\partial r}\right)+\dfrac{1}{r^2}\dfrac{\partial^2 T}{\partial \theta^2}+\dfrac{\partial^2 T}{\partial z^2}\right]+ \\
\qquad \dfrac{1}{\sigma}(\boldsymbol{J}_r^2+\boldsymbol{J}_\theta^2+\boldsymbol{J}_z^2)
\end{cases} \tag{3-58}$$

耗散函数可以由式（3-50）和给出的 S_{ij} 计算得到：

$$\begin{cases}\sigma_{11}=\dfrac{1}{H_1}\dfrac{\partial V_1}{\partial q_1}+\dfrac{V_2}{H_1H_2}\dfrac{\partial H_1}{\partial q_2}+\dfrac{V_3}{H_1H_3}\dfrac{\partial H_1}{\partial q_3}\\ \sigma_{22}=\dfrac{1}{H_2}\dfrac{\partial V_2}{\partial q_2}+\dfrac{V_3}{H_2H_3}\dfrac{\partial H_2}{\partial q_3}+\dfrac{V_1}{H_2H_1}\dfrac{\partial H_2}{\partial q_1}\\ \sigma_{33}=\dfrac{1}{H_3}\dfrac{\partial V_3}{\partial q_3}+\dfrac{V_1}{H_3H_1}\dfrac{\partial H_3}{\partial q_1}+\dfrac{V_2}{H_3H_2}\dfrac{\partial H_3}{\partial q_2}\\ 2S_{12}=2S_{21}=\dfrac{1}{H_2}\dfrac{\partial V_1}{\partial q_2}+\dfrac{1}{H_1}\dfrac{\partial V_2}{\partial q_1}-\dfrac{V_1}{H_1H_3}\dfrac{\partial H_1}{\partial q_2}-\dfrac{V_2}{H_1H_2}\dfrac{\partial H_2}{\partial q_1}\\ 2S_{23}=2S_{32}=\dfrac{1}{H_3}\dfrac{\partial V_2}{\partial q_3}+\dfrac{1}{H_2}\dfrac{\partial V_3}{\partial q_2}-\dfrac{V_2}{H_2H_3}\dfrac{\partial H_2}{\partial q_3}-\dfrac{V_3}{H_2H_3}\dfrac{\partial H_3}{\partial q_2}\\ 2S_{31}=2S_{13}=\dfrac{1}{H_1}\dfrac{\partial V_3}{\partial q_1}+\dfrac{1}{H_3}\dfrac{\partial V_1}{\partial q_3}-\dfrac{V_3}{H_3H_1}\dfrac{\partial H_3}{\partial q_1}-\dfrac{V_1}{H_3H_1}\dfrac{\partial H_1}{\partial q_3}\end{cases} \tag{3-59}$$

并且有：

$$\frac{\mathrm{d}}{\mathrm{d}t}=\frac{\partial}{\partial t}+\boldsymbol{v}_r\frac{\partial}{\partial r}+\frac{\boldsymbol{v}_\theta}{r}\frac{\partial}{\partial\theta}+\boldsymbol{v}_z\frac{\partial}{\partial z} \tag{3-60}$$

3.4.5 球坐标系中的微分方程组的分量形式

球坐标系 $O\text{-}r\theta\lambda$ 与直角坐标系 $O\text{-}xyz$ 之间的换算关系：

$$\begin{cases}x=r\sin\theta\cos\gamma\\ y=r\sin\theta\sin\gamma \quad (0\leqslant\theta\leqslant\pi, 0\leqslant\gamma\leqslant 2\pi)\\ z=r\cos\theta\end{cases} \tag{3-61}$$

得到拉梅系数为：

$$\begin{cases}H_1=H_r=1\\ H_2=H_\theta=r\\ H_3=H_\gamma=r\sin\theta\end{cases} \tag{3-62}$$

对应轴线上速度矢量 $\boldsymbol{V}$ 的分量分别记为 $\boldsymbol{v}_r$、$\boldsymbol{v}_\theta$、$\boldsymbol{v}_\gamma$，则在实验室球坐标系中的磁流体力学方程组为：

$$
\begin{cases}
\rho\left(\frac{\mathrm{d}\boldsymbol{v}_r}{\mathrm{d}t}-\frac{\boldsymbol{v}_\theta^2+\boldsymbol{v}_r^2}{r}\right)=-\frac{\partial p}{\partial r}+\frac{\partial}{\partial r}\left(2\mu_\mathrm{f}\frac{\partial \boldsymbol{v}_r}{\partial r}-\frac{2}{3}\mu_\mathrm{f}\nabla\cdot\boldsymbol{V}\right)+\frac{1}{r}\frac{\partial}{\partial\theta}\left\{\mu_\mathrm{f}\left[r\frac{\partial}{\partial r}\left(\frac{\boldsymbol{v}_\theta}{r}\right)+\frac{1}{r}\frac{\partial \boldsymbol{v}_r}{\partial\theta}\right]\right\}+\\
\quad\frac{\mu_\mathrm{f}}{r}\left(4\frac{\partial \boldsymbol{v}_r}{\partial r}-\frac{2}{r}\frac{\partial \boldsymbol{v}_\theta}{\partial\theta}-4\frac{\boldsymbol{v}_r}{r}-\frac{2}{r\sin\theta}\frac{\partial \boldsymbol{v}_\lambda}{\partial\lambda}-\frac{2\boldsymbol{v}_\theta\cot\theta}{r}\right)+\frac{\mu_\mathrm{f}}{r}\left[r\cot\theta\frac{\partial}{\partial r}\left(\frac{\boldsymbol{v}_\theta}{r}\right)+\frac{\cot\theta}{r}\frac{\partial \boldsymbol{v}_r}{\partial\theta}\right]+\\
\quad\frac{1}{r\sin\theta}\frac{\partial}{\partial\lambda}\left\{\mu_\mathrm{f}\left[\frac{1}{r\sin\theta}\frac{\partial \boldsymbol{v}_r}{\partial\lambda}+r\frac{\partial}{\partial r}\left(\frac{\boldsymbol{v}_\lambda}{r}\right)\right]\right\}+(\boldsymbol{J}_\theta\boldsymbol{B}_\lambda-\boldsymbol{J}_\lambda\boldsymbol{B}_\theta)\\
\rho\left(\frac{\mathrm{d}\boldsymbol{v}_\theta}{\mathrm{d}t}+\frac{\boldsymbol{v}_r\boldsymbol{v}_\theta}{r}-\frac{\boldsymbol{v}_\lambda^2\cot\theta}{r}\right)=-\frac{1}{r}\frac{\partial p}{\partial\theta}+\frac{1}{r}\frac{\partial}{\partial\theta}\left(\frac{2\mu_\mathrm{f}}{r}\frac{\partial \boldsymbol{v}_\theta}{\partial\theta}+\frac{2\mu_\mathrm{f}}{r}\boldsymbol{v}_r-\frac{2}{3}\mu_\mathrm{f}\nabla\cdot\boldsymbol{V}\right)+\\
\quad\frac{1}{r\sin\theta}\frac{\partial}{\partial\lambda}\left\{\mu_\mathrm{f}\left[\frac{\sin\theta}{r}\frac{\partial}{\partial\theta}\left(\frac{\boldsymbol{v}_\lambda}{\sin\theta}\right)+\frac{1}{r\sin\theta}\frac{\partial \boldsymbol{v}_\theta}{\partial\lambda}\right]\right\}+\frac{\partial}{\partial r}\left\{\mu_\mathrm{f}\left[r\frac{\partial}{\partial r}\left(\frac{\boldsymbol{v}_\theta}{r}\right)+\frac{1}{r}\frac{\partial \boldsymbol{v}_r}{\partial\theta}\right]\right\}+\\
\quad\frac{\mu_\mathrm{f}}{r}\left\{2\left(\frac{1}{r}\frac{\partial \boldsymbol{v}_\theta}{\partial\theta}-\frac{\partial \boldsymbol{v}_\lambda}{\partial\lambda}-\frac{\boldsymbol{v}_\theta\cot\theta}{r}\right)\cot\theta+3\left[r\frac{\partial}{\partial r}\left(\frac{\boldsymbol{v}_\theta}{r}\right)+\frac{1}{r}\frac{\partial \boldsymbol{v}_r}{\partial\theta}\right]\right\}+(\boldsymbol{J}_\lambda\boldsymbol{B}_r-\boldsymbol{J}_r\boldsymbol{B}_\lambda)\\
\rho\left(\frac{\mathrm{d}\boldsymbol{v}_\lambda}{\mathrm{d}t}+\frac{\boldsymbol{v}_\lambda\boldsymbol{v}_r}{r}-\frac{\boldsymbol{v}_\theta\boldsymbol{v}_\lambda\cot\theta}{r}\right)=+\frac{1}{r\sin\theta}\frac{\partial}{\partial\lambda}\left(\frac{2\mu_\mathrm{f}}{r\sin\theta}\frac{\partial \boldsymbol{v}_\lambda}{\partial\lambda}+\frac{2\mu_\mathrm{f}}{r}\boldsymbol{v}_\theta\cot\theta-\frac{2}{3}\mu_\mathrm{f}\nabla\cdot\boldsymbol{V}\right)-\\
\quad\frac{1}{r\sin\theta}\frac{\partial p}{\partial\lambda}+\frac{\partial}{\partial r}\left\{\mu_\mathrm{f}\left[\frac{1}{r\sin\theta}\frac{\partial \boldsymbol{v}_r}{\partial\lambda}+r\frac{\partial}{\partial r}\left(\frac{\boldsymbol{v}_\lambda}{r}\right)\right]\right\}+\frac{\mu_\mathrm{f}}{r}\left\{3\left[\frac{1}{r\sin\theta}\frac{\partial \boldsymbol{v}_r}{\partial\lambda}+r\frac{\partial}{\partial r}\left(\frac{\boldsymbol{v}_\lambda}{r}\right)\right]\right\}+\\
\quad\frac{1}{r}\frac{\partial}{\partial\theta}\left\{\mu_\mathrm{f}\left[\frac{\sin\theta}{r}\frac{\partial}{\partial\theta}\left(\frac{\boldsymbol{v}_\lambda}{\sin\theta}\right)+\frac{1}{r\sin\theta}\frac{\partial \boldsymbol{v}_\theta}{\partial\lambda}\right]\right\}+(\boldsymbol{J}_r\boldsymbol{B}_\theta-\boldsymbol{J}_\theta\boldsymbol{B}_r)\\
\rho\frac{\mathrm{d}\boldsymbol{\varepsilon}_\mathrm{f}}{\mathrm{d}t}=\lambda_T\left[\frac{1}{r^2}\frac{\partial}{\partial r}\left(r^2\frac{\partial T}{\partial r}\right)+\frac{1}{r^2\sin\theta}\frac{\partial}{\partial\theta}\left(\sin\theta\frac{\partial T}{\partial\theta}\right)+\frac{1}{r^2\sin^2\theta}\frac{\partial^2 T}{\partial^2\lambda}\right]-\\
\quad p\nabla\cdot\boldsymbol{V}+\boldsymbol{\Phi}+\frac{1}{\sigma}(\boldsymbol{J}_r^2+\boldsymbol{J}_\theta^2+\boldsymbol{J}_\lambda^2)
\end{cases}
\tag{3-63}
$$

上式中的耗散函数可由式（3-50）和式（3-59）得到，同时有：

$$\frac{\mathrm{d}}{\mathrm{d}t}=\frac{\partial}{\partial t}+v_r\frac{\partial}{\partial r}+\frac{v_\theta}{r}\frac{\partial}{\partial\theta}+\frac{1}{r\sin\theta}\frac{\partial}{\partial\lambda} \tag{3-64}$$

$$\nabla\cdot\boldsymbol{V}=\frac{1}{r^2}\frac{\partial}{\partial r}(r^2v_r)+\frac{1}{r\sin\theta}\frac{\partial}{\partial\theta}(v_\theta\sin\theta)+\frac{1}{r\sin\theta}\frac{\partial v_\lambda}{\partial\lambda} \tag{3-65}$$

以上分别给出了直角坐标系、柱坐标系以及球坐标系中的磁流体力学分量形式的微分方程组。对于磁流体而言，可以认为是不可压缩流体，仅需在式（3-54）、式（3-58）、式（3-63）中，令$\nabla\cdot\boldsymbol{V}=0$，即可以得到不可压缩流动时不同坐标系下相应分量形式的微分方程组。

3.4.6　磁流体力学方程组的积分形式

通过前述的讨论，可以归纳出磁流体力学方程组的积分形式：

$$\begin{cases}\int_\tau \frac{\partial \rho}{\partial t}\mathrm{d}\tau + \oint_S \rho \boldsymbol{v}_n \mathrm{d}S = 0 \\ \int_\tau \frac{\partial(\rho \boldsymbol{V})}{\partial t}\mathrm{d}\tau + \oint_S \rho \boldsymbol{v}_n \boldsymbol{V}\mathrm{d}S = \int_\tau (\rho \boldsymbol{F}_\mathrm{f} + \boldsymbol{J}\times\boldsymbol{B})\mathrm{d}\tau + \int_S \boldsymbol{P}_n \mathrm{d}S \\ \int_\tau \frac{\partial}{\partial t}\left[\left(\varepsilon_\mathrm{f} + \frac{\boldsymbol{V}^2}{2}\right)\right]\mathrm{d}\tau + \oint_S \rho \boldsymbol{v}_n\left(\varepsilon_\mathrm{f} + \frac{\boldsymbol{V}^2}{2}\right)\mathrm{d}S \\ \quad = \int_\tau (\rho \boldsymbol{F}_\mathrm{f} + \boldsymbol{J}\times\boldsymbol{B}\cdot\boldsymbol{V})\mathrm{d}\tau + \oint_S \boldsymbol{P}_n \cdot \boldsymbol{V}\mathrm{d}S + \oint_S \lambda_T \frac{\partial \boldsymbol{T}}{\partial n}\mathrm{d}S \\ \int_\Sigma \boldsymbol{J}\cdot\boldsymbol{n}\mathrm{d}S + \int_\Sigma \frac{\partial \boldsymbol{D}}{\partial t}\cdot\boldsymbol{n}\mathrm{d}S = \oint_C H\cdot\mathrm{d}r \frac{\mathrm{d}}{\mathrm{d}t}\int_\Sigma (\boldsymbol{B}\cdot\boldsymbol{n})\mathrm{d}S + \oint_C \boldsymbol{E}\cdot\mathrm{d}r = 0\end{cases} \tag{3-66}$$

流体动力学中，τ代表空间中任意一个体积，S代表其封闭的曲面，下标n代表表面S的单位外法向矢量。在电磁学理论中，C代表空间中的任一回路，$\boldsymbol{\Sigma}$则是张在C上的任一曲面。

在上述积分形式的方程组中，动力学方程中必须增加如下动量矩守恒方程：

$$\int_\tau \left[\boldsymbol{r}\times\frac{\partial(\rho \boldsymbol{V})}{\partial t}\right]\mathrm{d}\tau + \oint_S (r\times\rho \boldsymbol{V}_n \boldsymbol{V})\mathrm{d}S = \int_\tau \boldsymbol{V}\times(\rho \boldsymbol{F}_\mathrm{f} + \boldsymbol{J}\times\boldsymbol{B})\mathrm{d}\tau + \oint_S \boldsymbol{r}\times\boldsymbol{P}_n \mathrm{d}S \tag{3-67}$$

方程（3-66）与方程（3-67）中$\boldsymbol{P}_n$满足如下关系：

$$\boldsymbol{P}_n = \boldsymbol{n}\cdot\boldsymbol{P} = \boldsymbol{n}\cdot\left[-p\delta_{ij} + 2\mu_\mathrm{f}(S_{ij} - \frac{1}{3}\nabla\cdot\boldsymbol{V}\delta_{ij})\right] \tag{3-68}$$

3.5 初始条件和边界条件

3.5.1 磁流体力学方程的定解条件

磁流体力学现象是由速度场$\boldsymbol{V}$和磁场强度$\boldsymbol{B}$的互涉而相互作用。定解问题需要综合考虑速度场的动力学条件与磁场的电磁学条件。其中，前者与流体力学中的动力学条件相同，边界条件有固壁条件、来流条件和接触面条件，流体力学中叙述较多，此处不再赘述。

电磁现象能够远程作用，物体之间不需要几何直接接触。研究过程中需要考虑到外界状况对所研究介质的相互作用。常用的方法是将介质的界面看作完全导电体，此界面将介质与外界进行隔离。

3.5.2 初始条件

只有当磁流体力学问题为非定常问题时，才有必要给出初始条件。流体力学中的初始条件通常是给出初始时刻$t=0$的速度场$\boldsymbol{V}(x,\ y,\ z,\ t)$，即：

$$\boldsymbol{V}(x,y,z,t)\big|_{t=0}=\boldsymbol{f}_V(x,y,z) \tag{3-69}$$

式中，$\boldsymbol{f}_V(x,\ y,\ z)$ 为坐标 x，y，z 的已知函数。

电磁学的初始条件是给定初始磁场 $\boldsymbol{B}$，即：

$$\boldsymbol{B}(x,y,z,t)\big|_{t=0}=\boldsymbol{f}_B(x,y,z) \tag{3-70}$$

式中，$\boldsymbol{f}_B(x,\ y,\ z)$ 为给定的函数。

若给定 $\boldsymbol{B}$ 的初值，通过安培定律可以得到电流场 $\boldsymbol{J}$；再根据欧姆定律求出电场强度 $\boldsymbol{E}$，不需要再给出其他电磁学的初始条件。给出 $\boldsymbol{f}_B(x,\ y,\ z)$ 时，必须检查其是否满足无源场的条件。

3.5.3　磁场边界条件

如图 3-1 所示，设定界面 $\boldsymbol{\Sigma}$ 上的体积为 τ，表面积为 S，包含界面区域的面积为 σ，其中 $\boldsymbol{\Sigma}$ 为可切向不连续面、固壁面或其他接触面。将空间切分成①、②两个区域。

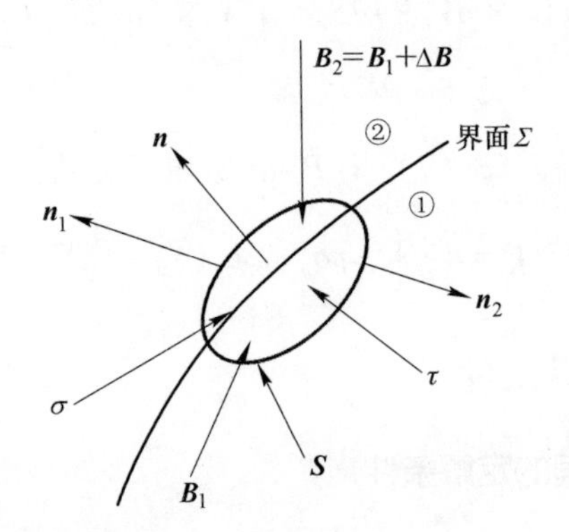

图 3-1　磁场边界条件

由 $\nabla\cdot\boldsymbol{B}=0$ 进行如下积分：

$$\lim_{S\to\Sigma}\int_\tau\nabla\cdot\boldsymbol{B}\mathrm{d}\tau=\lim_{S\to\Sigma}\oint_S\boldsymbol{n}\cdot\boldsymbol{B}\mathrm{d}S=\int_\sigma(\boldsymbol{n}\cdot\boldsymbol{B}_2-\boldsymbol{n}\cdot\boldsymbol{B}_1)\mathrm{d}z=0 \tag{3-71}$$

由 σ 的任意性可知，界面 $\boldsymbol{\Sigma}$ 上磁场法向的边界条件为 $\boldsymbol{n}\cdot\boldsymbol{B}_2=\boldsymbol{n}\cdot\boldsymbol{B}_1$，即 $\boldsymbol{B}_{n_2}=\boldsymbol{B}_{n_1}$，下标 1 和 2 分别代表界面两边的物理量。此式表明穿过界面时，磁场的法向分量连续。

考虑流体介质为完全导体或接触介质中有其中之一介质为完全导体的情形下，给出切向磁场边界条件。在完全导体下，虽然磁场的法向磁场连续，但切向磁场分量 $\boldsymbol{B}_S$ 仍然有可能不连续。分析原因是：界面 $\boldsymbol{\Sigma}$ 上有电流层的存在。这与无黏性流体流动的漩涡层引起切向速度的不连续性类似。

设定电流层线密度是 $\boldsymbol{J}_l$，切向磁场 $\boldsymbol{B}_S$ 的间断值是 $\Delta\boldsymbol{B}_S$。由安培定律知，$\Delta\boldsymbol{B}\perp\boldsymbol{J}$，对于任意一个面积 σ，存在关系式：

$$\int_S \nabla\times\boldsymbol{B}\mathrm{d}\Sigma = \mu\int_\sigma \boldsymbol{J}\mathrm{d}\Sigma \tag{3-72}$$

任取一个跨立界面上并且垂直于电流 $\boldsymbol{J}$ 的面积微元 σ_s，设其周线为 l，电流 J 指向纸内。因为 $\int_{\sigma_s}\nabla\times\boldsymbol{B}\mathrm{d}\Sigma = \oint_l \boldsymbol{B}\cdot\mathrm{d}l = \int_l \boldsymbol{B}_n\boldsymbol{n}\cdot\mathrm{d}l + \oint_l \boldsymbol{B}_S\boldsymbol{S}\cdot\mathrm{d}l = \oint_l \boldsymbol{n}\times\Delta\boldsymbol{B}_S\mathrm{d}l$，且当 $\sigma_s\to\Sigma$ 时，$\mu\int_{\sigma_s}\boldsymbol{J}\mathrm{d}\Sigma = \mu\oint_l \boldsymbol{J}_l\mathrm{d}l$，其中 $\boldsymbol{n}$，$\boldsymbol{S}$ 分别代表周线 l 的法向和切向单位矢量。

由于：

$$\int_{\sigma_s} \nabla\times\boldsymbol{B}\mathrm{d}\Sigma = \mu\int_{\sigma_s} \boldsymbol{J}\mathrm{d}\Sigma \tag{3-73}$$

则当 $\sigma_s\to\Sigma$ 时，$\oint_l \boldsymbol{n}\times\Delta\boldsymbol{B}_S\mathrm{d}l = \mu\oint_l \boldsymbol{J}_l\mathrm{d}l$。由于 $\boldsymbol{\sigma}_s$ 的任意性，得到切向磁场的间断值与电流层线密度的关系式为：

$$\boldsymbol{J}_l = \frac{1}{\mu}(n\times\Delta\boldsymbol{B}_S) \tag{3-74}$$

当流体为有限导体或界面相邻介质都为有限导体时，电流层必然会向介质内部扩散，不能形成稳定电流层。此时切向磁场分量 $\boldsymbol{B}_S$ 连续，即：

$$\boldsymbol{B}_{S1} = \boldsymbol{B}_{S2} \tag{3-75}$$

同上磁场初始条件，给定磁场强度 $\boldsymbol{B}$ 的边界条件后，无需再给出电场 $\boldsymbol{E}$ 及电流 $\boldsymbol{J}$ 的边界条件。

3.6 磁流体力学方程组无量纲化

由于流体力学与电磁学所涉及到的方程都是微分方程式，需要对磁流体力学方程组根据相似参数与相似规律进行无量纲化。参照流体力学方程无量纲化，分析无量纲参数的物理意义，推导出磁流体力学方程组的无量纲方程组。为此，需引进特征参数：特征速度 V_0，特征长度 L，特征温度 T_0，特征密度 ρ_0，特征磁场 B_0。

对方程组（3-50）中所涉及到的所有物理量进行无量纲化，并用上标“′”表示无量纲量，则有

$$\begin{cases} t = \dfrac{V_0}{L}t',x_i = Lx_i',v_i = V_0v_i',p = \rho_0v_0^2p' \\ \rho = \rho_0\rho',T = T_0T',\varepsilon_\mathrm{f} = C_vT_0\varepsilon_\mathrm{f}' \\ \varPhi = \dfrac{k_\mathrm{f}V_0\rho_0}{L^2}\varPhi',B = B_0B' \end{cases} \tag{3-76}$$

同时，$M_0 = V_0/a_0$，$a_0 = \sqrt{KRT_0}$，$k_f = C_p/C_v$，$\nabla' = L\nabla$。将以上无量纲量代入式（3-50），得到无量纲磁流体力学方程组为：

$$\begin{cases} \dfrac{\partial \rho'}{\partial t'} + \nabla' \cdot (\rho' V') = 0 \\ \rho' \dfrac{\mathrm{d}V'}{\mathrm{d}t'} = -\nabla' p' + \dfrac{1}{Re}\left(2S' + \dfrac{2}{3}\nabla'^2 V'^2\right) + \dfrac{1}{M_m^2}(\nabla' \times B') \times B' \\ \rho' \dfrac{\mathrm{d}\varepsilon_f'}{\mathrm{d}t'} = -k_f(k_f - 1)M_0^2 p' \nabla' \cdot V' + \dfrac{k_f(k_f-1)M_0^2}{Re}\Phi' + \\ \qquad \dfrac{k_f}{Pr}\dfrac{1}{Re}\nabla'^2 T' + \dfrac{k_f(k_f-1)M_0^2}{M_m^2 Re_m^2}(\nabla' \times B')^2 \\ \dfrac{\partial B'}{\partial t'} = \dfrac{1}{Re_m}\nabla'^2 B' + \nabla' \times (V' \times B') \nabla' \cdot B' = 0 \end{cases} \tag{3-77}$$

式（3-77）中存在流体力学的相似参数，分别为：表示流体运动的惯性力和黏性力比值的雷诺数 $Re = \rho_0 V_0 L/\mu_f = V_0 L/v_f$，且有 $v_f = \mu_f/\rho_0$ 表示运动黏性系数，其中，μ_f 为已假定流体介质的黏性系数，常量；度量运动流体压缩的马赫数 $M_0 = V_0/a_0$，且有 $a_0 = \sqrt{KRT_0}$表示流体的特征声速；表示黏性扩散与热扩散比值的普朗特数 $Pr = C_p \mu_f/\lambda_T$。

另一部分为磁流体特有的相似参数，分别是磁雷诺数 Re_m 和磁马赫数 M_m。磁雷诺数表示为 $Re_m = V_0 L/\eta = V_0 L\sigma\mu$，此式为磁对流项与磁扩散项的比值。当磁雷诺数 $Re_m \ll 1$ 时，可以忽略诱导磁场的作用。在工程实际中，大多数情况下 $Re_m \ll 1$，因此外加磁场起主导作用；若是 $Re_m \gg 1$，此时导体为完全导体或良导体，可以忽略磁扩散项及欧姆热项。

磁马赫数 M_m 可表示为：

$$\begin{cases} M_m = \dfrac{V_0}{A} \\ A = \sqrt{\dfrac{B_0^2}{\mu\rho_0}} \end{cases} \tag{3-78}$$

4　油膜轴承磁流体润滑理论基础

运用润滑理论与磁流体力学基本方程相结合的方法，推导磁流体油膜轴承润滑理论的数学模型。磁流体被当作均匀介质时，外加磁场对磁流体的作用将表现为彻体力的作用。在磁流体的运动方程中将出现磁力项，在能量守恒方程中出现磁化功项，只有在质量守恒的连续性方程中，其形式与传统润滑油相同。

磁流体润滑模型理论的重点在于建立磁流体黏度与磁场强度（或者电流大小）、油膜温度、油膜压力（外载荷或者轧制力）、主轴转速、流量等参数间的关系，通过构建磁流体油膜刚度的概念，建立磁场、流场、固体场三者耦合的关系式，联立方程组，分析各油膜特性参数之间的关系，以及计算各自的数值大小。

4.1　经典的磁流体润滑理论模型[5]

20 世纪 60 ~ 70 年代，已有学者从理论和实验研究了磁流体在各种条件下的流动行为，以及磁流体的界面稳定性。到了 80 ~ 90 年代，陆续有学者研究过磁流体在轴承中的应用，以及磁流体密封的性能等。比较经典的润滑理论模型有三种：

（1）Rosensweig 简化模型。

$$\begin{cases}\text{运动方程}:\rho\dfrac{D\boldsymbol{v}}{Dt}=-\nabla p+\eta\Delta\boldsymbol{v}+\mu_0(\boldsymbol{M}\cdot\nabla)\boldsymbol{H}\\ \text{连续性方程}:\nabla\cdot\boldsymbol{v}=0\end{cases}\tag{4-1}$$

式中，忽略了重力彻体力，$\boldsymbol{H}$ 为磁场强度；$\boldsymbol{M}$ 为磁液的磁化强度；μ_0 为真空磁化率；$\boldsymbol{v}$ 为速度；p 为压力；ρ 为密度；η 为动力黏度。

式（4-1）表明，磁性液体中必须存在非均匀磁场才有磁彻体力产生。该式对中低黏度磁流体有效。

（2）Shliomis 微极理论模型。

$$\begin{cases}\text{运动方程}:\rho\dfrac{D\boldsymbol{v}}{Dt}=-\nabla p+\eta\Delta\boldsymbol{v}+\mu_0(\boldsymbol{M}\cdot\nabla)\boldsymbol{H}\\ \text{连续性方程}:\nabla\cdot\boldsymbol{v}=0\\ \text{角动量方程}:\dfrac{D\boldsymbol{S}}{Dt}=\mu_0(\boldsymbol{M}\times\boldsymbol{H})-\dfrac{I}{\tau_{\mathrm{S}}}(\boldsymbol{S}-I\boldsymbol{\Omega})+\gamma\Delta\boldsymbol{S}\\ \text{电磁场本构方程}:\nabla\times\boldsymbol{H}=0,\nabla\cdot\boldsymbol{B}=0,\boldsymbol{B}=\mu_0(\boldsymbol{M}+\boldsymbol{H})\\ \text{磁化方程}:\dfrac{D\boldsymbol{M}}{Dt}=\dfrac{1}{I}(\boldsymbol{H}\times\boldsymbol{M})-\dfrac{1}{\tau_{\mathrm{B}}}\left(\boldsymbol{M}-M_0\dfrac{\boldsymbol{H}}{|\boldsymbol{H}|}\right)\end{cases}\tag{4-2}$$

式中，τ_S为粒子由于摩擦内阻引起的旋转松弛时间；τ_B为粒子由于布朗运动引起的旋转松弛时间；I为单位体积粒子惯性矩总和；$\gamma = 1/2\tau S$；η为磁性液体黏度；S为角动量；$\boldsymbol{\Omega}$为磁液的局部角速度；$\boldsymbol{v}$，ρ为磁性液体的速度和体积密度；$\boldsymbol{M}_0$为稳态磁化强度。

该方程组考虑了磁彻体力项和粒子的微极旋转的影响，同时也考虑了由于布朗热运动和摩擦内阻产生的磁化松弛效应。

（3）Gogosov 两相流模型。

$$\begin{cases} \text{磁颗粒运动方程}: \nabla \cdot \boldsymbol{U}_p = 0 \\ -\alpha \cdot \nabla p + \eta_p \nabla^2 \boldsymbol{U}_p + \dfrac{\rho_p}{\tau_p}(\boldsymbol{U}_f - \boldsymbol{U}_p) + \mu_0 (\boldsymbol{M} \cdot \nabla)\boldsymbol{H} + \dfrac{I}{2\tau_S}\nabla \times (\boldsymbol{S} - I\boldsymbol{\Omega}_p) = 0 \\ \boldsymbol{S} = I\boldsymbol{\Omega}_p + \mu_0 \tau_S (\boldsymbol{M} \times \boldsymbol{H}) \\ \nabla \times \boldsymbol{H} = 0, \nabla \cdot \boldsymbol{B} = 0, \boldsymbol{B} = \mu_0 (\boldsymbol{M} + \boldsymbol{H}) \\ \boldsymbol{M} = \dfrac{\tau_S}{I}(\boldsymbol{S} \times \boldsymbol{M}) + M_0 \cdot \dfrac{\boldsymbol{H}}{|\boldsymbol{H}|} \\ \text{基载液运动方程}: -(1-\alpha) \cdot \nabla p + \eta_f \nabla^2 \boldsymbol{U}_f + \dfrac{\rho_f}{\tau_f}(\boldsymbol{U}_p - \boldsymbol{U}_f) = 0 \\ \nabla \cdot \boldsymbol{U}_f = 0 \end{cases} \tag{4-3}$$

式中，$\boldsymbol{U}$，η，ρ，τ分别表示速度矢量、黏度、密度和力矩松弛时间，下标 f，p 分别表示基载液和固体颗粒；$\boldsymbol{M}$，$\boldsymbol{S}$，$\boldsymbol{\Omega}$，$\boldsymbol{H}$分别表示磁化强度、内磁力矩、角速度和磁场强度矢量；p为压力；α是磁性颗粒的体积浓度，其他符号意义同上。该模型体现了磁性液体作为轴承润滑介质的力学本质。

国内外学者做过很多实验测试，如磁流体黏度与磁场、温度的关系，磁场与承载能力的关系以及磁流体黏度与各种因素之间的相互影响等。通过参考前人的研究，选择各参数在一定范围的值进行计算。通过与传统润滑油对比，得知磁流体可以实现提高油膜轴承润滑和承载的良好效果，因而有必要深入研究磁流体润滑[20]。

由图 4-1 可知，相对传统润滑油，磁流体不但能显著提高油膜黏度，而且在正常油膜温度 30～60℃ 的范围内，传统润滑黏度随温度升高而明显降低，磁流体通过控制磁场强度的作用，使得油膜黏度随温度升高可以缓慢降低。

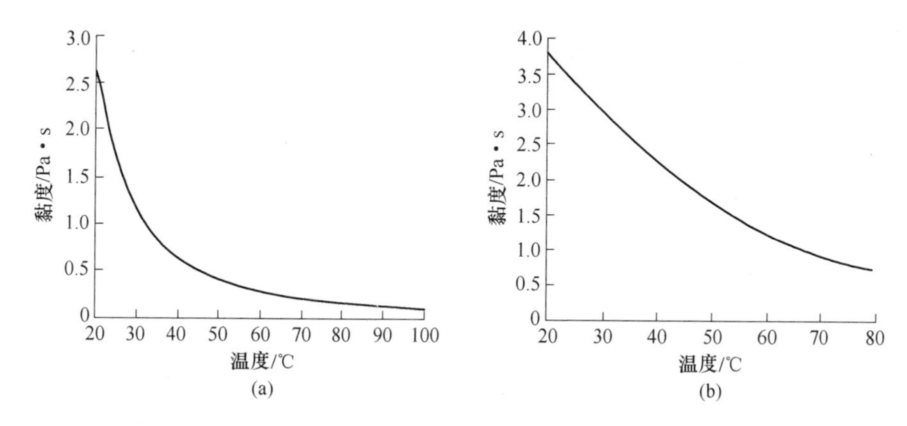

图 4-1 传统润滑油和磁流体黏－温曲线
（a）传统润滑油黏－温曲线；（b）磁流体黏－温曲线

4.2 磁流体润滑相关参数定义[21]

4.2.1 磁流体油膜刚度

从传统油润滑理论理解，油膜刚度 C（oil-film stiffness）是油膜承载力对偏心距的导数，即油膜承载力增量与偏心距增量之比值：

$$C=\frac{\partial F}{\partial h} \tag{4-4}$$

从机械的角度理解，刚度是机械零件和构件抵抗变形的能力。在弹性范围内，刚度是零件载荷与位移成正比的比例系数，即引起单位位移所需的力。其倒数称为柔度，即单位力引起的位移。刚度分为静刚度和动刚度。

机构的刚度 k 是指弹性体抵抗变形（弯曲、拉伸、压缩等）的能力。其计算公式为：

$$k=\frac{F}{\delta} \tag{4-5}$$

式中，F 为作用于机构的恒力；δ 为由于作用力而产生的形变；k 为刚度，N/m。因此，若轴承的径向间隙是 δ（半径间隙），轴承的最大载荷是 F，则定义非线性油膜刚度为：零间隙处，$C=2F/\delta$；最大间隙处，$C=0.02F/\delta$。

磁流体作为一种新型润滑介质，当应用在润滑油膜轴承时，其润滑油膜的刚度则定义为磁流体油膜刚度（magnetic fluid oil-film stiffness）。根据磁场、流场、固体场三者之间的关系，磁流体油膜刚度的表达式为：

$$C_{\mathrm{H}}=\frac{H_{(i)}S_{(h)}}{L_{(h)}}C_0 \tag{4-6}$$

式中，C_H 为磁流体油膜刚度；$H_{(i)}$ 为外磁场强度函数；$L_{(h)}$ 为磁流体油膜承载函数，涉及厚度、黏度、温度、压力；$S_{(h)}$ 为轴承系统固体变形函数；C_0 为基载液的油膜刚度。

4.2.2 轴承系统固体变形影响函数

固体域包括轧辊、油膜轴承、轴承座和内置线圈，油膜轴承为多层合金材料构成（主要是巴氏合金层和钢套），轴承内层巴氏合金材料相对较软，易发生弹性变形、塑性变形（包括微观蠕变），其变形量相对较大。相比而言，轧辊、轴承座、油膜轴承钢套以及线圈的变形量可以忽略不计。

假设在外载荷和自重作用下，油膜轴承巴氏合金层发生弹性变形和蠕变变形，蠕变变形是工作摩擦部件因长期运行而逐渐产生的一种形变，即当应力小于弹性极限时也可能出现的不同于塑性变形的形变[4]，同时发生热变形。因此，巴氏合金的总变形量为：

$$S(h)=h_{\min}+h_{\text{elastic}}+h_{\text{creep}}-h_{\text{thermal}} \tag{4-7}$$

（1）最小油膜厚度 $h_{\min}$：

$$h_{\min}=\delta-e=\delta(1-\varepsilon) \tag{4-8}$$

为了确保油膜轴承在液体润滑条件下安全运转，式（4-8）的许用值为 $h_{\min}>[h_{\min}]$，考虑了轴承和轴颈粗糙度之和、可能会有的形状偏差、安装误差引起的轴颈偏斜度以及轴受载而弯曲所引起的轴颈偏斜度；此外，还应考虑轴颈的振动以及轴颈和轴承的热变形等。

（2）径向轴承各处的间隙，即油膜厚度 h。如图4-2所示，轴和轴颈间存在偏心时，各处的间隙 h 不再是同心状态下的等间隙 δ，而是各处位置坐标的函数。以最大间隙 $h_{\max}$ 处作为角坐标 θ 的参考原点，则任意角度 θ_i 处的油膜厚度为：

$$h_i=\delta+e\cos\theta_i=\delta(1+\varepsilon\cos\theta_i) \tag{4-9}$$

求解雷诺方程时，无量纲油膜厚度为：

$$H_i=\frac{h_i}{\delta}=1+\varepsilon\cos\theta_i \tag{4-10}$$

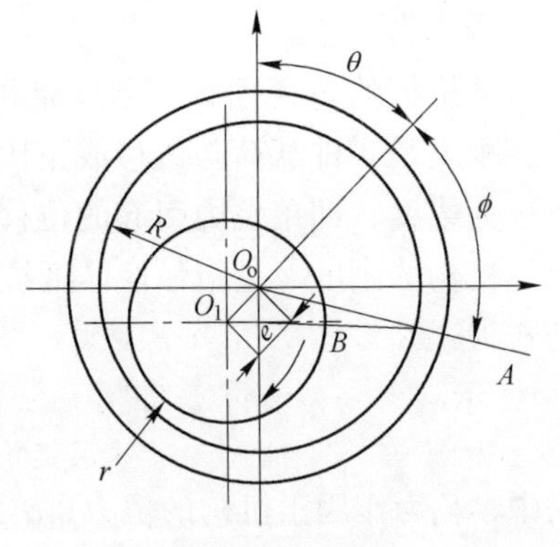

图4-2 轴转动时与轴承之间的油膜间隙示意图

对于巴氏合金发生的弹性变形，根据胡克定律有：

$$\varepsilon_1=\frac{\sigma}{E}=\frac{F}{EA}=\frac{h_{\text{elastic}}}{h} \tag{4-11}$$

式中，ε_1 为应变；σ 为应力；E 为弹性模量；F 为压力；A 为原始作用面积；h_{elastic} 为弹性变形量；h 为巴氏合金层原始厚度。

变形量不显著时的 h_{elastic} 为：

$$h_{\text{elastic}} = \varepsilon_1 h = \frac{\sigma h}{E} = \frac{Fh}{EA} \tag{4-12}$$

变形量显著时的 h_{elastic} 为：

$$h_{\text{elastic}} = \int_h \frac{Fh}{EA_{(y)}} \mathrm{d}y \tag{4-13}$$

式中，$A_{(y)}$ 为厚度方向上的作用面积，$A_{(y)} = 2\pi R_{(y)} L$；$R_{(y)}$ 为轴承内径；L 为轴承轴向宽度。

随着油膜轴承工作时间的推移，润滑接触面的巴氏合金层缓慢发生蠕变，其蠕变变形为[5]：

$$h_{\text{creep}} = \varepsilon_2 h t \tag{4-14}$$

式中，ε_2 为蠕变应变率；t 为时间。

考虑到温度的影响（磁场对固体场和流体场产生的热能较小，可以忽略不计），油膜温度升高致使巴氏合金膨胀，轴向和周向以及径向尺寸都会变大，相对于受压变形为正值来讲，升温膨胀为一个抵消性的负值。设巴氏合金的径向线膨胀系数为 α_r（周向和轴向的应变通过泊松比已经换算到径向方向），温度变化为 ΔT 时，巴氏合金层径向（厚度）变形为：

$$h_{\text{thermal}} = \alpha_r \Delta T \cdot h \tag{4-15}$$

因为巴氏合金层厚度是毫米级，受压发生弹性变形可以认为是发生不显著的变形，联立式（4-7）、式（4-8）、式（4-12）、式（4-14）、式（4-15），得到固体变形量为：

$$S(h) = (\varepsilon_1 + \varepsilon_2 t - \alpha_r \Delta T) h \tag{4-16}$$

式（4-16）可以表征式（4-7）中的轴承系统固体变形函数 $S(h)$。

4.2.3 轴承系统流体场承载函数

参考油膜刚度的定义，除了考虑油膜厚度 h_y 的变化，还要考虑承载力 F。首先，承载力与磁流体本身性质有关，另外，磁场的影响会导致承载力发生改变。建立轴承系统流体场承载函数 $L_{(h)}$ 从两方面考虑：首先，从磁流体本身作为流体来考虑；其次，从磁场改变承载力考虑[22]。

（1）油膜刚度方程[7]。对于静压轴承，同心时的静刚度通常用 G 来表示：

$$G = \frac{F}{e} \tag{4-17}$$

承载量 F 随偏心距 e 的变化率，即为刚度 C：

$$C = \frac{\partial F}{\partial e} = \frac{\partial F}{\delta \partial \varepsilon} = \frac{\partial F}{\partial h} \tag{4-18}$$

圆柱形油膜轴承的油膜压力表达式为：

$$P(\alpha)=\frac{6\eta v}{\varepsilon\gamma\psi^{3}}\left(\frac{1}{1-\varepsilon\cos\alpha}-\frac{1}{1-\frac{\varepsilon}{2}}\right) \tag{4-19}$$

油膜承载能力（承载油膜的包角设定为120°）为：

$$F=\int_{-\frac{\pi}{3}}^{\frac{\pi}{3}}LrP(\alpha)\cos\alpha\mathrm{d}\alpha=\frac{6\eta Lv}{\varepsilon\psi^{3}}\left[\frac{\sqrt{3}}{(1-\varepsilon^{2})\left(1-\frac{\varepsilon}{2}\right)}+\frac{4\varepsilon}{(1-\varepsilon^{2})^{\frac{3}{2}}}\arctan\frac{\sqrt{1-\varepsilon^{2}}}{\sqrt{3}(1-\varepsilon)}-\frac{\sqrt{3}}{\left(1-\frac{\varepsilon}{2}\right)^{2}}\right] \tag{4-20}$$

当轴停转时，最小油膜厚度处于竖直位置。油膜厚度的变化与轴的垂直移动速度 v（但方向相反）成正比，速度 v 的表达式为：

$$v=\frac{\mathrm{d}h_{\min}}{\mathrm{d}t}=\psi r\frac{\mathrm{d}(1-\varepsilon)}{\mathrm{d}t}=-\psi r\frac{\mathrm{d}\varepsilon}{\mathrm{d}t} \tag{4-21}$$

对式（4-20）承载能力方程 F 中 ε 微分，得到油膜刚度 C_0：

$$C_0=\left(\frac{\partial F}{\partial\varepsilon}\right)=\frac{6\eta Lv}{\psi^{2}}\left[\frac{-1+\varepsilon+3\varepsilon^{2}-2\varepsilon^{2}}{\varepsilon^{2}(1-\varepsilon^{2})\left(1-\frac{\varepsilon}{2}\right)^{2}}-\frac{12\varepsilon}{(1-\varepsilon^{2})^{\frac{5}{2}}}\cdot\arctan\frac{1}{\sqrt{3}}\sqrt{\frac{1+\varepsilon}{1-\varepsilon}}+\frac{\sqrt{3}}{(1-\varepsilon^{2})^{2}}\left(\frac{1}{1-\frac{\varepsilon}{2}}+\frac{1-\frac{3\varepsilon}{2}}{\varepsilon^{2}(1-\varepsilon)}\right)\right] \tag{4-22}$$

（2）磁流体润滑油膜黏度影响。磁流体润滑油膜需要考虑磁流体成分的性质以及外加磁场的影响。计算油膜承载力需要引进磁颗粒影响系数和磁场影响系数。由于磁流体主要从黏度改变润滑油膜的承载性能与润滑性能，因此可以从黏度着手分析。

假设基载液的黏度为 η_0，磁流体有磁场作用下的黏度为 η_H，前者是温度和压力的函数，后者是温度、压力和磁场强度的函数。轴承系统流体场变形函数 $L_{(h)}$ 需要考虑引进黏度影响变量 $\beta(T, P, H)$。

$$\begin{aligned}\beta(T,P,H)&=\frac{\eta_H}{\eta_0}=\frac{\eta[T,P,H(i)]}{\eta_0}\\&=\exp\left\{(\ln\eta_0+9.67)\left[(1+5.1\times10^{-9}P)^{Z}\left(\frac{T-138}{T_0-138}\right)^{-S_0}-1\right]\right\}\cdot\\&\quad\left[\frac{1}{1+2.5\left(1+\frac{c}{r_{\mathrm{p}}}\right)^{3}\phi-1.55\left(1+\frac{c}{r_{p}}\right)^{6}\phi^{2}}+\frac{1.5k_1}{\frac{1}{\phi}+\frac{12k_0T}{\pi d_{\mathrm{p}}^{3}\mu_0(\mu_r-1)H(i)^{2}}}\right]\end{aligned} \tag{4-23}$$

式中，η_H 为磁流体有磁场作用下的黏度。

因此，磁流体润滑油膜刚度 C_{H} 由式（4-6）推导得到：

$$\begin{aligned} C_{\mathrm{H}} &= C_0\beta(T,P,H)\frac{S(h)}{L(h)} \\ &= C_0\frac{\eta[T,P,H(i)]}{\eta_0}\frac{S(h)}{L(h)} \\ &= \frac{\partial F}{\partial \varepsilon}\frac{\eta[T,P,H(i)]}{\eta_0}\frac{(\varepsilon_1+\varepsilon_2 t-\alpha_r\Delta T)h}{\delta(1-\varepsilon\cos\theta)} \end{aligned} \tag{4-24}$$

4.2.4 轴承系统磁场函数

根据所设计的外加磁场，经过理论计算，可以得到磁场强度 H 与电流大小 I 的数值关系：

$$H(i)=k_i I \tag{4-25}$$

式中，k_i 为常数；I 为电流强度。

4.3 磁流体润滑性能参数关系

油膜轴承在钢铁轧制过程中起着至关重要的作用，润滑油膜的稳定性和完整性决定着轧制产品的质量。一旦油膜破裂，则可能造成严重的事故。黏度是影响油膜轴承承载能力的重要指标，黏度大，承载能力高；黏度低，承载能力则低。温度和压力是影响黏度的强函数，温度和压力的变化会影响油膜的稳定性。研究温度和压力对黏度的影响非常有必要[23]。

磁流体润滑油膜的黏度主要受磁流体本身的结构、性质，以及温度 T、压力 P、磁场强度 H 的影响。磁场强度由线圈电流 I 产生，油膜温度 T 和转速 n 有着内在的关联，油温 T 和油压 P 按照一定的规律同步递进，基于上述理论前提，以下探讨磁流体润滑黏度的控制。

4.3.1 基载液的黏－温/压方程

润滑油黏度 η_t 与温度 T、压力 P 的关系式，广泛使用的是 Roelands 公式[6]：

$$\eta_t=\eta_0\exp\left\{(\ln\eta_0+9.67)\left[(1+5.1\times10^{-9}P)^Z\times\left(\frac{T-138}{T_0-138}\right)^{-S_0}-1\right]\right\} \tag{4-26}$$

式中，η_0 为环境温度 T_0 下压力为零时的润滑油初始黏度（Pa · s）；Z，S_0 分别为无量纲黏压系数和无量纲黏温系数；式中采用 SI 单位制。给定 $T_0=293.15\mathrm{K}$，$\eta_0=1.50\mathrm{Pa\cdot s}$，$Z=0.4$，$S_0=1.5$。其中 $T=t+273.15$（K），t 是摄氏温度（℃）。常数 Z 和 S_0 都是实验测量值，表征着压力和温度对黏度的影响程度。

4.3.2　油膜温度与转速的关系

转速增加会促使油膜温度升高，转速越大，温升越快；同时负载越大，油膜压力也会越大，油膜温升越快。从实际测试的角度研究油膜轴承，对最小油膜厚度处的测试结果进行数据拟合，可以得到两者之间的关系[12]：

$$t = 6.8505 \times 10^{-8} n^3 - 0.00017381 n^2 + 0.18229 n + 43.843\ (℃) \tag{4-27}$$

油膜温度与转速的关系如图 4-3 所示。由图 4-3 可知，当速度继续增大时，温度还会继续增大，但增大的幅度会有所减小，这一特点符合轴承系统在润滑过程中的摩擦做功产生热量，导致油膜内能增大，从而使得油膜表观温度升高。

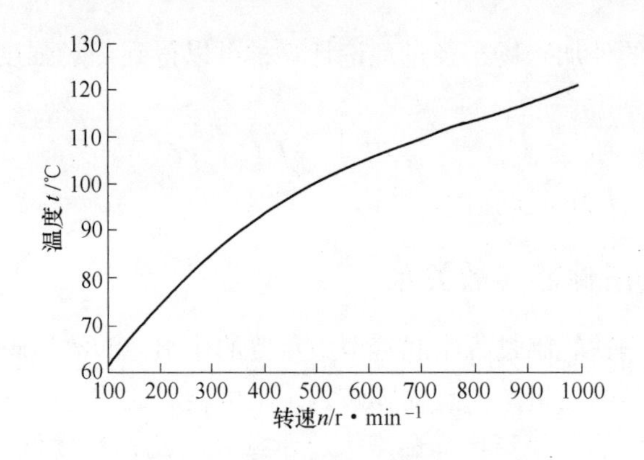

图 4-3　油膜温度与转速的关系

把温度看作是转速的函数，利用关系式 $T = t + 273.15$ (K)，式 (4-26) 转换为：

$$\eta_t = \eta_0 \exp\left\{(\ln\eta_0 + 9.67)\left[(1 + 5.1 \times 10^{-9} P)^Z \times \left(\frac{t + 135.15}{t_0 - 135.15}\right)^{-S_0} - 1\right]\right\} \tag{4-28}$$

再将式 (4-27) 代入式 (4-28)，得到不同转速下的润滑油膜黏度 - 转速关系式：

$$\eta_n = \eta_0 \exp\left\{(\ln\eta_0 + 9.67)\left[(1 + 5.1 \times 10^{-9})^Z \cdot \left(\frac{6.8505 \times 10^{-8} n^3 - 0.00017381 n^3 + 0.18299 n + 179}{6.8505 \times 10^{-8} n_0^3 - 0.00017381 n_0^2 + 0.81229 n_0 + 179}\right)^{-S_0} - 1\right]\right\} \tag{4-29}$$

4.3.3　磁场强度与磁流体润滑油膜黏度关系的推导

通过增量形式计算黏度来描述磁场对磁流体润滑油膜黏度的影响，能比较客观地表征外磁场强度对磁颗粒产生的磁力矩。流体黏性将磁力矩作用于基载液，从而改变磁流体的宏观黏度。假设外加磁场条件下磁流体黏度 η_H 为：

$$\eta_H = \eta + \Delta\eta \tag{4-30}$$

式中，η 为无磁场作用时的磁流体润滑油膜黏度，Pa · s；$\Delta\eta$ 为外加磁场作用下磁流体润滑油膜的黏度增量，Pa · s。

磁流体油膜黏度与磁场强度之间存在着磁 - 黏特性关系。根据 Shliomis 转动黏度理论，管流涡旋矢量 ω 的方向与管流流速 v 的方向符合右手螺旋法则，且外加磁场强度 H 对磁流体黏度系数的影响与管流涡旋矢量方向和外加磁场强度方向的夹角有关。推导出外加磁场作用下，磁流体润滑油膜的黏度增量 $\Delta\eta$ 与基载液润滑油膜的黏度 η_t（不计入转速影响的因素）的比值为：

$$\frac{\Delta\eta}{\eta_t} = \frac{3}{2}\phi\frac{0.5\alpha L(\alpha)}{1+0.5\alpha L(\alpha)}\sin^2\beta \tag{4-31}$$

根据 Langevin 方程：

$$M = M_{\mathrm{p}}L(\alpha),\alpha = \frac{\pi d_{\mathrm{p}}^3\mu_0 HM_{\mathrm{p}}}{6k_0 T} \quad L(\alpha) = \coth\alpha - \frac{1}{\alpha} \tag{4-32}$$

得到：

$$0.5\alpha L(\alpha) = \frac{\pi d_{\mathrm{p}}^3\mu_0 HM}{12\phi k_0 T} \tag{4-33}$$

当 H 的矢量方向与 ω 的角度 β 为 90°时：

$$\frac{\Delta\eta}{\eta_t} = \frac{3}{2}\frac{1}{\dfrac{1}{\phi}+\dfrac{12k_0 T}{\pi d_{\mathrm{p}}^3\mu_0 HM}} \tag{4-34}$$

式中，ϕ 为磁流体所含固相磁性颗粒的体积浓度；H 为外磁场强度，A/m；磁流体磁化强度 $M=(\mu_{\mathrm{r}}-1)H$，A/m；相对磁导率 $\mu_{\mathrm{r}}=\mu/\mu_0=1031$；$d_{\mathrm{p}}$ 为团聚体分子平均直径，nm；k_0 为玻耳兹曼常数，$k_0=1.38\times10^{-23}$ J/K；T 为绝对温度，K。

无外加磁场作用下的磁流体润滑油膜黏度 η 与基载液黏度 η_t 的关系用 Rosensweig 修正 Einstein 公式描述为：

$$\frac{\eta}{\eta_t} = \frac{1}{1-2.5\phi+1.55\phi^2} \tag{4-35}$$

考虑表面活性剂的影响，得到团聚体空间分布的 Einstein 黏度修正式为：

$$\frac{\eta}{\eta_t} = \frac{1}{1-2.5(1+c/r_{\mathrm{p}})^3\phi+1.55(1+c/r_{\mathrm{p}})^6\phi^2} \tag{4-36}$$

联立式（4-30）~ 式（4-36），得到外加磁场作用下的磁流体润滑油膜黏度 η_H 与外磁场强度 H 间的函数关系：

$$\eta_H = \eta_t\left[\frac{1}{1+2.5\left(1+\dfrac{c}{r_{\mathrm{p}}}\right)^3\phi-1.55\left(1+\dfrac{c}{r_{\mathrm{p}}}\right)^6\phi^2}+\frac{1.5}{\dfrac{1}{\phi}+\dfrac{12k_0 T}{\pi d_{\mathrm{p}}^3\mu_0(\mu_{\mathrm{r}}-1)H^2}}\right]$$

$$= \eta_0 \exp\left\{(\ln\eta_0 + 9.67)\left[(1 + 5.1 \times 10^{-9}P)^Z \times \left(\frac{T - 138}{T_0 - 138}\right)^{-S_0} - 1\right]\right\} \cdot \left[\frac{1}{1 + 2.5\left(1 + \frac{c}{r_p}\right)^3 \phi - 1.55\left(1 + \frac{c}{r_p}\right)^6 \phi^2} + \frac{1.5}{\frac{1}{\phi} + \frac{12k_0T}{\pi d_p^3 \mu_0(\mu_r - 1)H^2}}\right] \tag{4-37}$$

式中，$r_p = d_p/2$，nm；c 是表面活性剂厚度，nm；$T = t + 273.15$，K。

由式（4-37）可知，磁场强度 H 和温度 T 是磁流体黏度 η_H 的强函数。当磁场强度 H 增大时，磁流体黏度相应增大，可以通过改变外磁场强度来实现对磁流体黏度的控制。然而，该公式还有所不足，以下通过实验数据与软件模拟数据说明该问题，并对式（4-34）进行修正，得到修正的 Shliomis 表达式：

$$\eta_H = k_1(\eta + \Delta\eta) \tag{4-38}$$

联立式（4-36）~式（4-38），得到：

$$\eta_H = \eta_0 \exp\left\{(\ln\eta_0 + 9.67)\left[(1 + 5.1 \times 10^{-9}P)^Z \times \left(\frac{T - 138}{T_0 - 138}\right)^{-S_0} - 1\right]\right\} \cdot \left[\frac{1}{1 + 2.5\left(1 + \frac{c}{r_p}\right)^3 \phi - 1.55\left(1 + \frac{c}{r_p}\right)^6 \phi^2} + \frac{1.5k_1}{\frac{1}{\phi} + \frac{12k_0T}{\pi d_p^3 \mu_0(\mu_r - 1)H^2}}\right] \tag{4-39}$$

式中，k_1 是比例系数，通过实验黏度增量与采用理论黏度增量的比值得到，取平均值 $k_1 = 0.5 \sim 3$。温度控制在 20 ~ 100℃范围内，最大油膜压力 P 不超过 25MPa 时，根据式（4-39）所得数据见表 4-1。黏度 η_H 与温度 T 和压力 P 的关系，如图 4-4 所示。

表 4-1　黏度 η_H 与温度 t、压力 P 的关系

η_H/Pa · s		t/℃								
		20	30	40	50	60	70	80	90	100
P/MPa	0	2.079	1.524	1.149	0.886	0.697	0.558	0.454	0.375	0.313
	5	2.331	1.704	1.280	0.984	0.772	0.617	0.501	0.412	0.344
	10	2.611	1.902	1.424	1.091	0.854	0.681	0.551	0.453	0.377
	15	2.920	2.119	1.581	1.209	0.944	0.750	0.606	0.497	0.413
	20	3.260	2.358	1.754	1.337	1.041	0.826	0.666	0.545	0.451

由图 4-4 可知，一定范围内，磁流体润滑油膜黏度随着油膜温度的上升而呈现指数关系降低，随着油膜压力的上升呈现线性关系上升，但温度的影响较压力的影响更加显著。

上述一系列方程定性地描述了油膜轴承磁流体润滑油膜各性能参数间的关联性，分别见表 4-2 和表 4-3。由表可知，磁流体油膜刚度与最小油膜厚度、油膜黏度、载荷有关，可以通过提高磁流体润滑油膜刚度，提高润滑油膜的承载能

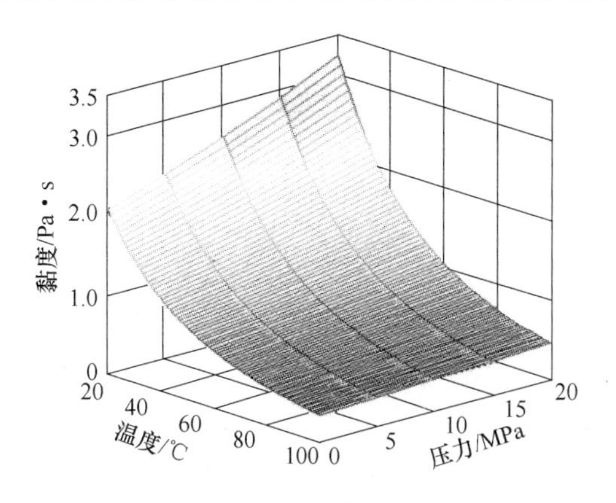

图 4-4 黏度 η_H 与温度 T、压力 P 的关系

力；适当增大轴承直径、偏位角、偏心距、偏心率以及缩小间隙的途径减小油膜厚度；适当降低油膜温度、降低速度、提高压力、增大外加磁场强度等途径提高磁流体润滑油膜黏度；也可以适当承受更大的外载荷、改用更大的承载系数、偏心率或者较小的相对间隙等途径提高润滑油膜承载力[24]。

表 4-2 油膜轴承性能参数关联表

性能参数	增大的参数										油腔呈周向
	轴承直径 D	轴承宽度 L	半径间隙 δ	载荷 F	转速 n	油膜黏度 η	入口油温 T_{in}	入口油压 P_0	轴向油腔长度	轴向油腔宽度	
最小油膜厚度 h_{min}	↑	↑	↑↓	↓	↑	↑	↓	—	—	—	↓
轴承工作温度 T_{out}	↑	↑	↓	↑	↑	↑	↑	—	↓	—	↑
摩擦功耗 W	↑	↑	—	↑	↑	↑	↓	—	↑	—	↓↑
流量 q	↑	↓	↑	↑	↑	↓	↑	↑	↑	↑	↓

表 4-3 润滑油膜性能参数关联表

<table>
<tr><td>性能参数</td><td colspan="8">参数关联性</td><td>刚度 C_H</td></tr>
<tr><td rowspan="3">最小油膜厚度 h_{min}/mm</td><td>间隙 δ/mm</td><td>半径 r/mm</td><td>偏心距 e/mm</td><td>偏位角 θ/(°)</td><td>偏心率 ε</td><td>轴承宽径比 L/D</td><td>轴承长 L/mm</td><td>巴氏合金层厚度 h/mm</td><td rowspan="3">↑</td></tr>
<tr><td>↓</td><td>↑</td><td>↑</td><td>↑</td><td>↑</td><td>—</td><td>—</td><td>↓</td></tr>
<tr><td colspan="8">↓</td></tr>
<tr><td rowspan="3">黏度 η_H/Pa·s</td><td>入口油温 T_{in}/℃</td><td>工作油温 T_{out}/℃</td><td>油压 P/Pa</td><td>转速 n /r·min^{-1}</td><td>基液黏度 η_0/Pa·s</td><td>磁颗粒浓度 Φ</td><td>磁颗粒质量分数 ϕ</td><td>磁颗粒分子直径 d/nm</td><td rowspan="3">↑</td></tr>
<tr><td>↓</td><td>↓</td><td>↑</td><td>↓</td><td>↑</td><td>↑</td><td>↑</td><td>↓</td></tr>
<tr><td colspan="8">↑</td></tr>
</table>

续表 4-3

<table>
<tr><td>性能参数</td><td colspan="4">参数关联性</td><td>刚度 C_H</td></tr>
<tr><td rowspan="3">载荷 F/kN</td><td>外载荷 F/kN</td><td>承载系数 K_w</td><td>偏心率 ε</td><td>相对间隙 ψ</td><td rowspan="3">↑</td></tr>
<tr><td>↑</td><td>↑</td><td>↑</td><td>—</td></tr>
<tr><td colspan="4">↑</td></tr>
<tr><td rowspan="3">磁场强度 H/A · m^{-1}</td><td colspan="2">电流大小 I/A</td><td colspan="2">磁化强度 M_d</td><td rowspan="3">↑</td></tr>
<tr><td colspan="2">↑</td><td colspan="2">↑</td></tr>
<tr><td colspan="4">↑</td></tr>
</table>

4.4　磁流体润滑性能参数的关联度和权重分析

通过关联度分析和权重分析讨论各润滑特性参数之间的关系[25]。

4.4.1　关联度分析

对于实验数据，为了求出各个特性参数之间的定性关系，可以采用关联度分析方法求解。灰色关联分析是指对系统发展变化态势的定量描述和比较的方法，其基本思想是：通过确定参考数据列和若干比较数据列的几何形状相似程度来判断其联系是否紧密，并且反映曲线间的关联程度。

使用灰色关联分析方法计算分析油膜承载能力、刚度的性能参数的步骤如下：

第一步，确定分析数列。确定反映系统行为特征的参考数列和影响系统行为的比较数列。反映系统行为特征的数据序列称为参考数列。影响系统行为的因素组成的数据序列称比较数列。

设参考数列（又称母序列）为：

$$Y = \{Y(k) \mid k = 1, 2, \cdots, n\} \tag{4-40}$$

比较数列（又称子序列）为：

$$X_i = \{X_i(k) \mid k = 1, 2, \cdots, n\} \; (i = 1, 2, \cdots, m) \tag{4-41}$$

为了分析影响磁流体润滑油膜的承载性能，根据主要指标，获取场强为 5150A/m $n = 100$r/min 时不同黏度、有磁场情况下的磁场模拟数据，见表 4-4。

表 4-4　原始指标数据

方案	黏度/Pa · s	温度/℃	速度梯度/s^{-1}	压力/Pa	场强 H/A · m^{-1}	刚度/MPa
220 号油	0.663	51.8	20500.0	2183000	1030	1185.4738
	1.509	50.8	20290.0	1630000	2060	885 - 16828
460 号油	2.355	59.1	20360.0	1625000	3090	882.45308
	3.201	57.4	20430.0	162300	4120	881.36698

设定分析数列：对表4-4原始数据指标区间值化处理，主要性能指标设为比较数列，即 $x_i = [x_1, x_2, x_3, x_4, x_5, x_6]$ = [刚度，场强，黏度，温度，压力，速度梯度]，结果见表4-5。

表4-5 性能指标的分析数列

刚度/N · m^{-1}	1185.4738	885.16828	882.45308	881.36698
磁场强度/N · C^{-1}	1030	2060	3090	4120
黏度/Pa · s	0.663	1.509	2.355	3.201
温度/℃	93	81.7	61.3	51.1
压力/Pa	2183000	1630000	1625000	1623000
速度梯度/s^{-1}	20500.0	20290.0	20360.0	20430.0

第二步，变量的无量纲化。由于系统中各因素列中的数据可能因量纲不同，不便于比较或在比较时难以得到正确的结论。因此，进行灰色关联度分析时，通常进行数据的无量纲化处理。

$$x_i(k) = \frac{X_i(k)}{X_i(l)} \quad (k = 1, 2, \cdots, n; i = 1, 2, \cdots, m) \tag{4-42}$$

无量纲化的结果，见表4-6所示。

表4-6 各性能指标变量无量纲化结果

刚度 x_1	1	1	1	1
磁场强度 x_2	8.68851E-07	2.32724E-06	3.5016E-06	4.67456E-06
黏度 x_3	5-5927E-10	1.70476E-09	2.6687E-09	3.63186E-09
温度 x_4	5.17093E-08	5-77291E-08	1.05388E-07	9.26969E-08
压力 x_5	0.001841458	0.001841458	0.001841458	0.001841458
速度梯度 x_6	1.72927E-05	2.29222E-05	2.30721E-05	2.31799E-05

第三步，计算 $x_0(k)$ 与 $x_i(k)$ 的关联系数。

$$\xi_i(k) = \frac{\min\limits_i \min\limits_k |y(k) - x_i(k)| + \rho \max\limits_i \max\limits_k |y(k) - x_i(k)|}{|y(k) - x_i(k)| + \rho \max\limits_i \max\limits_k |y(k) - x_i(k)|} \tag{4-43}$$

记

$$\Delta_i(k) = |y(k) - x_i(k)| \tag{4-44}$$

则

$$\xi_i(k) = \frac{\min\limits_i \min\limits_k \Delta_i(k) + \rho \max\limits_i \max\limits_k \Delta_i(k)}{\Delta_i(k) + \rho \max\limits_i \max\limits_k \Delta_i(k)} \tag{4-45}$$

式中，ρ 为分辨系数，$\rho \in (0, \infty)$，ρ 越小，分辨力越大，一般 ρ 的取值区间为

(0, 1)，具体取值可视情况而定。当 $\rho \leqslant 0.5463$ 时，分辨力最好，通常取 $\rho = 0.5$。计算各指标绝对差值见表4-7和表4-8。

表4-7　计算各指标绝对差值 $\Delta_i(k) = |y(k) - x_i(k)|$

Δx_1	0.999999131	0.999997673	0.999996498	0.999995325
Δx_2	0.999999999	0.999999998	0.999999997	0.999999996
Δx_3	0.999999948	0.999999942	0.999999895	0.999999907
Δx_4	0.998158542	0.998158542	0.998158542	0.998158542
Δx_5	0.999982707	0.999977078	0.999976928	0.999976820

表4-8　关联系数计算结果

ζ_1	0.998772940	0.998773911	0.998774693	0.998775474
ζ_2	0.998772362	0.998772362	0.998772363	0.998772364
ζ_3	0.998772413	0.998772423	0.998772408	0.998772400
ζ_4	1.000000000	1.000000000	1.000000000	1.000000000
ζ_5	0.998783876	0.998787624	0.998787724	0.998787796

第四步，计算关联度。关联系数是比较数列与参考数列在各个参考点的关联程度值，其数不止一个。信息过于分散不便于进行整体性比较，因此，有必要将各个参考点的关联系数集中为一个值，即求其平均值，作为比较数列与参考数列间关联程度的数量表示。

关联度 r_i 的表达式如下：

$$r_i = \frac{1}{n}\sum_{k=1}^{n}\xi_i(k) \quad (k = 1,2,\cdots,n) \tag{4-46}$$

关联度按大小排序，如果 $r_1 < r_2$，则参考数列 y 与比较数列 x_2 更相似。

从表4-9中可看出：$r_4 > r_3 > r_2 > r_1 = r_5$，即与刚度关联性表征为：压力 $P >$ 温度 $T >$ 黏度 $\eta >$ 磁场强度 $H =$ 速度梯度。计算出 $X_i(k)$ 序列与 $Y(k)$ 序列的关联系数后，计算各类关联系数的平均值，平均值 r_i 称为 $Y(k)$ 与 $X_i(k)$ 的关联度。

表4-9　关联度计算结果

r_1	r_2	r_3	r_4	r_5
0.999020318	0.999021264	0.999021437	0.999021607	0.999020318

$Y(k)$ 与 $X_i(k)$ 的关联度：$\bar{r} = \frac{1}{4}\sum_{i=1}^{4} r_i = 0.999021157$，即刚度与其余五项性能参数的平均关联度为0.999021157。

4.4.2 计算润滑特性参数的影响权重

评价影响磁流体润滑油膜刚度 C_H 的参数黏度等各指标的重要性（权重值）时，往往难以量化，本节采用权数确定方法中的层次分析法（AHP）来确定各指标的权重大小。该方法把所有因素进行两两对比，采用相对标度，尽可能地减少性质不同的诸因素相互比较的困难，引入 1－9 标度法，较好地使思维判断数量化。主要步骤为构造判断矩阵、计算权数分配、权重值检验。

4.4.2.1 构造判断矩阵

假设要比较 u_1，u_2，u_3，u_4，u_5 这五个因素对磁流体润滑油膜承载能力 K_w、刚度 C_H 的影响，每次取两个因素 u_i 与 u_j，用 u_{ij}表示 u_i 与 u_j 对评价目标的影响之比，将全部比较结果用判断矩阵 $Q=(u_{ij})(u_{ij}>0, u_{ii}=1, u_{ji}=1/u_{ij})$ 表示。依据判断矩阵标度法，460 号、220 号磁流体润滑油膜性能指标分别构造的判断矩阵 Q_1 和 Q_2 如下：$u_1 \sim u_5$ 依次表示温度 T、压力 P、转速 n、磁场磁场强度 H、黏度 η_H。

$$\boldsymbol{Q}=\begin{bmatrix} u_{11} & u_{12} & u_{13} & u_{14} & u_{15} \\ u_{21} & u_{22} & u_{23} & u_{24} & u_{25} \\ u_{31} & u_{32} & u_{33} & u_{34} & u_{35} \\ u_{41} & u_{42} & u_{43} & u_{44} & u_{45} \\ u_{51} & u_{52} & u_{53} & u_{54} & u_{55} \end{bmatrix}=\begin{bmatrix} 1 & 2 & 3 & 5 & 4 \\ \frac{1}{2} & 1 & 2 & 3 & 2 \\ \frac{1}{3} & \frac{1}{2} & 1 & 3 & 3 \\ \frac{1}{5} & \frac{1}{3} & \frac{1}{3} & 1 & \frac{1}{2} \\ \frac{1}{4} & \frac{1}{2} & \frac{1}{3} & 2 & 1 \end{bmatrix} \tag{4-47}$$

4.4.2.2 计算重要性排序

根据判断矩阵 $\boldsymbol{Q}$，用方根法求出最大特征根所对应的特征向量，所求特征向量即为评价因素重要性排序，也即权数分配。计算如下：

首先，计算判断矩阵每一行元素的乘积：

$$W_i = \prod_{j=1}^{n} u_{ij} \quad (i,j=1,2,3,4,5) \tag{4-48}$$

求解得到：

$$W_1=120, W_2=6, W_3=\frac{3}{2}, W_4=\frac{1}{90}, W_5=\frac{1}{12}$$

然后，计算：

$$\overline{W}_i = \sqrt[5]{W_i} \quad (i=1,2,3,4,5) \tag{4-49}$$

求解得到：

$\overline{W}_1=2.6051711,\overline{W}_2=1.4309691,\overline{W}_3=1.0844718,\overline{W}_4=0.4065851,\overline{W}_5=0.6083643$

给出向量表达式：

$$\overline{W}_i=[\overline{W}_1,\overline{W}_2,\cdots,\overline{W}_n]^{\mathrm{T}} \tag{4-50}$$

作归一化处理，即：

$$\overline{W}'_i=\overline{W}_i\Big/\sum_{i=1}^{n}\overline{W}_i \tag{4-51}$$

则

$$W=[\overline{W}'_1,\overline{W}'_2,\cdots,\overline{W}'_n]^{\mathrm{T}} \tag{4-52}$$

即为所求特征向量。

由 $\sum_{i=1}^{5}\overline{W}_i=6.1355614$，则有：

$\overline{W}'_1=0.4246019,\overline{W}'_2=0.2332255,\overline{W}'_3=0.1767518,\overline{W}'_4=0.066267,\overline{W}'_5=0.0991538$

得到：$W=[0.4246019,0.2332255,0.066267,0.0991538]^{\mathrm{T}}$ 即为所求的权数分配值。

4.4.2.3　权重值的检验

所求的权数分配是否合理，还需对判断矩阵进行一致性检验，检验使用判断矩阵的随机一致性比率公式：

$$C_{\mathrm{R}}=\frac{C_{\mathrm{I}}}{R_{\mathrm{I}}} \tag{4-53}$$

$$C_{\mathrm{I}}=\frac{\lambda_{\max}-n}{n-1} \tag{4-54}$$

C_{I} 为判断矩阵的一致性指标，式（4-54）判断矩阵的最大特征根 $\lambda_{\max}$ 为：

$$\lambda_{\max}=\frac{1}{n}\sum_{i=1}^{n}\frac{(QW)_i}{\overline{W}'_i} \tag{4-55}$$

由上面计算得到：

$$\boldsymbol{Q}=\begin{bmatrix}u_{11}&u_{12}&u_{13}&u_{14}&u_{15}\\u_{21}&u_{22}&u_{23}&u_{24}&u_{25}\\u_{31}&u_{32}&u_{33}&u_{34}&u_{35}\\u_{41}&u_{42}&u_{43}&u_{44}&u_{45}\\u_{51}&u_{52}&u_{53}&u_{54}&u_{55}\end{bmatrix}\quad \boldsymbol{W}=\begin{bmatrix}\overline{W}'_1\\\overline{W}'_2\\\overline{W}'_3\\\overline{W}'_4\\\overline{W}'_5\end{bmatrix} \tag{4-56}$$

$$\boldsymbol{QW}=\begin{bmatrix} u_{11} & u_{12} & u_{13} & u_{14} & u_{15} \\ u_{21} & u_{22} & u_{23} & u_{24} & u_{25} \\ u_{31} & u_{32} & u_{33} & u_{34} & u_{35} \\ u_{41} & u_{42} & u_{43} & u_{44} & u_{45} \\ u_{51} & u_{52} & u_{53} & u_{54} & u_{55} \end{bmatrix}\begin{bmatrix} W'_1 \\ W'_2 \\ W'_3 \\ W'_4 \\ W'_5 \end{bmatrix}=\begin{bmatrix} 1.196138649 \\ 0.931160904 \\ 0.337423363 \\ 0.337423363 \\ 0.513368249 \end{bmatrix} \tag{4-57}$$

计算得到：$\lambda_{max}=3.797602638$，$C_I=-0.30059934$。

R_I 代表判断矩阵的平均随机一致性指标（random consistency index）值，对于 1－9 判断矩阵，R_I 值见表 4-10。

表 4-10　随机一致性指标 R_I（random consistency index）值

n	1	2	3	4	5	6	7	8	9	10
R_I	0	0	0.58	0.9	1.12	1.24	1.32	1.41	1.45	1.49

由此得到 $C_R=C_I/R_I=-0.30059934/1.12=-0.268392268<0.1$，可认为判断矩阵具有满意的一致性，说明权数分配合理。由此确定各磁流体润滑油膜性能参数的指标：油温、油压、转速、磁场强度和黏度的权重系数分别为 0.4246019、0.2332255、0.1767518、0.066267、0.0991538。

同理，按照上述方法，计算分析承载力与外载荷、承载系数、相对间隙、偏心率之间，最小油膜厚度与轴承半径、间隙、偏心率、油膜压力之间，以及磁流体润滑油膜黏度与温度、压力、转速、磁场强度之间的关系，所得规律和前面分析类似。

仅列出磁流体润滑油膜黏度与温度、压力、转速、磁场强度之间的关系计算结果，原始数据和部分计算结果，见表 4-11～表 4-13。

表 4-11　黏度原始指标数据

黏度 η	温度 T	转速 n	压力 P	场强 H
1.28	40	10	5	2060
1.091	50	300	10	3090
0.944	60	500	15	4120
0.826	70	800	20	5150

对表 4-11 原始数据指标区间值化处理：主要性能指标设为比较数列，$x_i=[x_1,x_2,x_3,x_4,x_5]=[$黏度,温度,转速,压力,场强$]$，结果见表 4-12。

表 4-12　性能指标的分析数列

黏度/Pa · s	1.28	1.091	0.944	0.826
温度/℃	40	50	60	70
转速/r · min^{-1}	100	300	500	800

续表 4-12

压力/MPa	5	10	15	20
场强 H/A · m^{-1}	1030	2060	3090	4120

经过计算，得到黏度与温度、转速、压力、磁场强度之间的关联度，见表 4-13。

表 4-13 关联度计算结果

r_1	r_2	r_3	r_4
0.979155	0.854836	0.995926	0.523244

从表 4-13 中可看出：$r_3 > r_1 > r_2 > r_4$，即与黏度关联性表征为：压力 P > 温度 T > 转速 n > 磁场强度 H。$\bar{r} = \frac{1}{4}\sum_{i=1}^{4} r_i = 0.83829$，即黏度与其余四项性能参数的平均关联度为 0.83829。

假设 u_1，u_2，u_3，u_4 依次表示温度 T、压力 P、转速 n、磁场强度 H，计算判断矩阵得到：

$$\boldsymbol{Q} = \begin{bmatrix} 1 & 3 & \frac{1}{2} & 5 \\ \frac{1}{3} & 1 & 3 & 5 \\ 2 & \frac{1}{3} & 1 & 5 \\ \frac{1}{5} & \frac{1}{5} & \frac{1}{5} & 1 \end{bmatrix} \tag{4-58}$$

最后，求解得到 $C_R = C_I/R_I = 0.253142/0.9 = 0.281269 < 0.1$，可认为判断矩阵具有满意的一致性，说明权数分配合理。

由此，确定各磁流体润滑油膜性能参数的指标：油温、油压、转速、磁场强度对黏度的权重系数分别为 0.34473、0.311499、0.281471、0.0623。

4.5 磁流体黏度的控制策略

黏度控制的实现可以为实际应用奠定基础。除了使用传统润滑油加大流量的方法，磁流体可以增大磁场强度来控制磁流体的黏度。为更方便地实现黏度的控制，先从一些实验数据着手。

4.5.1 磁流体润滑油膜黏度与磁场强度的关系

引用文献［26］给出的煤油基 Fe_3O_4 磁流体实验数据，见表 4-14。

表 4-14 磁流体黏度与磁场强度的关系

$H/\mathrm{A \cdot m^{-1}}$	0	5-5	8	10	12	14	16	18	20	22	24	26
$\eta_H/\mathrm{Pa \cdot s}$	1.312	1.725	2.250	2.625	3.062	3.313	3.562	3.725	3.800	3.850	3.869	3.900

相关数据曲线分析如图 4-5 所示。

图 4-5 表明在一定环境条件下和时间内，磁流体润滑油膜黏度随磁场强度逐渐升高，能够保证在所施加磁场强度下达到高温时对黏度的要求。得出的拟合方程为：

$$\eta(H)=2.7\times10^{-5}H^4-0.0018H^3+0.033H^2-0.05H+1.3 \quad (0\leqslant H\leqslant26\mathrm{A/m}) \tag{4-59}$$

引用文献［19］给出的 460 润滑油基 Fe_3O_4 磁流体模拟数据，见表 4-15 所示。

表 4-15 磁流体黏度与磁感应强度大小的关系

$B(\times10^{-7})$ /T	0	25	50	75	100	125	150	175	200	225	250	275	300
η_H /Pa · s	0.450	1.200	1.667	1.933	2.350	2.633	3.117	3.433	3.567	3.700	3.750	3.800	3.833

相关数据曲线分析，如图 4-6 所示。

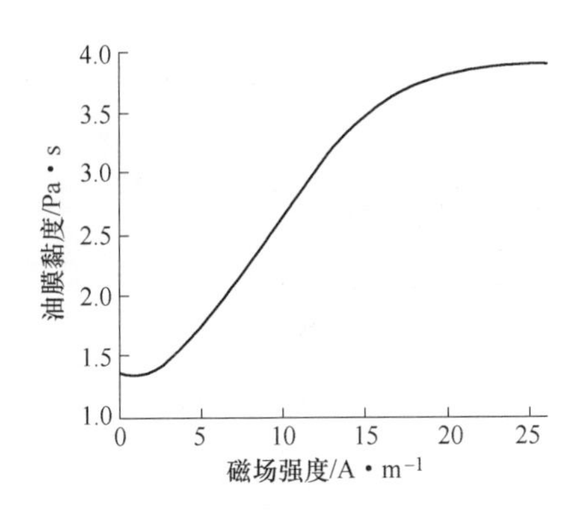

图 4-5 无磁场作用下煤油基 Fe_3O_4 磁流体黏 - 温拟合曲线

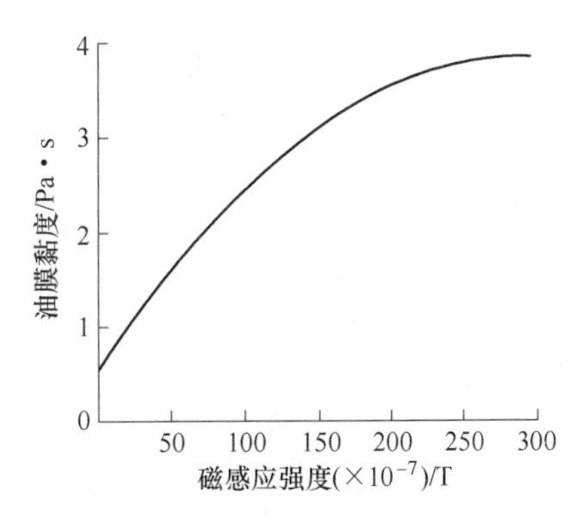

图 4-6 有磁场作用下煤油基 Fe_3O_4 磁流体黏 - 温拟合曲线

图 4-6 表明在一定环境条件下和时间内，磁流体润滑油膜黏度随磁场强度逐渐升高，能够保证在所施加磁场强度下达到高温时对黏度的要求。

变换 B 与 H 的关系后得出的拟合方程为：

$$\eta(H)=-3.8\times10^{-5}H^2+0.022H+0.54 \tag{4-60}$$

4.5.2　磁流体润滑油膜黏度与温度的关系

基于文献［17］所得煤油基 Fe_3O_4 磁流体黏－温实验数据，见表 4-16、图 4-7、图 4-8 所示。

表 4-16　煤油基 Fe_3O_4 磁流体黏度与温度的变化关系

t/℃	26	30	40	50	60	70	80
η/Pa · s	2.154	1.885	1.350	0.713	0.488	0.300	0.150
η_H/Pa · s	3.348	2.967	2.207	1.636	1.293	0.989	0.685

从表 4-16 中可以看出，相同环境条件下，同一温度有磁场作用的煤油基 Fe_3O_4 磁流体润滑油膜黏度要比无磁场作用下的黏度高。同时，即使温度达到 100℃时，通过施加磁场强度也能够使得磁流体黏度稳定于 60℃时的黏度。

图 4-7 为无磁场作用的煤油基 Fe_3O_4 磁流体黏度测试数据拟合曲线，拟合方程用于下一步的黏度监控。拟合方程为：

$$\eta(t)=0.00065022t^2-0.10579t+4.4747\quad (20℃\leqslant t\leqslant 80℃)\qquad (4\text{-}61)$$

图 4-8 为有磁场作用的煤油基于 Fe_3O_4 磁流体黏度测试数据拟合曲线。图 4-8 说明，在一定磁场强度下，磁流体润滑油膜温度越高，黏度越低。其相应的拟合方程为：

$$\eta(t)=0.00066587t^2-0.11803t+5.9205\quad (20℃\leqslant t\leqslant 100℃)\qquad (4\text{-}62)$$

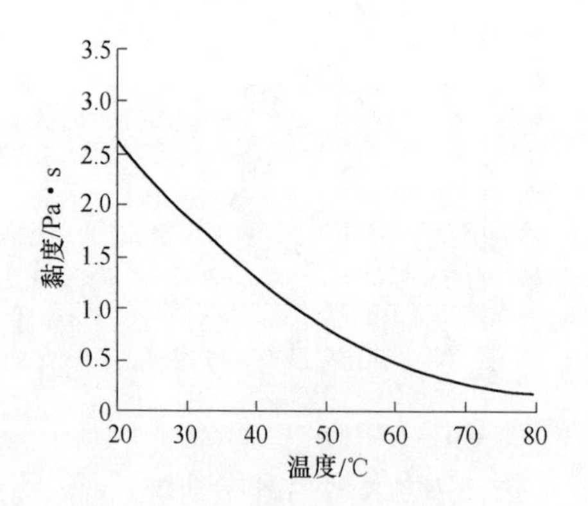

图 4-7　无磁场作用的煤油基 Fe_3O_4 磁流体黏－温拟合曲线

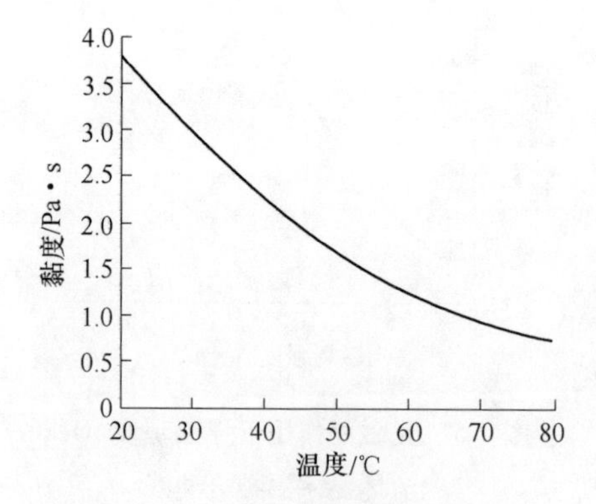

图 4-8　有磁场作用的煤油基 Fe_3O_4 磁流体黏－温拟合曲线

基于文献［19］所得 460 号油基 Fe_3O_4 磁流体黏－温实验数据，见表 4-17，数据拟合如图 4-9 和图 4-10 所示。

表 4-17 磁流体黏度与温度的变化关系数值

t/℃	20	30	40	50	60	70	80	90	100
η/Pa·s	2.750	2.113	1.767	1.500	1.133	0.867	0.533	0.500	0.467
η_H/Pa·s	3.950	3.250	2.950	2.650	2.250	2.000	1.700	1.650	1.600

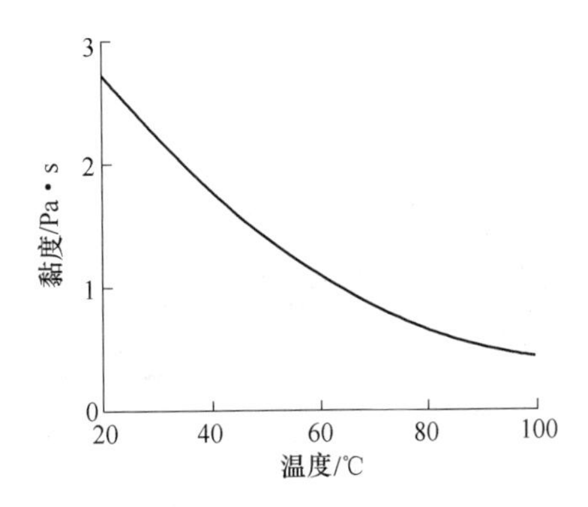

图 4-9 无磁场作用下 460 润滑油基 Fe_3O_4 磁流体黏－温拟合曲线

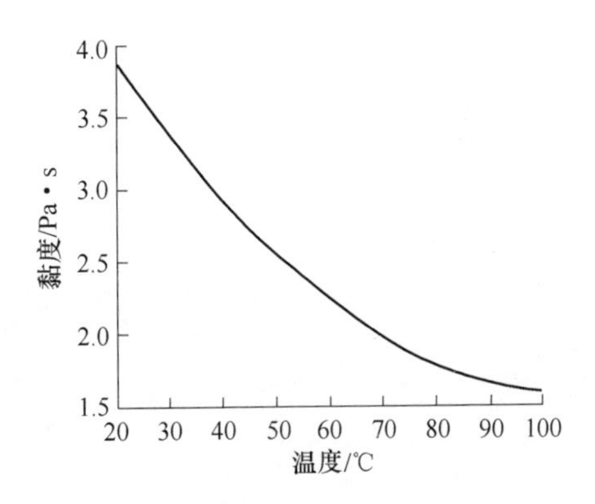

图 4-10 有磁场作用下 460 润滑油基 Fe_3O_4 磁流体黏－温拟合曲线

图 4-9 为无磁场作用时 460 号油基 Fe_3O_4 磁流体黏度测试数据的拟合曲线，拟合方程用于下一步的黏度监控。拟合方程为：

$$\eta(t)=0.00029t^2-0.064t+3.9 \quad (20℃\leqslant t\leqslant 100℃) \tag{4-63}$$

图 4-10 为有磁场作用的 460 号油基 Fe_3O_4 磁流体黏度测试数据的拟合曲线，拟合方程用于下一步的黏度监控。拟合方程为：

$$\eta(t)=0.00031t^2-0.066t+5.1 \quad (20℃\leqslant t\leqslant 100℃) \tag{4-64}$$

另附以下两点关于黏温关系的拟合曲线图作比较，由来自表 4-1 的数据绘制而成。

（1）无外加载荷、有磁场作用下的磁流体润滑油膜黏－温关系（图 4-11）：

$$\eta(t)=0.00031t^2-0.058t+3 \quad (20℃\leqslant t\leqslant 100℃) \tag{4-65}$$

（2）无外加载荷、无磁场作用下的磁流体润滑油膜黏－温关系（图 4-12）：

$$\eta(t)=1.5\left(\frac{50}{t}\right)^{2.805} \quad (20℃\leqslant t\leqslant 100℃) \tag{4-66}$$

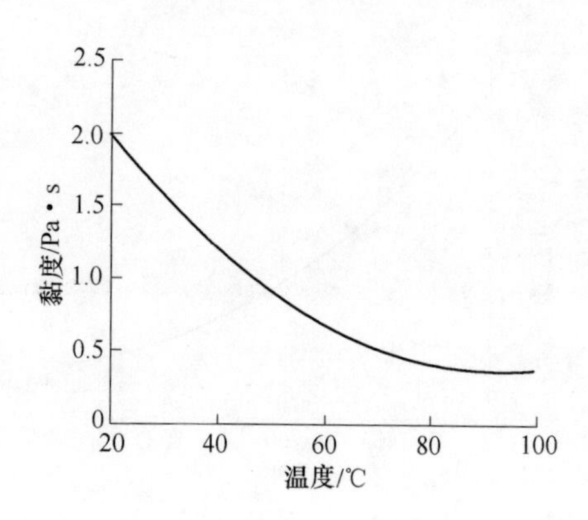

图 4-11　无外加载荷、有磁场作用下的磁流体润滑油膜黏－温关系

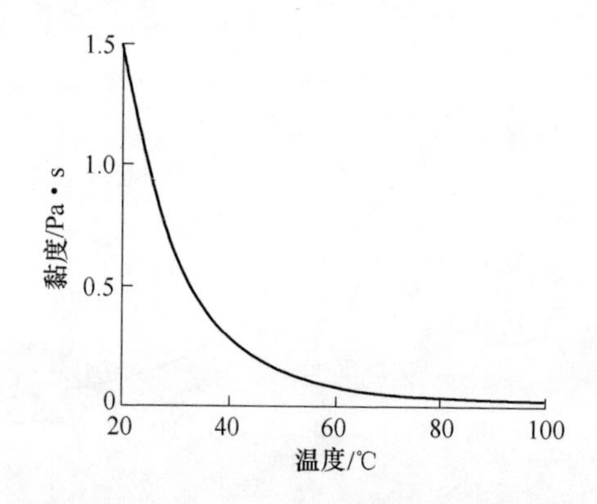

图 4-12　无外加载荷、无磁场作用下的磁流体润滑油膜黏－温关系

4.5.3　磁流体润滑油膜黏度与压力的关系

通过油膜压力与外载荷的对应关系，把油膜压力与油膜黏度的关系转换成外载荷与油膜黏度的关系。外载荷与油膜黏度的关系如图 4-13 ~ 图 4-16 所示。

（1）不同温度有磁场作用下的黏－压关系。

$$\begin{cases}\eta(P)=0.059P+2.1 \quad (0\leqslant P\leqslant 20\text{MPa}, t=20℃) \\ \eta(P)=0.03P+1.1 \quad (0\leqslant P\leqslant 20\text{MPa}, t=40℃)\end{cases} \tag{4-67}$$

（2）不同温度无磁场作用下的黏－压关系。

$$\begin{cases}\eta(P)=0.037P+1.5 & (0\leqslant P\leqslant 20\text{MPa}, t=20^\circ\text{C})\\ \eta(P)=0.00056P+0.28 & (0\leqslant P\leqslant 20\text{MPa}, t=40^\circ\text{C})\end{cases} \tag{4-68}$$

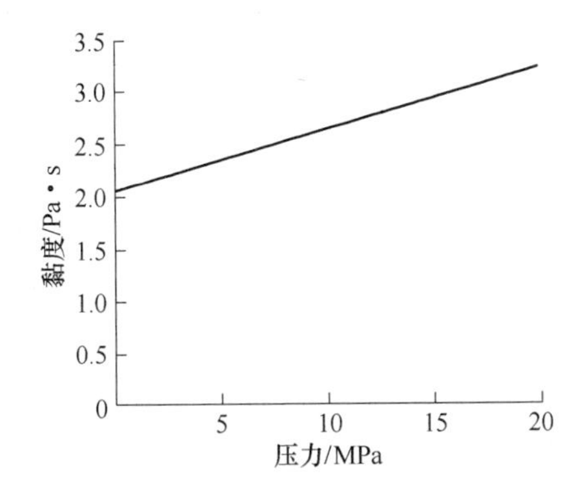

图 4-13 20℃时有磁场作用下的黏－压关系

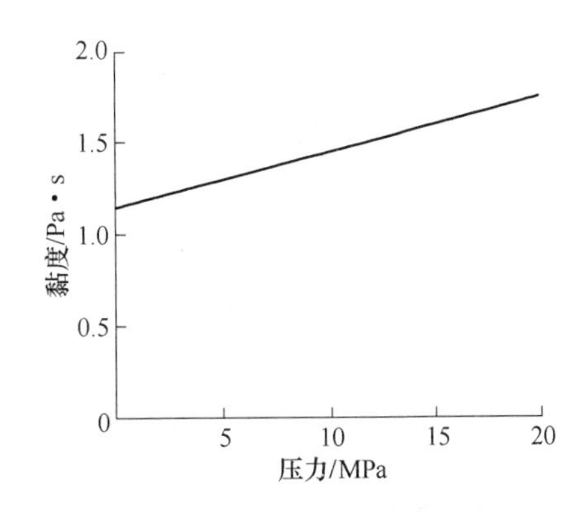

图 4-14 40℃时有磁场作用下的黏－压关系

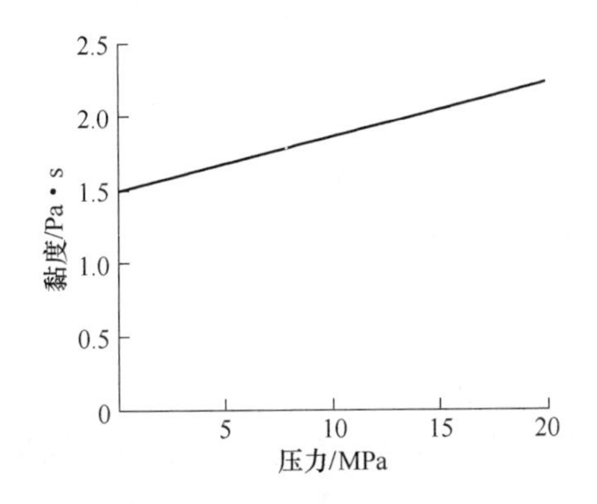

图 4-15 20℃时无磁场作用下的黏－压关系

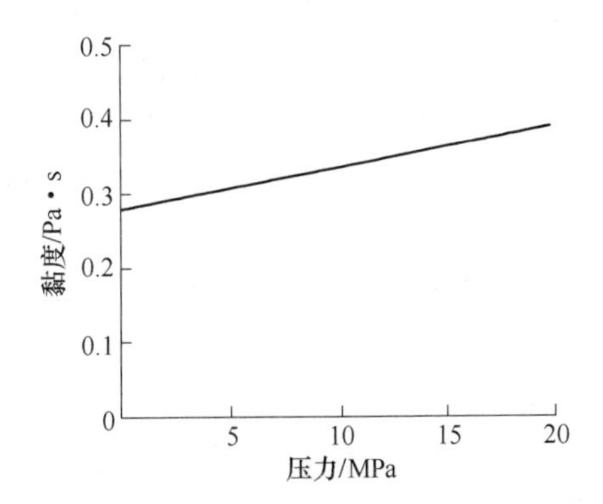

图 4-16 40℃时无磁场作用下的黏－压关系

4.5.4 磁流体磁－黏本构方程与控制

通过获得磁场强度 H 与油膜黏度 η 的关系，以及油膜黏度 η 与油膜压力 P、油膜温度 T 的关系，寻找磁流体润滑油膜黏度 η 与磁场强度 H 的数值监控关系。H 与 η 的关系和 η 与 P、T 的关系已给出，H 与 T 无直接数值关系，P、T 分别由压力传感器和温度传感器采集所得。当 P 变大，η 会增大；T 升高，η 会减小；增大 H，η 会增大。

因此，要在 H 与 P、T 之间找到一个平衡点，使得 η 能最大限度地满足润滑油膜的承载性能要求。黏度监控策略的核心是，在最大润滑油膜压力下，不考虑压力改变，当检测到的温度 T 趋于润滑油膜的临界工作温度时，则根据 T 的增大而动态调节磁场 H 的大小，使得黏度 η 不变或变化很小，从而满足润滑油黏度的承载要求。

由式（4-39）可知，可以通过调节外加磁场强度的大小控制油膜的黏度，以保证润滑油膜的完整性和稳定性。借助 Matlab 程序辅助控制方式，当温度趋于第一临界温度值 50℃时，润滑油膜的黏度降低，为提高油膜的承载能力，通过施加磁场强度 H 和设定阈值 $\eta(50)$，自动增加 $\Delta\eta$，实现油膜黏度的自动控制与调节。

为了保持高温下黏度的相对稳定，得到完整和稳定的润滑油膜，可以适当施加磁场强度 H，从而补偿因温度升高而降低的黏度。根据式（4-30）和数据拟合，建立如下关系式：

$$\eta_H = \begin{cases} \eta & (t_0 \leqslant t < t_1) \\ \eta + \Delta\eta & (t_1 \leqslant t \leqslant t_2) \end{cases} \tag{4-69}$$

恒定负载作用下，油膜压力 P 大小保持不变，仅是压力所对应的油膜角度位置有所变化。因此，监控策略不计压力对油膜黏度的影响，主要考虑温度和磁场强度对油膜黏度的影响。对所选的磁流体，结合式（4-42）、式（4-44）和式（4-68），所得黏度变化公式分别为：

（1）煤油基 Fe_3O_4 磁流体：

$$\eta_H = \begin{cases} 0.00065022t^2 - 0.10579t + 4.4747 & (20℃ \leqslant t < 50℃) \\ \eta(50) & (50℃ \leqslant t \leqslant 100℃) \end{cases} \tag{4-70}$$

（2）460 号油基 Fe_3O_4 磁流体：

$$\eta_H = \begin{cases} 0.00029t^2 - 0.064t + 3.9 & (20℃ \leqslant t < 50℃) \\ \eta(50) & (50℃ \leqslant t \leqslant 100℃) \end{cases} \tag{4-71}$$

关于阈值 $\eta(50)$ 的计算，通过有磁场作用下的黏 - 温方程和磁 - 黏方程计算。

通常工作中的润滑油膜有两个临界温度：第一临界温度是指当摩擦表面温升使得边界膜发生失向、散乱、软化或熔融时，摩擦副虽然还有一定的润滑作用，可是摩擦系数会迅速增大。第二临界温度是指当摩擦表面温度继续升高，使得润滑油膜分子发生聚合或分解，油膜发生破裂，摩擦副发生黏着，磨损加剧，甚至导致摩擦副的失效。通常润滑油膜的黏度必须控制在第一临界温度之下。

根据上述磁流体润滑油膜黏度监控思想，图 4-17 为磁流体润滑油膜黏度的程序监控策略流程图，图 4-18 为程序控制计算的结果。

给定工况下，轧辊转速或者负载不能随意改变，忽略轧辊转速对磁流体油膜温升梯度的影响，系统不宜采用增大压力来提高黏度，因此，数据采集系统将检测到的温度作为施加磁场强度的判断依据，结合实际工作情况，磁流体润滑油膜黏度程序监控系统框图，如图 4-19 所示，用于对监控过程信号的稳定性分析。

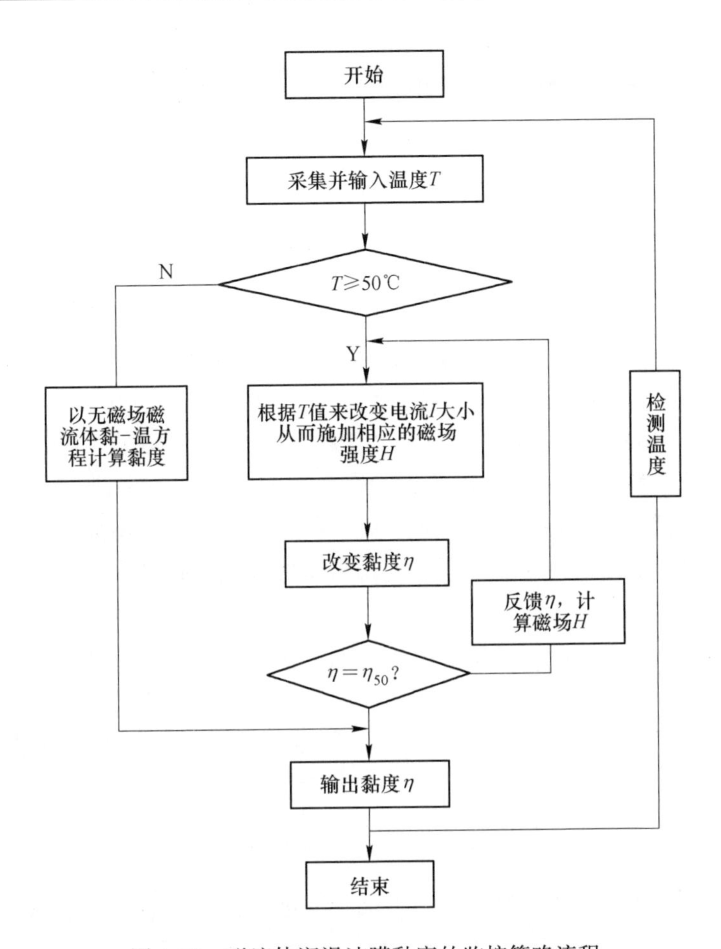

图4-17　磁流体润滑油膜黏度的监控策略流程

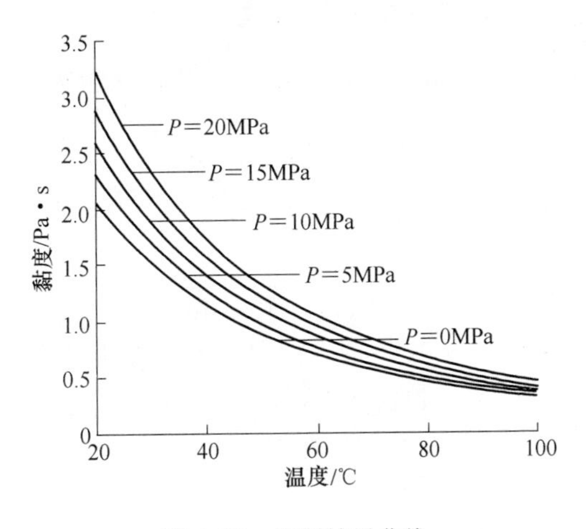

图4-18　控制结果曲线

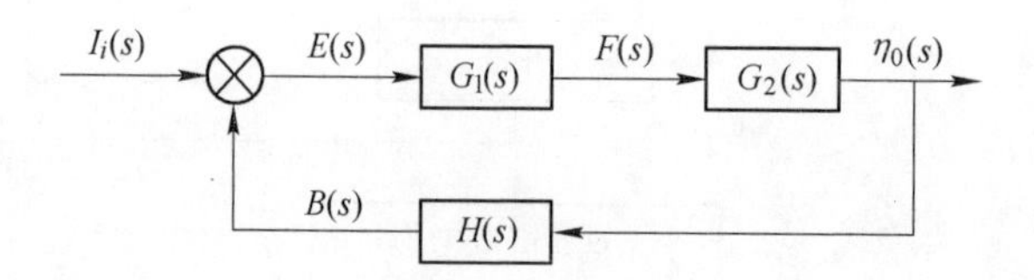

图 4-19　磁流体润滑油膜黏度监控系统框图

电流 $I_i(s)$ 由直流电源控制器输入；$\eta_0(s)$ 是磁流体润滑油膜的黏度；$E(s)$ 是直接输入；$G_1(s)$ 是电流转换成磁场强度的传递函数；$G_2(s)$ 是磁场强度改变磁流体润滑油膜黏度的传递函数；$F(s)$ 表示物理量磁场强度；$H(s)$ 是反馈环节传递函数；$B(s)$ 是反馈信号输入。以 PLC 作为 PID 控制器；磁流体润滑油膜为主控制对象，线圈为副控制对象，结合油膜黏－温方程和磁－黏方程进行控制；$I_i(s)$ 作为输入参数；$\eta_0(s)$ 作为输出参数，是施加磁场强度后的黏度，并作为负反馈数据，之后转换成磁场强度，再将磁场强度转换成电流，继而输入加法器中进行运算。

依据上述数据曲线所得的拟合方程，通过拉普拉斯变换得到前向通道传递函数 $G(s)$。由于是串联系统，因此，$G(s)=G_1(s)G_2(s)$。

其中 $G_1(s)$ 是电流 I 产生磁场强度 H 的传递函数（放大器），根据式(4-17)存在关系式：

$$G_1(s)=\frac{F(s)}{E(s)}=1000 \tag{4-72}$$

$G_2(s)$ 是磁场强度改变磁流体润滑油膜黏度的传递函数，对于 460 润滑油基 Fe_3O_4 磁流体：

$$G_2(s)=\frac{\eta_0(s)}{F(s)}=\frac{1.0305}{s^2} \tag{4-73}$$

反馈环节（VISCOpro 1600 系统的黏度计）传递函数 $F(s)$：

$$H(s)=\frac{B(s)}{\eta_0(s)}=10^{-3} \tag{4-74}$$

由此，得到控制系统闭环传递函数 $G_F(s)$：

$$G_F(s)=\frac{\eta_0(s)}{I_i(s)}=\frac{G(s)}{1+G(s)H(s)} \tag{4-75}$$

其中直接输入为 $E(s)=I_i(s)-B(s)$，$B(s)$ 为反馈输入。

同理，对于压力 P 输入，根据式（4-68）所用电磁溢流阀的传递函数：

$$G_{11}(s)=\frac{1.1s+0.03}{s^2} \tag{4-76}$$

试验台液压缸的传递函数：

$$G_{12}(s)=\frac{10}{s+4} \tag{4-77}$$

磁流体加热器的放大比例 $K_3=40$，反馈环节的温度传感器传递函数也是比例环节，$K_4=1$；根据式（4-69），轴承系统摩擦界面传递函数为：

$$G_{14}(s)=\frac{3.9s^2-0.064s+0.00058}{s^3} \tag{4-78}$$

系统中电流 I 的信号可以由温度信号转变而成，转变比例 $K_5=0.05$；油膜黏度反馈环节表示在达到新的温度下，当所施加的电流能否产生足够强的磁场来提高黏度，并且是负反馈，文中选用 VISCOpro 1600 系统的黏度计，反馈函数为比例环节，$K_6=0.001$。

以下给出 460 号油基 Fe_3O_4 磁流体基于 Matlab 分析的 Simulink 系统控制框图与波形图，分别如图 4-20 和图 4-21 所示。

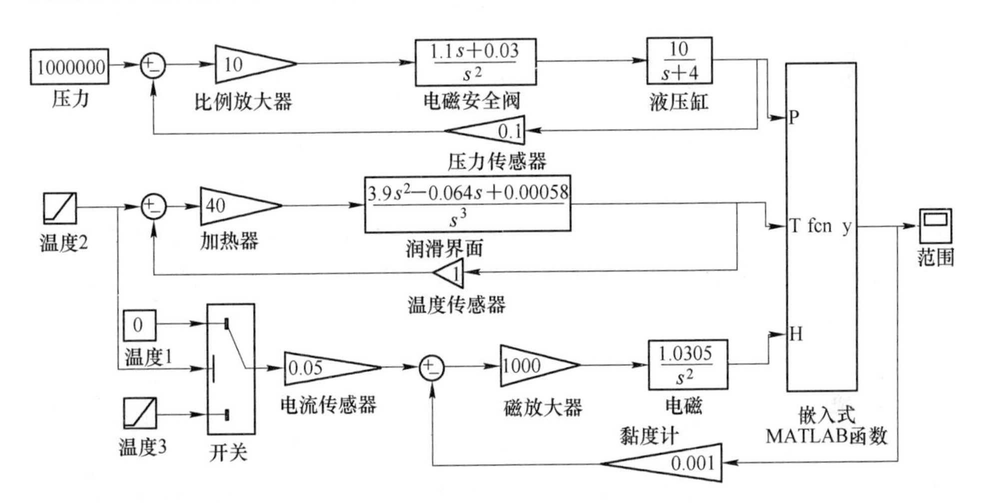

图 4-20　460 号油基 Fe_3O_4 磁流体基于 Matlab 分析的 simulink 系统控制框图

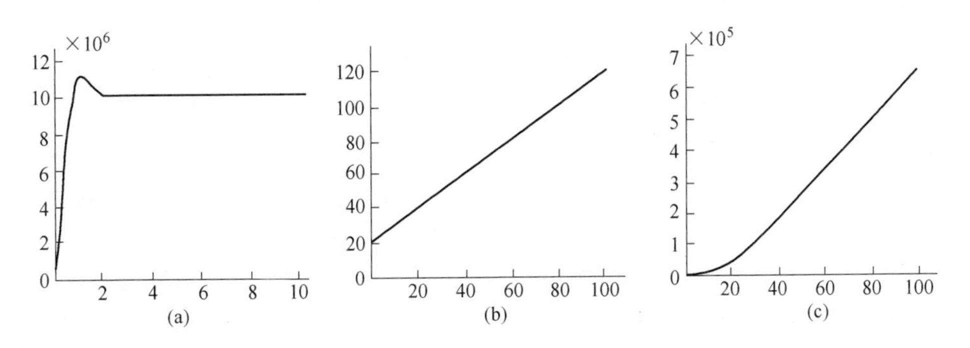

图 4-21　460 号油基 Fe_3O_4 磁流体仿真结果波形图

（a）压力输出；（b）温度输出；（c）磁场强度输出

经过 Simulink 系统仿真分析，仿真结果与图 4-18 曲线的规律相吻合，对于该黏度控制系统，在 100s 为周期内检测温度，改变电流，系统达到稳定所经历的时间约为 1s，对于磁场控制磁流体润滑黏度是可以实现的。

4.5.5　结果分析

对所选两种磁流体，以下再根据控制程序的结果作进一步分析，得到如图 4-22 ~ 图 4-25 所示的结果。

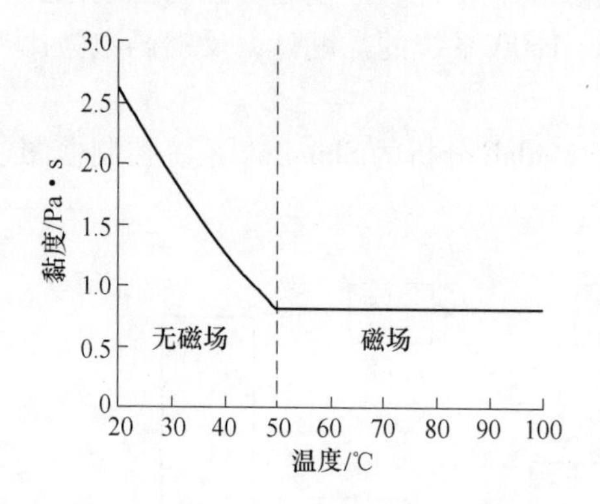

图 4-22　煤油基 Fe_3O_4 磁流体磁场随温度变化监控磁流体黏度的理论模拟结果

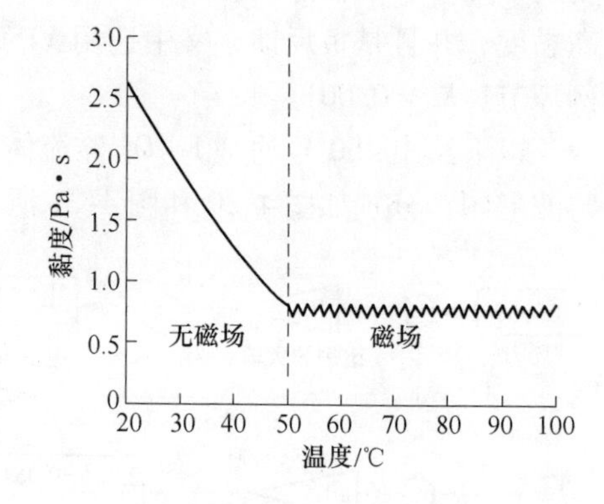

图 4-23　煤油基 Fe_3O_4 磁流体磁场随温度变化监控磁流体黏度的实际模拟结果

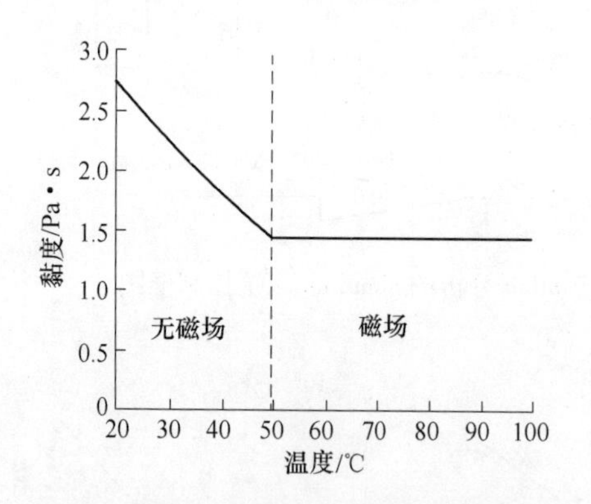

4-24　460 号油基 Fe_3O_4 磁流体磁场随温度变化监控磁流体黏度的理论模拟结果

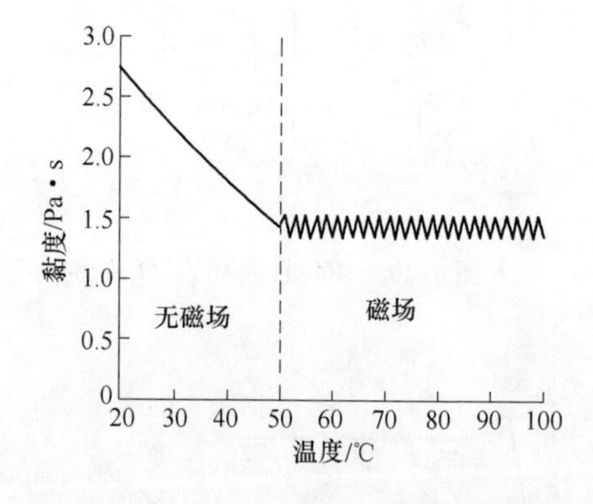

4-25　460 号油基 Fe_3O_4 磁流体磁场随温度变化监控磁流体黏度的实际模拟结果

图 4-22、图 4-24 分别是煤油基、460 号油基 Fe_3O_4 磁流体理论要求实现的结果，均是当 $t \leqslant 50$℃时，反映的是无磁场磁流体黏－温曲线，无需施加磁场强度；当 $t > 50$℃时是施加磁场强度的黏－温曲线，通过施加磁场，使得磁流体润滑油膜黏度稳定在 $t = 50$℃时无磁场作用下的磁流体润滑油膜黏度。

图 4-23、图 4-25 分别是煤油基、460 号油基 Fe_3O_4 磁流体实际控制模拟出来的结果。根据温度传感器检测回来的温度，当 $t \geqslant 50$℃时，计算出磁流体润滑油膜无磁场作用下的黏度 η，再计算出该温度下施加磁场强度 H 后的黏度增量 $\Delta\eta$，η 与 $\Delta\eta$ 的和就是所要监控后得到的黏度，并绘制到曲线图上。计算结果表明，黏度绝对误差很小，其最大值仅为 0.001Pa·s，表明磁流体润滑油膜的黏度波动较小，控制结果能够稳定在 $t = 50$℃附近，保证了油膜的稳定性和完整性。

5 油膜轴承磁流体润滑机理

油膜轴承的润滑性能直接关系到轴承使用寿命与轧件的表面质量。根据不同轧制工况下考虑因素的不同，油膜轴承润滑理论由最初的刚流润滑，逐渐发展为热流润滑、弹流润滑和热弹流润滑。采用铁磁流体润滑油膜轴承，替代传统润滑油，能够提高轴承的承载能力和减小摩擦系数，因此，对磁流体的润滑机理研究备受关注[27]。

5.1 磁流体润滑油膜轴承数学模型[28]

5.1.1 磁流体动力学方程

5.1.1.1 连续性方程

对于体积为 V_0 的铁磁流体，其质量为：

$$m = \int_{V_0} \rho_f \delta V_0 \tag{5-1}$$

式中，ρ_f 是铁磁流体密度，$\rho_f = (1-\phi)\rho_{NC} + \phi\rho_{NP}$。

单位时间内质量的变化率为式（5-1）两侧对时间 t 取导数：

$$\frac{dm}{dt} = \int_{V_0} \left[\frac{d\rho_f}{dt} + \rho_f \frac{d(\delta V_0)}{\delta V_0 dt} \right] \delta V_0 \tag{5-2}$$

直角坐标系下微元体的体积为 $\delta V_0 = \delta x \delta y \delta z$，则式（5-2）右边第二项可转化为：

$$\frac{d(\delta V_0)}{\delta V_0 dt} = \frac{1}{\delta x}\frac{d(\delta x)}{dt} + \frac{1}{\delta y}\frac{d(\delta y)}{dt} + \frac{1}{\delta z}\frac{d(\delta z)}{dt} = \frac{\delta u}{\delta x} + \frac{\delta v}{\delta y} + \frac{\delta w}{\delta z} \tag{5-3}$$

一般情况下：

$$\frac{d(\delta V_0)}{\delta V_0 dt} = \frac{\partial u}{\partial x} + \frac{\partial v}{\partial y} + \frac{\partial w}{\partial z} = \nabla \cdot V \tag{5-4}$$

代入式（5-2），得到：

$$\frac{dm}{dt} = \int_{V_0} \left[\frac{d\rho_f}{dt} + \rho_f \nabla \cdot \boldsymbol{V} \right] \delta V_0 \tag{5-5}$$

如果体积 V_0 内没有流入或流出磁流体的源或汇，流体质量 m 将保持不变，则磁流体的连续方程为：

$$\frac{d\rho_f}{dt}=\frac{\partial\rho_f}{\partial t}+\boldsymbol{V}\cdot\nabla\rho_f \tag{5-6}$$

因此，式（5-2）简化为：

$$\frac{dm}{dt}=\frac{\partial\rho_f}{\partial t}+\boldsymbol{V}\cdot\nabla\rho_f+\rho_f\nabla\cdot\boldsymbol{V}=\frac{\partial\rho_f}{\partial t}+\nabla\cdot(\rho_f\boldsymbol{V})=0 \tag{5-7}$$

制备铁磁流体时基载液和磁性微粒均为不可压缩物质，但并不等同于铁磁流体密度是常数。铁磁流体中液相和固相之间不存在相互转化，理想状态下磁性微粒在基载液中分布均匀稳定，但实际制备中很难达到这种理想状态，而且随着时间的延长会出现微小的聚成现象，使得不均匀程度随时间发生改变。

将$\rho_f=(1-\phi)\rho_{NC}+\phi\rho_{NP}$代入式（5-7）中，得到：

$$\frac{\partial}{\partial t}[(1-\phi)\rho_{NC}+\phi\rho_{NP}]+\nabla\cdot\{[(1-\phi)\rho_{NC}+\phi\rho_{NP}]\boldsymbol{V}\}=0 \tag{5-8}$$

由于ρ_{NC}和ρ_{NP}为常数，则式（5-8）可写成：

$$(\rho_{NP}-\rho_{NC})\frac{\partial\phi}{\partial t}+\rho_{NC}\nabla\cdot\boldsymbol{V}+(\rho_{NP}-\rho_{NC})\nabla\cdot(\phi\boldsymbol{V})=0 \tag{5-9}$$

对于定常流动，磁性微粒的体积分数ϕ与时间无关，故式（5-9）可简化为：

$$\nabla\cdot\boldsymbol{V}+(\rho_{NP}/\rho_{NC}-1)\nabla\cdot(\phi\cdot\boldsymbol{V})=0 \tag{5-10}$$

若磁性微粒的体积分数为常数，则ρ_f即是常数，铁磁流体的连续性方程为：

$$\nabla\cdot\boldsymbol{V}=0 \tag{5-11}$$

5.1.1.2 动量方程

根据铁磁流体动力学理论，其动量方程的表达式为：

$$\rho_f\frac{d\boldsymbol{V}}{dt}=\boldsymbol{f}_g+\boldsymbol{f}_m+\boldsymbol{f}_\tau+\boldsymbol{f}_p+\boldsymbol{f}_\eta \tag{5-12}$$

式中，$\boldsymbol{f}_g$为重力，$\boldsymbol{f}_g=\rho_f\boldsymbol{g}$；$\boldsymbol{f}_p$为压力梯度，$\boldsymbol{f}_p=-\nabla p$；$\boldsymbol{f}_\eta$为黏性力，$\boldsymbol{f}_\eta=\eta_H\nabla^2\boldsymbol{V}+\frac{1}{3}\eta_H\nabla(\nabla\cdot\boldsymbol{V})$，$\eta_H$为铁磁流体处于外磁场中的动力黏度，当外磁场不存在时，即$H=0$，则$\eta_H=\eta_0$；$\boldsymbol{f}_p+\boldsymbol{f}_\eta$属于表面力$\boldsymbol{f}_s$，$\boldsymbol{f}_g+\boldsymbol{f}_m+\boldsymbol{f}_\tau$属于彻体力$\boldsymbol{f}_b$，关于磁场力$\boldsymbol{f}_m$和附加力$\boldsymbol{f}_\tau$需进一步讨论。

A 附加力$\boldsymbol{f}_\tau$

微元控制体表面的剪应力如图5-1所示。

如图5-1（a）所示，从铁磁流体中取出一个微元六面体。流体流动时使得微元体表面上存在剪应力环流的作用。为了更清楚地分析附加力$\boldsymbol{f}_\tau$，图5-1（b）

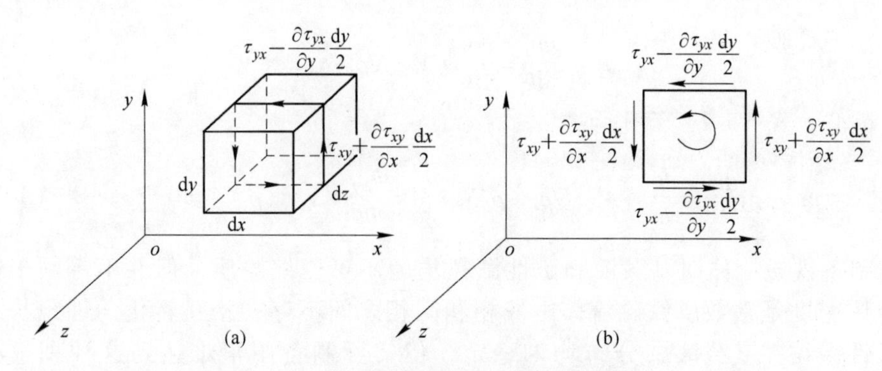

图 5-1 微元控制体表面的剪应力

（a）剪应力环流；（b）剪应力的正视图

给出一个微元体的正视图，在 z 轴方向上微元体表面剪应力产生的力矩 $L_{\tau,z}$ 为：

$$\begin{aligned}\mathrm{d}L'_{\tau,z}=&\frac{\mathrm{d}x}{2}\left(\tau_{xy}+\frac{\partial\tau_{xy}}{\partial x}\frac{\mathrm{d}x}{2}\right)\mathrm{d}y\mathrm{d}z+\frac{\mathrm{d}x}{2}\left(\tau_{xy}-\frac{\partial\tau_{xy}}{\partial x}\frac{\mathrm{d}x}{2}\right)\mathrm{d}y\mathrm{d}z+\\&\frac{\mathrm{d}y}{2}\left(\tau_{yx}+\frac{\partial\tau_{yx}}{\partial y}\frac{\mathrm{d}y}{2}\right)\mathrm{d}z\mathrm{d}x+\frac{\mathrm{d}y}{2}\left(\tau_{yx}-\frac{\partial\tau_{yx}}{\partial y}\frac{\mathrm{d}y}{2}\right)\mathrm{d}z\mathrm{d}x\end{aligned}\tag{5-13}$$

若 $\tau=\frac{1}{2}(\tau_{xy}+\tau_{yx})$，令 $\mathrm{d}V=\mathrm{d}x\mathrm{d}y\mathrm{d}z$，则式（5-13）为：

$$dL'_{\tau,z}=2\tau\,\mathrm{d}V\quad\text{或}\quad\tau=\frac{1}{2}\frac{dL'_{\tau,z}}{\mathrm{d}V}=\frac{1}{2}L_{\tau,z}\tag{5-14}$$

x 方向的剪切力为：

$$\mathrm{d}F_{yx}=\left[\left(\tau_{yx}-\frac{\partial\tau_{yx}}{\partial y}\frac{\mathrm{d}y}{2}\right)-\left(\tau_{yx}+\frac{\partial\tau_{yx}}{\partial y}\frac{\mathrm{d}y}{2}\right)\right]\mathrm{d}z\mathrm{d}x=-\frac{\partial\tau_{yx}}{\partial y}\mathrm{d}V\tag{5-15}$$

y 方向的剪切力为：

$$\mathrm{d}F_{xy}=\left[\left(\tau_{xy}+\frac{\partial\tau_{xy}}{\partial x}\frac{\mathrm{d}x}{2}\right)-\left(\tau_{xy}-\frac{\partial\tau_{xy}}{\partial x}\frac{\mathrm{d}x}{2}\right)\right]\mathrm{d}y\mathrm{d}z=-\frac{\partial\tau_{xy}}{\partial x}\mathrm{d}V\tag{5-16}$$

由于剪应力梯度为单位体积上的剪切力，根据 $dL'_{\tau,z}=2\tau\,\mathrm{d}V$，得到：

$$f_{yx}=\frac{\mathrm{d}F_{yx}}{\mathrm{d}V}=-\frac{1}{2}\frac{\partial L_{\tau,z}}{\partial y},\ f_{xy}=\frac{\mathrm{d}F_{xy}}{\mathrm{d}V}=\frac{1}{2}\frac{\partial L_{\tau,z}}{\partial x}\tag{5-17}$$

同理，其他表面上的剪应力梯度表示为：

$$f_{zx}=\frac{1}{2}\frac{\partial L_{\tau,y}}{\partial z},\ f_{xz}=-\frac{1}{2}\frac{\partial L_{\tau,y}}{\partial x},\ f_{yz}=\frac{1}{2}\frac{\partial L_{\tau,x}}{\partial y},\ f_{zy}=-\frac{1}{2}\frac{\partial L_{\tau,x}}{\partial z}\tag{5-18}$$

因此，各个方向的合成剪应力为：

$$\begin{cases}f_x=f_{zx}+f_{yx}=\frac{1}{2}\left(\frac{\partial L_{\tau,y}}{\partial z}-\frac{\partial L_{\tau,z}}{\partial y}\right)\\f_y=f_{xy}+f_{zy}=\frac{1}{2}\left(\frac{\partial L_{\tau,z}}{\partial x}-\frac{\partial L_{\tau,x}}{\partial z}\right)\\f_z=f_{yz}+f_{xz}=\frac{1}{2}\left(\frac{\partial L_{\tau,x}}{\partial y}-\frac{\partial L_{\tau,y}}{\partial x}\right)\end{cases}\tag{5-19}$$

其矢量形式为：

$$\boldsymbol{f}_\tau = \frac{1}{2}\nabla \times \boldsymbol{L}_\tau \tag{5-20}$$

铁磁流体中的磁性微粒旋转时产生摩擦力矩 $\boldsymbol{L}_\tau$，基载液具有涡旋运动，假设涡旋速度为 $\boldsymbol{\omega}$，与铁磁流体流动速度 $\boldsymbol{v}$ 的关系为：

$$\boldsymbol{\omega} = \frac{1}{2}\nabla \times \boldsymbol{v} \tag{5-21}$$

若磁性微粒的转动速度为 $\boldsymbol{\Omega}$，与基载液涡旋运动的相对角速度会影响两者相互的摩擦力矩。磁性微粒属于纳米量级，可以近似为球体，旋转时产生的摩擦力矩为：

$$\boldsymbol{L}_\tau = -8\pi n\eta_c r_p^3(\boldsymbol{\Omega} - \boldsymbol{\omega}) \tag{5-22}$$

式中，n 为单位体积的铁磁流体中磁性微粒的数目；η_c 为基载液的动力黏度；r_p 是磁性微粒的半径。

将式（5-22）代入式（5-20），则旋转时所引起的剪切附加力 $\boldsymbol{f}_\tau$ 为：

$$\boldsymbol{f}_\tau = -4\pi\eta_c r_p^3 n\,\nabla \times (\boldsymbol{\omega} - \boldsymbol{\Omega}) \tag{5-23}$$

根据牛顿第三定律，磁性微粒作用于基载液上的附加力为：

$$\boldsymbol{f}_\tau = \frac{J}{2t_s}\nabla \times (\boldsymbol{\Omega} - \boldsymbol{\omega}) \tag{5-24}$$

式中，J 为磁性微粒绕中心轴的惯性矩，$J = \frac{8}{15}\pi r_p^5 \rho_{NP} n$；$t_s$ 为牛顿松弛时间，$t_s = \frac{r_p^2 \rho_{NP}}{15\eta_c}$。

B 磁场力

Cowley 和 Rosensweig 将热力学功和表面力的机械功相联系，采用该能量法的思想，获得铁磁流体的彻体力，计算出磁场力为：

$$\boldsymbol{f}_m = -\nabla[p_m + p_s] + \mu_0 \boldsymbol{M} \cdot \nabla \boldsymbol{H} \tag{5-25}$$

式中，p_m 为磁化压力，$p_m = \mu_0\int_0^H M\mathrm{d}H$；$p_s$ 为磁致伸缩压力，$p_s = -\mu_0\int_0^H \rho_f \frac{\partial M}{\partial \rho_f}\mathrm{d}H$，表示在磁场作用下由铁磁流体的体积变化所引起的压力。

因此，铁磁流体的运动方程为：

$$\rho_f \frac{\mathrm{d}\boldsymbol{V}}{\mathrm{d}t} = \rho_f \boldsymbol{g} - \nabla\left[\boldsymbol{p} + \mu_0\int_0^H M\mathrm{d}H - \mu_0\int_0^H \rho_f \frac{\partial M}{\partial \rho_f}\mathrm{d}H\right] + \mu_0 \boldsymbol{M} \cdot \nabla \boldsymbol{H} + \eta_H \nabla^2 \boldsymbol{V} + \frac{1}{3}\eta_H \nabla(\nabla \cdot \boldsymbol{V}) + \frac{J}{2t_s}\nabla \times (\boldsymbol{\Omega} - \omega) \tag{5-26}$$

按照热力学自由能的思想，推导出磁场力的一般形式，该方法推导非常严格，而且考虑了其他因素对磁彻体力的影响，使得计算结果更加全面。同时，利用分子电流模型也可以计算出磁场梯度对磁彻体力的影响。铁磁流体在外磁场中受到磁场力的来源是分子环形电流 i' 受到外磁场作用的结果。在均匀磁场内，电流环只受到力矩而没有合成的力。只有在不均匀的磁场中，即存在磁场强度梯度的外磁场中，电流环才会受到磁场力的作用。

利用分子电流模型所得出的磁彻体力仅反映磁场梯度的影响，而且其他因素也将影响磁彻体力的产生，只是相对于磁场力而言，这些力的影响均较小。

如图 5-2 所示，在铁磁流体中任取体积为 $dV_0 = dxdydz$ 的微元体，假设在微元体中心处存在任意方向磁感应强度 B_0 的外磁场，沿各方向的分量分别为 B_x、B_y、B_z。如果磁场为不均匀磁场，则微元体的每个表面上都存在磁感应强度的增量，而且环绕于微元体表面上的环形分子电流是连续的。

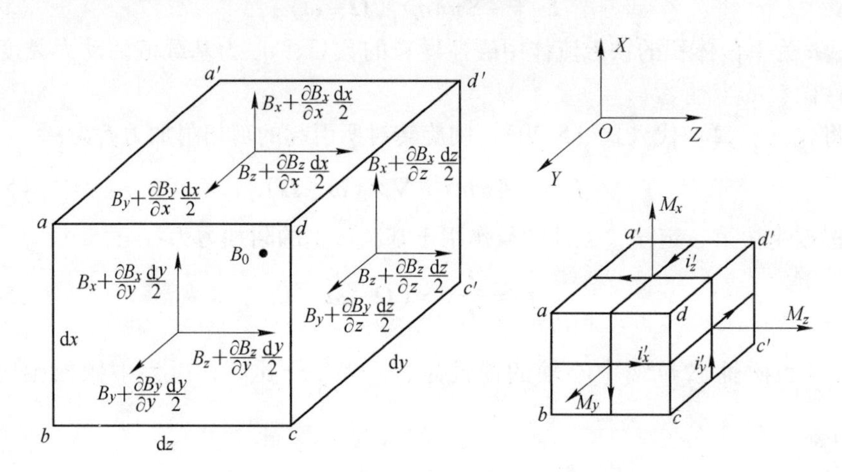

图 5-2　微元体表面上的磁感应强度和分子电流

在外磁场作用下，任意一根微元载流导线 dl 所受到的安培力为：

$$d\boldsymbol{F} = I d\boldsymbol{l} \times \boldsymbol{B} \tag{5-27}$$

对于微元体的每个侧面，沿各方向的电流量分别为 $i'dx$、$i'dy$、$i'dz$，其中 i 为单位长度上的电流。由于铁磁流体中基载液是非磁性，此处 B 用中心处的 B_0 代替。而且电流长度和磁感应强度的分量是垂直或平行，两者的矢量积为零或代数积。因此，在微元体各表面上电流受到的磁场力分量均能获得。

按坐标轴方向将各表面所受到的力叠加，则 x 轴向的力为：

$$dF_x = \sum_i dF_{xi} = \left(-i'_x\frac{\partial B_y}{\partial y} + i'_y\frac{\partial B_y}{\partial x} + i'_z\frac{\partial B_z}{\partial x} - i'_x\frac{\partial B_z}{\partial z}\right)dxdydz \tag{5-28}$$

定义单位体积内的磁力为：

$$f_m = \frac{dF}{dxdydz} \tag{5-29}$$

根据磁感应强度的散度等于零，即 $\nabla \cdot B_0 = 0$，则磁彻体力在 x 轴向的分量为：

$$f_{m,x}=i'_x\frac{\partial B_x}{\partial x}+i'_y\frac{\partial B_y}{\partial x}+i'_z\frac{\partial B_z}{\partial x} \tag{5-30}$$

由于 $\boldsymbol{M}=i'\boldsymbol{n}^0$，代入式（5-30）中得到：

$$\boldsymbol{f}_{m,x}=\boldsymbol{M}_x\frac{\partial B_x}{\partial_x}+\boldsymbol{M}_y\frac{\partial B_y}{\partial x}+\boldsymbol{M}_z\frac{\partial B_z}{\partial x} \tag{5-31}$$

同理，另外两方向的磁力分量为：

$$\begin{cases}\boldsymbol{f}_{m,y}=\boldsymbol{M}_x\dfrac{\partial B_x}{\partial y}+\boldsymbol{M}_y\dfrac{\partial B_y}{\partial y}+\boldsymbol{M}_z\dfrac{\partial B_z}{\partial y}\\ \boldsymbol{f}_{m,z}=\boldsymbol{M}_x\dfrac{\partial B_x}{\partial z}+\boldsymbol{M}_y\dfrac{\partial B_y}{\partial z}+\boldsymbol{M}_z\dfrac{\partial B_z}{\partial z}\end{cases} \tag{5-32}$$

由于 $B_0=\mu_0 H$，有：

$$B_x=\mu_0 H_x, B_y=\mu_0 H_y, B_z=\mu_0 H_z \tag{5-33}$$

此外，根据$\nabla\times\boldsymbol{H}=\boldsymbol{j}$，铁磁流体中并不存在传导电流，即$\boldsymbol{j}=0$，因此得到：

$$\frac{\partial H_x}{\partial y}=\frac{\partial H_y}{\partial x},\frac{\partial H_z}{\partial x}=\frac{\partial H_x}{\partial z},\frac{\partial H_y}{\partial z}=\frac{\partial H_z}{\partial y},\cdots \tag{5-34}$$

则磁彻体力在各方向上的分力简化为：

$$\begin{cases}\boldsymbol{f}_{m,x}=\mu_0\left(\boldsymbol{M}_x\dfrac{\partial H_x}{\partial x}+\boldsymbol{M}_y\dfrac{\partial H_x}{\partial y}+\boldsymbol{M}_z\dfrac{\partial H_x}{\partial z}\right)\\ \boldsymbol{f}_{m,y}=\mu_0\left(\boldsymbol{M}_x\dfrac{\partial H_y}{\partial x}+\boldsymbol{M}_y\dfrac{\partial H_y}{\partial y}+\boldsymbol{M}_z\dfrac{\partial H_y}{\partial z}\right)\\ \boldsymbol{f}_{m,z}=\mu_0\left(\boldsymbol{M}_x\dfrac{\partial H_z}{\partial x}+\boldsymbol{M}_y\dfrac{\partial H_z}{\partial y}+\boldsymbol{M}_z\dfrac{\partial H_z}{\partial z}\right)\end{cases} \tag{5-35}$$

其矢量形式：

$$\boldsymbol{f}_m=\mu_0\boldsymbol{M}\cdot\nabla\boldsymbol{H} \tag{5-36}$$

因此，根据分子电流模型，推导得到铁磁流体的动量方程：

$$\rho_f\frac{d\boldsymbol{V}}{dt}=\rho_f\boldsymbol{g}+\mu_0\boldsymbol{M}\cdot\nabla\boldsymbol{H}+\frac{J}{2t_s}\nabla\times(\boldsymbol{\Omega}-\boldsymbol{\omega})-\nabla\boldsymbol{p}+\eta_H\nabla^2\boldsymbol{V}+\frac{1}{3}\eta_H\nabla(\nabla\cdot\boldsymbol{V}) \tag{5-37}$$

5.1.2 雷诺方程

磁流体在轧辊与轴承组成的楔形间隙内流动，对油膜轴承起到润滑作用。由于基载液的流动和外磁场的作用使得磁性微粒产生了旋转运动，则动量矩方程为：

$$\frac{d\boldsymbol{S}}{dt}=\mu_0\boldsymbol{M}\times\boldsymbol{H}-\frac{J}{t_s}(\boldsymbol{\Omega}-\boldsymbol{\omega})+\frac{2r_p^2}{3t_B}\nabla^2\boldsymbol{S} \tag{5-38}$$

相对于基载液与磁性微粒之间的黏性和磁力矩，磁性微粒的旋转惯性与布朗运动的动量矩非常小，忽略旋转惯性和布朗运动的影响，动量矩方程简化为：

$$\frac{J}{t_s}(\boldsymbol{\Omega}-\boldsymbol{\omega})=\mu_0\boldsymbol{M}\times\boldsymbol{H} \tag{5-39}$$

对于内禀性铁磁流体，其磁矩的转动是由磁畴的旋转来实现，与固体颗粒本身的旋转运动无关。同时磁畴的旋转远比磁性微粒自转快得多，可以近似认为铁磁流体的磁化强度矢量总是和磁场强度保持平行，即 $\boldsymbol{M}\times\boldsymbol{H}=0$，则 $\boldsymbol{\Omega}=\boldsymbol{\omega}$。

假设铁磁流体为不可压缩流体，其连续方程为：

$$\frac{\partial\rho_f}{\partial t}+\nabla\cdot(\rho_f V)=0\Rightarrow\nabla\cdot\boldsymbol{V}=\frac{\partial u}{\partial x}+\frac{\partial v}{\partial y}+\frac{\partial w}{\partial z}=0 \tag{5-40}$$

对于动量方程式（5-37），由于忽略了惯性力，方程左边 $\rho_f\frac{\mathrm{d}\boldsymbol{V}}{\mathrm{d}t}\approx0$；忽略重力项，方程右边 $\rho_f\boldsymbol{g}\approx0$。因此，动量方程式可以简化为：

$$\nabla\boldsymbol{p}=\mu_0\boldsymbol{M}\cdot\nabla\boldsymbol{H}+\eta_H\nabla^2\boldsymbol{V} \tag{5-41}$$

笛卡尔坐标系下，将简化的动量方程式（5-41）展开，得到：

$$\begin{aligned}\frac{\partial p}{\partial x}\boldsymbol{i}+\frac{\partial p}{\partial y}\boldsymbol{j}+\frac{\partial p}{\partial z}\boldsymbol{k}&=\mu_0M\left(\frac{\partial H}{\partial x}\boldsymbol{i}+\frac{\partial H}{\partial y}\boldsymbol{j}+\frac{\partial H}{\partial z}\boldsymbol{k}\right)+\eta_H\left(\frac{\partial^2}{\partial x^2}+\frac{\partial^2}{\partial y^2}+\frac{\partial^2}{\partial z^2}\right)(u\boldsymbol{i}+v\boldsymbol{j}+w\boldsymbol{k})\\&=\mu_0M\left(\frac{\partial H}{\partial x}\boldsymbol{i}+\frac{\partial H}{\partial y}\boldsymbol{j}+\frac{\partial H}{\partial z}\boldsymbol{k}\right)+\eta_H\left(\frac{\partial^2u}{\partial x^2}+\frac{\partial^2u}{\partial y^2}+\frac{\partial^2u}{\partial z^2}\right)\boldsymbol{i}+\\&\quad\eta_H\left(\frac{\partial^2v}{\partial x^2}+\frac{\partial^2v}{\partial y^2}+\frac{\partial^2v}{\partial z^2}\right)\boldsymbol{j}+\eta_H\left(\frac{\partial^2w}{\partial x^2}+\frac{\partial^2w}{\partial y^2}+\frac{\partial^2w}{\partial z^2}\right)\boldsymbol{k}\end{aligned}$$

或

$$\begin{cases}\frac{\partial p}{\partial x}=\eta_H\left(\frac{\partial^2u}{\partial x^2}+\frac{\partial^2u}{\partial y^2}+\frac{\partial^2u}{\partial z^2}\right)+\mu_0M\frac{\partial H}{\partial x}\\\frac{\partial p}{\partial y}=\eta_H\left(\frac{\partial^2v}{\partial x^2}+\frac{\partial^2v}{\partial y^2}+\frac{\partial^2v}{\partial z^2}\right)+\mu_0M\frac{\partial H}{\partial y}\\\frac{\partial p}{\partial z}=\eta_H\left(\frac{\partial^2w}{\partial x^2}+\frac{\partial^2w}{\partial y^2}+\frac{\partial^2w}{\partial z^2}\right)+\mu_0M\frac{\partial H}{\partial z}\end{cases} \tag{5-42}$$

油膜轴承润滑方程的推导需要建立如下假设：

（1）轴承润滑介质为非弹性流体（若为弹性流体，对于非牛顿性流体，其本构方程非常复杂），且为连续的层流流动，无涡流和紊流产生。

（2）磁流体黏附在轧辊表面不存在滑动，即界面上流体某点的速度与存在于固体界面上同一点的速度相同。

（3）由于油膜厚度较薄，沿着膜厚方向不计压力和流体密度的变化，事实上，压力不可能发生明显变化；而且磁场强度沿膜厚方向上近似为常数，即 $\partial H/\partial y\approx0$。

（4）轴承表面的曲率半径与油膜膜厚相比较大，忽略油膜曲率的影响，用平移速度来代替转动速度。

（5）相比黏性剪切力，流体惯性力作用于油膜上的离心力、重力产生的惯性力以及除磁力以外的体积力等可以忽略不计。

（6）各速度分量沿膜厚方向的梯度远大于其他两个方向上的梯度，因此，仅考虑 $\partial u/\partial y$、$\partial v/\partial y$、$\partial w/\partial y$。

（7）磁流体在较小的外磁场强度作用下即可达到饱和状态，则 $M = M_s$。

图 5-3 为油膜轴承工作原理图。

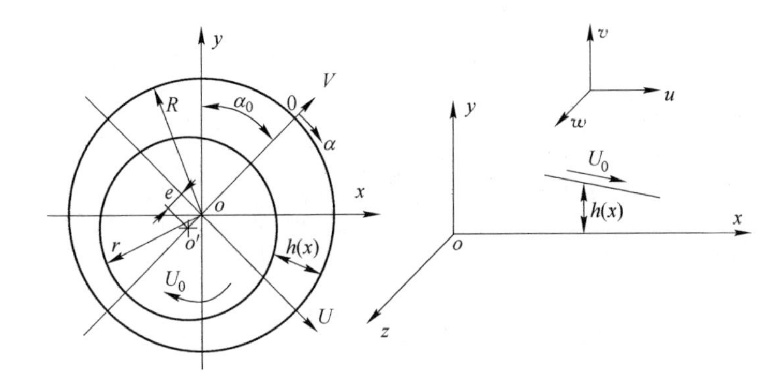

图 5-3 油膜轴承工作原理

根据上述假设，动量方程可简化为：

$$\begin{cases}\dfrac{\partial p}{\partial x} = \eta_H \dfrac{\partial^2 u}{\partial y^2} + \mu_0 M_s \dfrac{\partial H}{\partial x} \\ \dfrac{\partial p}{\partial y} = 0 \\ \dfrac{\partial p}{\partial z} = \eta_H \dfrac{\partial^2 w}{\partial y^2} + \mu_0 M_s \dfrac{\partial H}{\partial z}\end{cases} \tag{5-43}$$

磁流体沿流动时，流动速度在各边界位置的一般形式为：

$$\begin{cases}u\mid_{y=0} = U_0 ; v\mid_{y=0} = V_0 ; w\mid_{y=0} = W_0 \\ u\mid_{y=h} = U_h ; v\mid_{y=h} = V_h ; w\mid_{y=h} = W_h\end{cases} \tag{5-44}$$

（1）求解方程 $\eta_H \dfrac{\partial^2 u}{\partial y^2} = \dfrac{\partial p}{\partial x} - \mu_0 M_s \dfrac{\partial H}{\partial x}$。

油膜压力和磁场强度在膜厚方向的变化忽略不计，即 $\dfrac{\partial p}{\partial y} \approx 0$、$\dfrac{\partial H}{\partial y} \approx 0$，方程右边多项式对 y 线性无关，令 $k_x = \dfrac{\partial p}{\partial x} - \mu_0 M_s \dfrac{\partial H}{\partial x}$，对二阶线性微分方程两边进行 y 积分，得到：

$$\frac{\partial u}{\partial y} = k_x \int_0^y \frac{1}{\eta_H} \mathrm{d}y' + \frac{C_1}{\eta_H} = k_x g_1(y) + \frac{C_1}{\eta_H} \tag{5-45}$$

式中，$g_1(y) = \int_0^y \frac{1}{\eta_H} \mathrm{d}y'$。对上式再次进行 y 积分，令 $g_2(y) = \int_0^y g_1(y') \mathrm{d}y'$，得到：

$$u = \int_0^y \frac{\partial u}{\partial y} \mathrm{d}y' + C_2 = k_x g_2(y) + C_1 g_1(y) + C_2 \tag{5-46}$$

根据式（5-44）边界条件 $u|_{y=0} = U_0$；$u|_{y=h} = U_h$，得到：

$$C_1 = \frac{U_h - U_0}{g_1(h)} - k_x \frac{g_2(h)}{g_1(h)}; C_2 = U_0 \tag{5-47}$$

因此，圆周方向的流速为：

$$u = \frac{\partial p}{\partial x}\left[g_2(y) - \frac{g_2(h)}{g_1(h)} g_1(y)\right] - \mu_0 M_s \frac{\partial H}{\partial x}\left[g_2(y) - \frac{g_2(h)}{g_1(h)} g_1(y)\right] - (U_0 - U_h)\frac{g_1(y)}{g_1(h)} + U_0 \tag{5-48}$$

（2）同理，求解方程 $\eta_H \frac{\partial^2 w}{\partial y^2} = \frac{\partial p}{\partial z} - \mu_0 M_s \frac{\partial H}{\partial z}$。

由于$\frac{\partial p}{\partial y} \approx 0$、$\frac{\partial H}{\partial y} \approx 0$，令 $k_z = \frac{\partial p}{\partial z} - \mu_0 M_s \frac{\partial H}{\partial z}$，方程两边对 y 进行积分，得到：

$$\frac{\partial w}{\partial z} = k_z \int_0^y \frac{1}{\eta_H} \mathrm{d}y' + \frac{C_3}{\eta_H} = k_z g_1(y) + \frac{C_3}{\eta_H} \tag{5-49}$$

再次对 y 积分，得到：

$$w = \int_0^y \frac{\partial w}{\partial y} \mathrm{d}y' + C_4 = k_z g_2(y) + C_3 g_1(y) + C_4 \tag{5-50}$$

根据边界条件 $w|_{y=0} = W_0$；$w|_{y=h} = W_h$，得到：

$$C_3 = \frac{W_h - W_0}{g_1(h)} - k_z \frac{g_2(h)}{g_1(h)}; C_4 = W_0 \tag{5-51}$$

因此，轴向的流速为：

$$w = \frac{\partial p}{\partial z}\left(g_2(y) - \frac{g_2(h)}{g_1(h)} g_1(y)\right) - \mu_0 M_s \frac{\partial H}{\partial z}\left(g_2(y) - \frac{g_2(h)}{g_1(h)} g_1(y)\right) - (W_0 - W_h)\frac{g_1(y)}{g_1(h)} + W_0 \tag{5-52}$$

根据流量连续条件，磁流体连续性方程为：

$$\frac{\partial \rho_f}{\partial t} + \frac{\partial(\rho_f u)}{\partial x} + \frac{\partial(\rho_f w)}{\partial z} = 0 \tag{5-53}$$

沿膜厚方向积分，得到：

$$\frac{\partial m_x}{\partial x} + \frac{\partial m_z}{\partial z} + \frac{\partial(\rho_f h)}{\partial t} = 0 \tag{5-54}$$

式中，m_x，m_z 分别为 x，z 方向的流体质量。

$$m_x = \int_0^h \rho_f u \mathrm{d}y = \frac{\partial p}{\partial x} g_3(h) - \mu_0 M \frac{\partial H}{\partial x} g_3(h) - (U_0 - U_h) g_4(h) + \rho_f U_0 h \tag{5-55}$$

$$m_z = \int_0^h \rho_f w \mathrm{d}y = \frac{\partial p}{\partial z} g_3(h) - \mu_0 M \frac{\partial H}{\partial z} g_3(h) - (W_0 - W_h) g_4(h) + \rho_f W_0 h \tag{5-56}$$

其中，$g_3(y) = \int_0^y \rho_f \left(g_2(y') - \frac{g_2(h)}{g_1(h)} g_1(y') \right) \mathrm{d}y'$，$g_4(y) = \frac{1}{g_1(h)} \int_0^y \rho_f g_1(y') \mathrm{d}y'$。

联立上述方程，磁流体润滑油膜轴承的雷诺方程：

$$\begin{aligned} &\frac{\partial}{\partial x}\left(g_3(h) \frac{\partial p}{\partial x} \right) + \frac{\partial}{\partial z}\left(g_3(h) \frac{\partial p}{\partial z} \right) \\ &= \frac{\partial}{\partial x}[(U_0 - U_h) g_4(h)] + \frac{\partial}{\partial z}[(W_0 - W_h) g_4(h)] - \frac{\partial(\rho_f U_0 h)}{\partial x} - \frac{\partial(\rho_f W_0 h)}{\partial z} + \\ &\frac{\partial}{\partial x}\left(\mu_0 M \frac{\partial H}{\partial x} g_3(h) \right) + \frac{\partial}{\partial z}\left(\mu_0 M \frac{\partial H}{\partial z} g_3(h) \right) - \frac{\partial(\rho_f h)}{\partial t} \end{aligned} \tag{5-57}$$

对于油膜轴承实际运转过程中，其速度边界条件为：

$$\begin{cases} u|_{y=0} = 0; v|_{y=0} = V_0; w|_{y=0} = 0 \\ u|_{y=h} = U_h; v|_{y=h} = V_h; w|_{y=h} = 0 \end{cases} \tag{5-58}$$

外磁场作用下铁磁流体的黏度可以采用增量形式表示：$\eta_H = \eta_0 + \Delta\eta$。由假设条件可知 $\frac{\partial \eta_H}{\partial y} = 0$，故 $g_1(y) = \frac{y}{\eta_H}$，$g_2(y) = \frac{y^2}{2\eta_H}$，$g_3(y) = \rho_f \left(\frac{y^3}{6\eta_H} - \frac{hy^2}{4\eta_H} \right)$，$g_4(y) = \frac{\rho_f y^2}{2h}$。

因此，雷诺方程可简化为：

$$\frac{\partial}{\partial x}\left(\frac{h^3}{\eta_H} \frac{\partial p}{\partial x} \right) + \frac{\partial}{\partial z}\left(\frac{h^3}{\eta_H} \frac{\partial p}{\partial z} \right) = 6U_h \frac{\partial h}{\partial x} + \mu_0 M_s \frac{\partial}{\partial x}\left(\frac{h^3}{\eta_H} \frac{\partial H}{\partial x} \right) + \mu_0 M_s \frac{\partial}{\partial z}\left(\frac{h^3}{\eta_H} \frac{\partial H}{\partial z} \right) \tag{5-59}$$

以上雷诺方程给出了承载区内油膜厚度、油膜压力、润滑油黏度、磁场强度等参数之间的相互关系，是一个非齐次椭圆型偏微分方程，对其直接计算难以得到解析解，通常采用数值计算方法进行求解。

油膜轴承承载区边界区域的压力由边界条件确定。油膜入口处的边界条件由供油情况决定，为了保证润滑油顺利到达轴承内部，要求入口油压为 0.08 ~ 0.12MPa，入口油温为 (40 ±2)℃；对于油膜出口处边界，由于油膜破裂区的存在，雷诺边界条件认为在最小油膜厚度过后的某一发散间隙处油膜发生破裂，该处压力为零，同时保证了流量的连续性，在该点压力梯度也应为零。对于部分轴承，油膜起始处满足几何边界，终止处满足 $p=\partial p/\partial\alpha=0$。

油膜轴承润滑采用雷诺边界条件，其中常用的是 Gauss-Seidel 方法，将破裂边界及负压力区压力置零。具体的边界条件为：

轴承入油口边界：$p=p_0$；轴承油膜破裂处：$\partial p/\partial x=0$；

轴承轴向对称面：$\partial p/\partial z=0$；轴承两端面：$p=0$。

5.1.3 膜厚方程

油膜厚度是油膜轴承润滑性能的重要参数，通常指轧辊与衬套之间的楔形间隙。为了避免轧辊与轴承两摩擦副之间发生摩擦磨损，必须保证油膜轴承的膜厚比不小于3~4，有利于保证轴承承载和使用寿命。油膜厚度主要涉及轴承几何间隙、弹性变形及巴氏合金的蠕变变形。

5.1.3.1 几何间隙

求解雷诺方程时，需事先确定雷诺方程中的油膜厚度。不同润滑理论中关于油膜厚度的计算有所区别，对于刚性轴承，轧辊和衬套均为刚体，膜厚是两者构成的几何间隙；对于弹性润滑，不能忽视弹性变形对轴承润滑的影响。

如图5-3所示，假设轧辊和轴承衬套的半径分别为 r、R，衬套上任取一点 P，则偏心距线段，$\overline{O_1O_2}=e$、$\overline{O_1P}=R$、$\overline{O_2P}=r+h$。在 ΔO_1O_2P 中，由余弦定理得到：

$$(r+h)^2=R^2+e^2-2eR\cos(\pi-\alpha) \tag{5-60}$$

对式（5-60）进一步简化为：

$$(r+h)^2=(R+e\cos\alpha)^2+e^2\sin^2\alpha \tag{5-61}$$

式（5-61）为油膜厚度的一元二次方程，由于 $e^2\sin^2\alpha$ 非常小，可以忽略不计，则油膜厚度方程为：

$$h\approx(R-r)+e\cos\alpha=(R-r)\left(1+\frac{e}{R-r}\cos\alpha\right)=c(1+\varepsilon\cos\alpha) \tag{5-62}$$

式中，c 为半径间隙；ε 为相对偏心率，$\varepsilon=\dfrac{e}{R-r}=\dfrac{e}{c}$。

如果 α 从最小油膜厚度处算起时，油膜厚度可以表示为：

$$h\approx c(1-\varepsilon\cos\alpha) \tag{5-63}$$

5.1.3.2 弹性变形[29]

低速重载工况下，承载区的油膜压力作用于轧辊和衬套表面将产生一定的弹性变形。随着载荷的增加，弹性变形与轴承几何间隙为同一量级，不容忽视弹性变形对轴承润滑性能的影响，同时需要考虑温度产生的热变形，则油膜厚度为：

$$h=h_g+h_e+h_T \tag{5-64}$$

式中，h_g 为轴承几何间隙，$h_g = c(1+\varepsilon\cos\alpha)$，其中 $\alpha = 2\pi/3 + \Delta\alpha \cdot i - \theta$（$i$ 为周向节点编号，$i=1, 2, \cdots, m+1$），θ 为初始偏位角 $\theta = 1.2494 - 1.0453\varepsilon$；$h_e$ 为弹性变形，其中包括轴和轴承的压陷变形和弯曲变形；h_T 为热变形。

根据 Hertz 接触理论计算不同摩擦接触副的弹性变形和应力场。由于油膜轴承为两个圆柱体构成的摩擦副，可以视为线接触。线接触的弹性变形公式为：

$$he_i = \frac{x^2}{2R} - \frac{2}{\pi E'}\int_{s_0}^{s_1} p(s)\ln(s-x)^2 ds + c \tag{5-65}$$

式中，R 为等效半径，$R = \dfrac{R_1 R_2}{R_1 - R_2}$；$E'$ 为等效弹性模量，$\dfrac{1}{E'} = \dfrac{1}{2}\left(\dfrac{1-\mu_1^2}{E_1} + \dfrac{1-\mu_2^2}{E_2}\right)$。

在承载区范围内，不同区域的油膜压力相差较大，同一轴向的油膜压力也不尽相同。按照传统线接触的计算公式计算弹性变形，与轴承实际运转过程中产生的弹性变形相比，误差较大。因此，数值计算时，式（5-65）中的油膜压力可以采用各网格区域内的平均油膜压力代替，即：

$$he_{i,j} = \frac{x^2}{2R} - \frac{2}{\pi E}\int_{s_0}^{s_1} p(x,y)\ln(s-x)^2 ds + c \tag{5-66}$$

同时，考虑温度产生的影响，轧辊和衬套均产生热变形，热变形可表示为：

$$h_T = h_{JT}(x,\Delta T) + h_{BT}(x,\Delta T) \tag{5-67}$$

考虑轧辊轴径各节点温度相对均匀，其热变形采用与材料线膨胀系数相关的表达式：

$$h_{JT}(x,\Delta T) = \hat{\alpha}_J \Delta T h_g \tag{5-68}$$

5.1.3.3 巴氏合金蠕变变形[30]

蠕变是指固体材料在保持应力不变的条件下，应变随时间延长而增加的现象。材料蠕变变形常用的计算模型主要有：陈化理论模型、应变硬化理论模型和 θ 函数法模型。每种模型均有各自优点和局限性。根据蠕变变形的定义，得到蠕变应变 ε_c 的表达式为：

$$\varepsilon_c = F(\sigma)F(T)F(t) \tag{5-69}$$

式中，$F(\sigma)$，$F(T)$，$F(t)$ 分别为各参数对蠕变应变的影响函数。

蠕变变形为：

$$h_c = \delta_B \varepsilon_c \tag{5-70}$$

式中，h_c 为油膜轴承巴氏合金层厚度。

因此，油膜厚度的方程为：

$$h = c(1+\varepsilon\cos\alpha) + h_e + h_T + h_c \tag{5-71}$$

5.1.4 黏度方程

温度和压力是影响润滑油黏度的重要因素。当同时考虑两者对黏度的影响时，常用的表达式为 Roelands 黏度方程：

$$\eta_c(P,T)=\eta_{c0}\exp\left\{(\ln\eta_0+9.67)\left[(1+5.1\times10^{-9}P)^Z\left(\frac{T-138}{T_0-138}\right)^{-S_0}-1\right]\right\} \tag{5-72}$$

磁流体中的磁性微粒受外加磁场作用被磁化，基载液的涡旋矢量产生黏性力矩驱动微粒旋转，被磁化微粒之间的磁力矩使其有序排列，增大了基载液与磁性微粒之间的旋转速度差，使得固液两相之间的摩擦阻力增加，宏观上表现为磁流体黏度增大。采用增量形式描述磁场对磁流体黏度的影响，外加磁场作用时磁流体黏度 η_H 为：

$$\eta_H(T,P,H)=\eta_{f0}+k_1\Delta\eta(H) \tag{5-73}$$

根据 Shliomis 转动黏度理论，管流涡旋矢量 ω 与管流流速 v 在方向上符合右手定则，且磁场强度 H 对磁流体黏度的影响与管流涡旋矢量和外加磁场强度的夹角 β 有关。当外加磁场作用时，磁流体黏度增量 $\Delta\eta$ 与基载液黏度 η_c 的关系为：

$$\frac{\Delta\eta}{\eta_c}=\frac{3}{2}\phi\frac{0.5\alpha L(\alpha)}{1+0.5\alpha L(\alpha)}\sin^2\beta \tag{5-74}$$

结合 Langevin 方程：

$$M=\phi M_\rho L(\alpha),\alpha=\frac{\pi d_p^3\mu_0 HM_p}{6k_0T},L(\alpha)=\coth\alpha-\frac{1}{\alpha} \tag{5-75}$$

当磁场强度 H 的方向与基载液涡旋矢量 ω 垂直，即 $\beta=90°$时：

$$\frac{\Delta\eta}{\eta_c}=\frac{3}{2}\frac{1}{\frac{1}{\phi}+\frac{3k_0T}{2\pi r_p^3\mu_0 HM}} \tag{5-76}$$

无磁场作用时，磁流体黏度 η_{f0} 与基载液黏度 η_c 的关系用 Rosensweig 修正的 Einstein 公式表示：

$$\frac{\eta_{f0}}{\eta_c}=\frac{1}{1-2.5\phi+1.55\phi^2} \tag{5-77}$$

当磁性微粒浓度小于 2% 时，磁流体相对黏度与微粒体积分数线性相关，表现为牛顿特性；当磁性微粒浓度大于 2% 时，表现非牛顿性。在实用范围内，铁磁流体中磁性微粒的体积分数比 1 小得多，考虑表面活性剂膜厚的影响，得到团聚体空间分布的 Einstein 黏度修正式为：

$$\eta_{f0}/\eta_c=1+2.5(1+\delta/r_p)^3\phi-1.55(1+\delta/r_p)^6\phi^2 \tag{5-78}$$

联立式（5-72）、式（5-73）、式（5-76）和式（5-77），得到外加磁场作用时磁流体黏度受温度、压力和磁场影响的方程：

$$\eta_H(T,P,H)=\eta_{c0}\exp\left\{(\ln\eta_0+9.67)\left[(1+5.1\times10^{-9}P)^Z\left(\frac{T-138}{T_0-138}\right)^{-S_0}-1\right]\right\}\cdot$$

$$\left[1+2.5\left(1+\frac{\delta}{r_p}\right)^3\phi-1.55\left(1+\frac{\delta}{r_p}\right)^6\phi^2+\frac{1.5k_1}{\frac{1}{\phi}+\frac{3k_0T}{2\pi r_p^3\mu_0(\mu_r-1)H^2}}\right] \quad (5\text{-}79)$$

式中，k_1 为比例系数，通过实验获取。

此外，参考文献对实验数据拟合[1]，获得了磁流体黏度随磁场强度变化与无磁场作用时黏度的比值关系。

对于水基铁磁流体：

$$\frac{\Delta\eta}{\eta_{f0}}=0.01218\left(\frac{\mu_0 mH}{k_0T}\right)^{-0.02655}\left(\frac{\eta_c\gamma}{\mu_0M_sH}\right)^{-0.6305} \quad (5\text{-}80)$$

双脂基铁磁流体：

$$\frac{\Delta\eta}{\eta_{f0}}=0.08247\left(\frac{\mu_0 mH}{k_0T}\right)^{0.2099}\left(\frac{\eta_c\gamma}{\mu_0M_sH}\right)^{-0.1153} \quad (5\text{-}81)$$

式中，η_{f0}为无磁场作用时铁磁流体的黏性系数；m 为单个磁性颗粒的磁矩，$m=\frac{4}{3}\pi r_p^3M_s$；$M_s$ 为饱和磁化强度；k_0 为玻耳兹曼参数；γ 为剪切率；H 为外磁场强度。

5.1.5 能量方程[31]

对于磁流体润滑油膜轴承，基载液与磁性微粒间的黏性阻力以及基载液间的黏性阻力，造成了油膜温度的升高。由热力学第一定律，推导出能量守恒方程式为：

$$\rho\frac{\mathrm{d}e}{\mathrm{d}t}=\nabla\cdot(K\nabla T)-p\nabla\cdot\boldsymbol{V}+\Phi \quad (5\text{-}82)$$

其中，方程左边$\rho\frac{\mathrm{d}e}{\mathrm{d}t}$为单位体积流体中的内能项；右边第一项$\nabla\cdot(K\nabla T)$为传导项，即加入到单位体积流体内的热流量；右边第二项$p\nabla\cdot V$为流体的流动功项，是一种可逆功；右边最后一项Φ为机械功耗散，是一种不可逆功。

磁流体两相混合物中各种能量和功的具体表现形式有：

（1）单位体积中的内能。除热能以外，还有磁能：

$$\left(c_v+B_0\frac{\partial M}{\partial T}\right)\frac{\mathrm{d}T}{\mathrm{d}t}+\mu_0\left(T\frac{\partial M}{\partial T}+H\frac{\partial M}{\partial H}\right)\frac{\mathrm{d}H}{\mathrm{d}t} \quad (5\text{-}83)$$

（2）通过热传导流入到单位体积铁磁流体中的热量：

$$\nabla\cdot(K\nabla T) \quad (5\text{-}84)$$

式中，K 为铁磁流体热传导系数，缺乏实验数据时，由 $K=(1-\phi)K_c+\phi K_p$ 计算获得。

（3）单位体积铁磁流体的可逆功，除了与普通流体相同的流动功之外，还包括磁场对铁磁流体所作的功。所以其可逆功为：

$$-p\,\nabla\cdot\boldsymbol{V}+B_0\left(\frac{\partial M}{\partial T}\frac{\mathrm{d}T}{\mathrm{d}t}+\frac{\partial M}{\partial H}\frac{\mathrm{d}H}{\mathrm{d}t}\right) \tag{5-85}$$

（4）不可逆的机械功耗散 Φ：

$$\Phi=\left[\eta_H\left(\frac{\partial u_i}{\partial x_j}+\frac{\partial u_j}{\partial x_i}\right)-\frac{2}{3}\eta_H\,\nabla\cdot V\delta_{ij}\right]\frac{\partial u_i}{\partial x_j} \tag{5-86}$$

将式（5-83）~式（5-86）代入式（5-82）中，得到磁流体两相混合物的能量方程：

$$\left(c_{\mathrm{v}}+B_0\frac{\partial M}{\partial T}\right)\frac{\mathrm{d}T}{\mathrm{d}t}+\mu_0\left(T\frac{\partial M}{\partial T}+H\frac{\partial M}{\partial H}\right)\frac{\mathrm{d}H}{\mathrm{d}t}$$
$$=\nabla\cdot(K\,\nabla T)-p\,\nabla\cdot\boldsymbol{V}+B_0\left(\frac{\partial M}{\partial T}\frac{\mathrm{d}T}{\mathrm{d}t}+\frac{\partial M}{\partial H}\frac{\mathrm{d}H}{\mathrm{d}t}\right)+\Phi \tag{5-87}$$

磁流体的能量方程简化为：

$$\rho_{\mathrm{f}}c_{\mathrm{v}}\frac{\mathrm{d}T}{\mathrm{d}t}+\mu_0T\frac{\partial M}{\partial t}\frac{\mathrm{d}H}{\mathrm{d}t}=\nabla\cdot(K\,\nabla T)-P\,\nabla\cdot\boldsymbol{V}+\Phi \tag{5-88}$$

以定压比热容替代定容比热容，不考虑体积力和热辐射的影响，磁流体流动时的能量方程转化为一般形式：

$$\rho_{\mathrm{f}}c_{\mathrm{v}}\frac{\mathrm{d}T}{\mathrm{d}t}+\mu_0T\frac{\partial M}{\partial t}\frac{\mathrm{d}H}{\mathrm{d}t}=\nabla\cdot(K\,\nabla T)-\frac{T}{\rho}\left(\frac{\partial\rho}{\partial T}\right)_V\frac{\mathrm{d}p}{\mathrm{d}t}+\Phi \tag{5-89}$$

对于磁流体润滑油膜轴承时，采用如下假设对能量方程进行简化。

（1）润滑油膜处于热稳定状态时，各物理量不随时间而变化，即：

$$\frac{\mathrm{d}}{\mathrm{d}t}=u\frac{\partial}{\partial x}+v\frac{\partial}{\partial y}+w\frac{\partial}{\partial z} \tag{5-90}$$

（2）磁流体润滑剂的比热容 c_v 和热传导系数 K 为常数，能量方程可以表示为：

$$\rho_{\mathrm{f}}c_{\mathrm{v}}\left(u\frac{\partial T}{\partial x}+v\frac{\partial T}{\partial y}+w\frac{\partial T}{\partial z}\right)+\mu_0T\frac{\partial M}{\partial t}\frac{\mathrm{d}H}{\mathrm{d}t}$$
$$=K\left(\frac{\partial^2T}{\partial x^2}+\frac{\partial^2T}{\partial y^2}+\frac{\partial^2T}{\partial z^2}\right)-\frac{T}{\rho_{\mathrm{f}}}\left(\frac{\partial\rho_{\mathrm{f}}}{\partial T}\right)_V\left(\frac{\partial p}{\partial x}+\frac{\partial p}{\partial y}+\frac{\partial p}{\partial z}\right)+\Phi \tag{5-91}$$

（3）油膜膜厚的尺度远小于沿其他两方向的尺度，除了速度梯度 $\frac{\partial u}{\partial y}$ 和 $\frac{\partial v}{\partial y}$ 以外，其他速度梯度均可以忽略不计，于是耗散系数可以简化为：

$$\Phi=\eta_H\left[\left(\frac{\partial u}{\partial y}\right)^2+\left(\frac{\partial w}{\partial y}\right)^2\right] \tag{5-92}$$

能量方程进一步简化为：

$$\rho_{\mathrm{f}}c_{\mathrm{v}}\left(u\frac{\partial T}{\partial x}+w\frac{\partial T}{\partial z}\right)+\mu_0T\frac{\partial M}{\partial t}\frac{\mathrm{d}H}{\mathrm{d}t}=K\frac{\partial^2T}{\partial y^2}-\frac{T}{\rho_{\mathrm{f}}}\left(\frac{\partial\rho_{\mathrm{f}}}{\partial T}\right)_V\left(u\frac{\partial p}{\partial x}+w\frac{\partial p}{\partial z}\right)+\eta_H\left[\left(\frac{\partial u}{\partial y}\right)^2+\left(\frac{\partial w}{\partial y}\right)^2\right] \tag{5-93}$$

5.1.6 固体热传导方程[32]

计算润滑油膜的能量方程时，需要根据固体的热传导情况来确定润滑油膜与固体相接触的界面边界条件。由传热学可知，轴承的瞬态温度控制方程即三维 Laplace 方程：

$$\frac{c_B\rho_B}{k_B}\frac{\partial T}{\partial t}=\frac{\partial^2 T}{\partial x^2}+\frac{\partial^2 T}{\partial y^2}+\frac{\partial^2 T}{\partial z^2} \tag{5-94}$$

式中，c_B 为轴承的比热容；ρ_B 为轴承的密度；k_B 为轴承的热传导系数。

将直角坐标系下的式（5-94）转化为圆柱坐标系下的形式：

$$\frac{c_B\rho_B}{k_B}\frac{\partial T}{\partial t}=\frac{\partial^2 T}{\partial r_B^2}+\frac{1}{r_B}\frac{\partial T}{\partial r_B}+\frac{1}{r_B^2}\frac{\partial^2 T}{\partial \theta^2}+\frac{\partial^2 T}{\partial y^2} \tag{5-95}$$

进一步简化上述方程，获得稳态温度控制方程：

$$\frac{\partial^2 T}{\partial r_B^2}+\frac{1}{r_B}\frac{\partial T}{\partial r_B}+\frac{1}{r_B^2}\frac{\partial^2 T}{\partial \theta^2}+\frac{\partial^2 T}{\partial y^2}=0 \tag{5-96}$$

5.1.7 界面热流连续方程

磁流体内磁性微粒与基载液内摩擦和磁流体与轴承界面摩擦产生的热量，通过流动的润滑油和界面热传递带走热量，温度场主要受润滑油膜温度场和轴瓦温度场的影响。

（1）油膜温度场的边界条件为：

$$\begin{cases}T(\theta_{inlet},y,h)=T_{inlet}\\ T(\theta,y,0)=T_R\end{cases} \tag{5-97}$$

式中，T_{inlet}为轴承入口区润滑油的温度；T_R 为轧辊轴径表面温度。

对于流入油膜轴承的润滑油量 Q_{inlet}，主要来自供油孔 Q_{out}和轴承旋转代入的热油 Q_s。当轴颈处于稳定运转状态时，其表面温度将不会发生明显变化。从相关计算结果发现：由于膜厚方向的油膜温度剧烈变化，相对来讲，轴颈温度对轴瓦温度场的影响很小。因此，轴颈表面温度 T_R 可以认为是不低于环境温度的常数。

根据热平衡原理，有：

$$\begin{cases}Q_{inlet}T_{inlet}=Q_{out}T_{out}+Q_sT_s\\ Q_{inlet}=Q_{out}+Q_s\end{cases} \tag{5-98}$$

得出：

$$T_{inlet}=(Q_{out}T_{out}+Q_sT_s)/(Q_{out}+Q_s) \tag{5-99}$$

式中，T_{out}为轴旋转带到入油口处的平均温度；T_s 为外界供油的油温。

（2）轴瓦与油膜界面的温度边界条件为：

$$k_B \frac{\partial T}{\partial r_B} = k \frac{\partial T}{\partial r} \tag{5-100}$$

式中，$\partial T/\partial r_B$ 为轴瓦内的温度梯度；$\partial T/\partial r$ 为油膜内的温度梯度。式（5-100）表示流体与轴瓦界面上的热流连续性。

（3）轴瓦温度场在非工作表面的边界条件为：

$$-k_B \left[\frac{\partial T}{\partial n} \right]_{non} = k_c (T_{non} - T_0) \tag{5-101}$$

式（5-101）表示轴瓦的非工作表面与外界的热交换。其中，T_0 为外界环境温度，也指供油温度。k_c 为表面对流换热系数，与轴瓦的冷却方式有关。下标 *non* 表示轴承非工作表面，对于所研究的轴承共有五个非工作表面。变量 n 代表非工作表面处法线方向，所以有：

$$\begin{cases} \theta = \theta_{inlet} : k_B \dfrac{1}{r_B} \left[\dfrac{\partial T}{\partial \theta} \right]_{non} = h_c (T_{non} - T_0) \\ \theta = \theta_{out} : -k_B \dfrac{1}{r_B} \left[\dfrac{\partial T}{\partial \theta} \right]_{non} = h_c (T_{non} - T_0) \\ y = -\dfrac{B}{2} : k_B \dfrac{1}{r_B} \left[\dfrac{\partial T}{\partial y} \right]_{non} = h_c (T_{non} - T_0) \\ y = \dfrac{B}{2} : -k_B \dfrac{1}{r_B} \left[\dfrac{\partial T}{\partial y} \right]_{non} = h_c (T_{non} - T_0) \\ r = R_B : -k_B \dfrac{1}{r_B} \left[\dfrac{\partial T}{\partial y} \right]_{non} = h_c (T_{non} - T_0) \end{cases} \tag{5-102}$$

5.1.8 其他润滑性能参数计算

5.1.8.1 承载能力计算

轧机油膜轴承依靠润滑油膜承受作用于轧辊上的轧制力，尤其是低速重载油膜轴承，其性能参数主要是承载能力。根据润滑油膜承载区的压力分布，对轴承承载区表面进行油膜压力积分，即可获得油膜承载能力。

图 5-4 给出了基于雷诺边界条件计算所得的轴承承载区油膜压力分布。通过积分计算得到轴承压力，进一步得到轴承的承载力。

$$\begin{cases} W_x = -\displaystyle\int_0^L \int_{\alpha_a}^{\alpha_b} p \sin(\alpha + \alpha_0) R \mathrm{d}\alpha \mathrm{d}z \\ W_y = -\displaystyle\int_0^L \int_{\alpha_a}^{\alpha_b} p \cos(\alpha + \alpha_0) R \mathrm{d}\alpha \mathrm{d}z \end{cases} \tag{5-103}$$

式中，α_a、α_b 分别表示油膜承载区的初始边界和破裂边界的角位置。

轴承的承载力为：

$$W = \sqrt{W_x^2 + W_y^2} \tag{5-104}$$

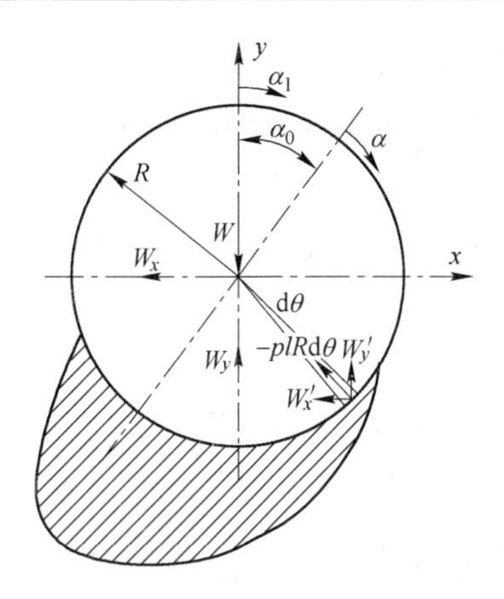

图 5-4 承载力分析

理想情况下竖直方向的合力将与轧制力平衡，而且 $W_x=0$，则轴承承载力可简化为 $W=W_y$，因此理想情况下应满足：

$$\arctan(W_x/W_y)=0$$

但在实用范围内，只要满足下式条件，即可认为偏位角已经足够精确。

$$\mathrm{d}\theta_0^{(n)}=\arctan\frac{W_x^{(n)}}{W_y^{(n)}} \tag{5-105}$$

当 $\mathrm{d}\theta_0^{(n)}=0$，自然满足条件。采用 Newton-Raphson 迭代法求解 $\mathrm{d}\theta_0^{(n)}=0$，即：

$$\theta_0^{(n+1)}=\theta_0^{(n)}-\frac{\mathrm{d}\theta_0^{(n)}}{(\mathrm{d}\theta_0^{(n)}-\mathrm{d}\theta_0^{(n-1)})/(\theta_0^{(n)}-\theta_0^{(n-1)})} \tag{5-106}$$

如果满足：

$$|\mathrm{d}\theta_0^{(n)}|=\left|\arctan\frac{W_x^{(n)}}{W_y^{(n)}}\right|=0.5\times10^{-3} \tag{5-107}$$

则所得到的 $\theta_0^{(n)}$ 为实际偏位角。

5.1.8.2 润滑油流速及速度梯度

根据对动量方程进行积分，得到润滑油的周向和轴向的流速分别为：

$$\begin{cases} u=\dfrac{\partial p}{\partial x}\left(g_2(y)-\dfrac{g_2(h)}{g_1(h)}g_1(y)\right)-\mu_0M_s\dfrac{\partial H}{\partial x}\left(g_2(y)-\dfrac{g_2(h)}{g_1(h)}g_1(y)\right)- \\ \qquad (U_0-U_h)\dfrac{g_1(y)}{g_1(h)}+U_0 \\ w=\dfrac{\partial p}{\partial z}\left(g_2(y)-\dfrac{g_2(h)}{g_1(h)}g_1(y)\right)-\mu_0M_s\dfrac{\partial H}{\partial z}\left(g_2(y)-\dfrac{g_2(h)}{g_1(h)}g_1(y)\right)- \\ \qquad (W_0-W_h)\dfrac{g_1(y)}{g_1(h)}+W_0 \end{cases} \tag{5-108}$$

油膜轴承实际运转时，流速的边界条件为：

$$\begin{cases} u\big|_{y=0}=0;w\big|_{y=0}=0 \\ u\big|_{y=h}=U_h;w\big|_{y=h}=0 \end{cases}$$

由于油膜厚度属于微米级，润滑油黏度在膜厚方向的变化忽略不计，因此 $g_1(y)=y/\eta_H$、$g_2(y)=y^2/(2\eta_H)$。

润滑油流速方程为：

$$\begin{cases} u=\dfrac{1}{2\eta_H}\left(\dfrac{\partial p}{\partial x}-\mu_0 M_s\dfrac{\partial H}{\partial x}\right)(y^2-hy)+\dfrac{U_h y}{h} \\ w=\dfrac{1}{2\eta_H}\left(\dfrac{\partial p}{\partial z}-\mu_0 M_s\dfrac{\partial H}{\partial z}\right)(y^2-hy) \end{cases} \tag{5-109}$$

润滑油流速在膜厚方向的速度梯度远大于轴向和周向的速度梯度，故其速度梯度为：

$$\begin{cases} \dfrac{\partial u}{\partial y}=\dfrac{1}{2\eta_H}\left(\dfrac{\partial p}{\partial x}-\mu_0 M_s\dfrac{\partial H}{\partial x}\right)(2y-h)+\dfrac{U_h}{h} \\ \dfrac{\partial w}{\partial y}=\dfrac{1}{2\eta_H}\left(\dfrac{\partial p}{\partial z}-\mu_0 M_s\dfrac{\partial H}{\partial z}\right)(2y-h) \end{cases} \tag{5-110}$$

5.1.8.3 摩擦力及摩擦系数计算

轴颈表面的摩擦力可由与表面接触的流体层中的剪切力沿整个润滑油膜范围内积分求得，轴颈表面切应力表达式为：

$$\begin{cases} \tau_x=\eta(\dot{\gamma})\dfrac{\partial u}{\partial y} \\ \tau_z=\eta(\dot{\gamma})\dfrac{\partial w}{\partial y} \end{cases} \tag{5-111}$$

式中，$\eta(\dot{\gamma})$ 为表观黏度。

将周向和轴向速度梯度式（5-110）代入式（5-111），得到：

$$\begin{cases} \tau_x=\dfrac{2y-h}{2}\left(\dfrac{\partial p}{\partial x}-\mu_0 M_s\dfrac{\partial H}{\partial x}\right)+\dfrac{U_h\eta_H}{h} \\ \tau_z=\dfrac{2y-h}{2\eta_H}\left(\dfrac{\partial p}{\partial z}-\mu_0 M_s\dfrac{\partial H}{\partial z}\right) \end{cases} \tag{5-112}$$

轧辊轴径表面上：

$$\begin{cases} \tau_x=\dfrac{h}{2}\left(\dfrac{\partial p}{\partial x}-\mu_0 M_s\dfrac{\partial H}{\partial x}\right)+\dfrac{U_h\eta_H}{h} \\ \tau_z=\dfrac{h}{2}\left(\dfrac{\partial p}{\partial z}-\mu_0 M_s\dfrac{\partial H}{\partial z}\right) \end{cases} \tag{5-113}$$

轴承表面上：

$$\begin{cases} \tau_x = -\dfrac{h}{2}\left(\dfrac{\partial p}{\partial x} - \mu_0 M_s \dfrac{\partial H}{\partial x}\right) + \dfrac{U_h \eta_H}{h} \\ \tau_z = -\dfrac{h}{2}\left(\dfrac{\partial p}{\partial z} - \mu_0 M_s \dfrac{\partial H}{\partial z}\right) \end{cases} \tag{5-114}$$

由于 $F_z = \iint \tau_z \mathrm{d}A$ 与轴承表面的位移方向互相垂直，产生大小相等、方向相反的一对力，故可以抵消。通常，轴承摩擦力主要是指轧辊表面的摩擦力，因此，对于轴承表面处摩擦力为：

$$F_x = \iint \tau_x \mathrm{d}A = -\int_0^L \int_{\alpha_a}^{\alpha_b} \left[\frac{h}{2}\left(\frac{\partial \rho}{R\mathrm{d}\alpha} - \mu_0 M_s \frac{\partial H}{R\mathrm{d}\alpha}\right) + \frac{\eta_H U_h}{h}\right] R\mathrm{d}\alpha\mathrm{d}z \tag{5-115}$$

由于油膜破裂时形成细流，细流的宽度随着膜厚的增大而减小，采用当量宽度 L'表示。根据连续性条件可知：$\dfrac{U_h}{2}Lh_b = \dfrac{U_h}{2}L'h$，即 $L' = Lh_b/h$。考虑油膜破裂后的摩擦力为：

$$F_x = -\int_0^L \int_{\alpha_a}^{\alpha_b} \left[\frac{h}{2}\left(\frac{\partial p}{R\partial \alpha} - \mu_0 M_s \frac{\partial H}{R\partial \alpha}\right) + \frac{\eta_H U_h}{h}\right] R\mathrm{d}\alpha\mathrm{d}z + \int_0^L \int_{\alpha_b}^{\frac{2}{3}\pi} \frac{\eta_H U_h h_b}{h^2} R\mathrm{d}\alpha\mathrm{d}z \tag{5-116}$$

从式（5-116）可知，油膜轴承承载区的摩擦力主要由三部分组成：油膜压力、磁场力和油膜破裂后的摩擦力。

5.1.8.4 润滑油流量计算

根据润滑油流速在周向和轴向的分量，对其沿油膜厚度方向进行积分，得到各截面的流量：

$$\begin{cases} q_x = \displaystyle\int_0^h u\mathrm{d}y = \int_0^h \left(\frac{1}{2\eta_H}\left(\frac{\partial p}{\partial x} - \mu_0 M_s \frac{\partial H}{\partial x}\right)(y^2 - hy) + \frac{U_h y}{h}\right)\mathrm{d}y \\ q_z = \displaystyle\int_0^h w\mathrm{d}y = \int_0^h \frac{1}{2\eta_H}\left(\frac{\partial p}{\partial z} - \mu_0 M_s \frac{\partial H}{\partial z}\right)(y^2 - hy)\mathrm{d}y \end{cases} \tag{5-117}$$

对式（5-117）积分后化简得到：

$$\begin{cases} q_x = -\dfrac{h^3}{12\eta_H}\left(\dfrac{\partial p}{\partial x} - \mu_0 M_s \dfrac{\partial H}{\partial x}\right) + \dfrac{U_h h}{2} \\ q_z = -\dfrac{h^3}{12\eta_H}\left(\dfrac{\partial p}{\partial z} - \mu_0 M_s \dfrac{\partial H}{\partial z}\right) \end{cases} \tag{5-118}$$

油膜轴承实际运转过程中，为保持润滑油膜的完整性和稳定性，需要不断对轴承补充润滑油，并对轴承进行冷却。补充的润滑油流量主要由两部分组成：一部分是承载油膜入油口和出油口的流量差；另一部分是由于压力供油时由供油处直接流出的润滑介质的流量。前者是由入油口和出油口之间的油膜压力引起，称为端泄流量；后者是与供油压力相关的轴向流量。油膜轴承的冷却在一定程度上受轴向流量的影响。

轴承入口处，润滑油的入油量为：

$$Q_{\text{inlet}} = -2\int_0^{\frac{L}{2}} \left[\frac{h^3}{12\eta_H}\left(\frac{\partial p}{\partial x} - \mu_0 M_{\text{s}} \frac{\partial H}{\partial x} \right) + \frac{U_h h}{2} \right] \Bigg|_{x = R\alpha_{\text{a}}} \text{d}z \tag{5-119}$$

轴承出口处，润滑油的出油量为：

$$Q_{\text{outlet}} = -2\int_0^{\frac{L}{2}} \left[\frac{h^3}{12\eta_H}\left(\frac{\partial p}{\partial x} - \mu_0 M_{\text{s}} \frac{\partial H}{\partial x} \right) + \frac{U_h h}{2} \right] \Bigg|_{x = R\alpha_{\text{b}}} \text{d}z \tag{5-120}$$

轴承轴向端面上，润滑油的端泄流量为：

$$Q_{\text{leakage}} = 2\int_0^{2\pi R} q_z \text{d}x = -\frac{R}{6}\int_0^{2\pi} \frac{h^3}{\eta_H}\left(\frac{\partial p}{\partial z} - \mu_0 M_{\text{s}} \frac{\partial H}{\partial z} \right) \Bigg|_{z = \frac{L}{2}} \text{d}\alpha \tag{5-121}$$

由于流量连续，三者存在如下关系：

$$Q_{\text{leakage}} = Q_{\text{inlet}} - Q_{\text{outlet}} \tag{5-122}$$

采用解析方法计算铁磁流体润滑油膜轴承的数学模型难以获得精确解，通常采用数值计算方法获得近似解。研究轴承润滑理论时，求解各类偏微分方程时常用有限差分法或有限元法等数值方法，主要步骤是：对数学模型无量纲化，并对偏微分方程进行离散，推导出一组无量纲化的线性代数方程组。

5.2 润滑模型无量纲化

为了分析磁流体润滑油膜轴承的润滑性能，需要对其数学模型进行求解，通过定量分析其润滑性能，更准确地了解轴承的实际运行状态，为以后的工程实际及理论分析提供理论支撑。实际求解过程中很难用解析法直接求得偏微分方程的精确解，通常采用数值求解算法计算偏微分方程的近似解。通过对磁流体润滑数学模型的分析，对数学模型中的雷诺方程、能量方程及固体热传导方程等采用有限差分法进行离散。

有限差分求解的前提是参数无量纲化。对数学模型进行无量纲化的主要目的有：(1) 采用相似性理论对数据推广，以拓宽解的通用性；(2) 减少计算参数，有利于对结果的讨论分析；(3) 改善数值计算过程中的稳定性，避免迭代不收敛。

5.2.1 数学模型的差分格式

有限差分法是对方程离散的一种微分方法，将定解区域（场区）离散化为网格离散节点的集合，并以各离散点上函数的差商来近似该点的偏导数，将待求的偏微分方程定解问题转化为一组相应的差分方程。根据差分方程组解出各离散点处的待求函数值——离散解。

根据差分原理，任意节点 $O(i, j)$ 的一阶和二阶偏导数均由其周围节点的变量值确定。图 5-5 所示为相邻节点间的差分关系示意图。

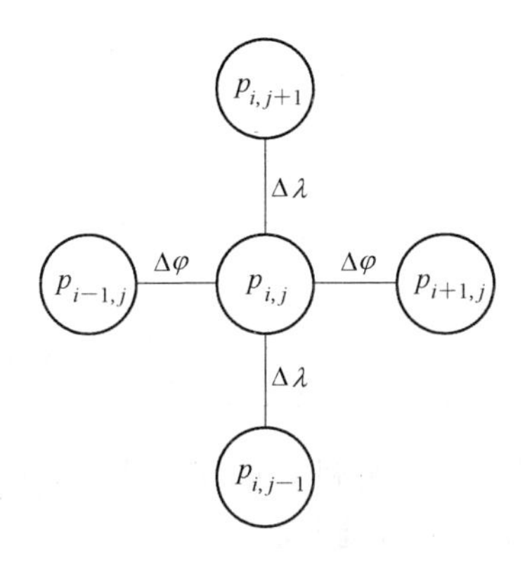

图 5-5 相邻节点间的差分关系示意图

采用中差法对雷诺方程式（5-59）进行离散。

一阶差分为：$\left(\dfrac{\partial \bar{p}}{\partial \varphi}\right)_{i,j}=\dfrac{\bar{p}_{i+1/2,j}-\bar{p}_{i-1/2,j}}{\Delta\varphi}$，$\left(\dfrac{\partial \bar{p}}{\partial \lambda}\right)_{i,j}=\dfrac{\bar{p}_{i,j+1/2}-\bar{p}_{i,j-1/2}}{\Delta\lambda}$

二阶差分为：$\left(\dfrac{\partial \bar{p}^2}{\partial^2 \varphi}\right)_{i,j}=\dfrac{\bar{p}_{i+1,j}+\bar{p}_{i-1,j}-2\bar{p}_{i,j}}{(\Delta\varphi)^2}$，$\left(\dfrac{\partial \bar{p}^2}{\partial^2 \lambda}\right)_{i,j}=\dfrac{\bar{p}_{i+1,j}+\bar{p}_{i-1,j}-2\bar{p}_{i,j}}{(\Delta\lambda)^2}$

5.2.2 雷诺方程无量纲化

各无量纲化参数如下所示：

周向变量 x 的无量纲形式：$\varphi=x/R$，$\alpha_a<\alpha<\alpha_b<2\pi/3$；

轴向变量 z 的无量纲形式：$\lambda=2z/L\ (-1\leqslant\lambda\leqslant1)$；

径向变量 y 的无量纲形式：$\bar{y}=y/c$；

磁流体密度 ρ_f 的无量纲形式：$\bar{\rho}_f=\rho_f/\rho_{f0}$；

油膜厚度 h 的无量纲形式：$\bar{h}=h/c$；

磁流体黏度 $\bar{\eta}_H$ 的无量纲形式：$\bar{\eta}_H=\eta_H/\eta_{H0}$；

磁场强度 H 的无量纲形式：$\bar{H}=H/H_0$；

油膜压力 p 的无量纲形式：$\bar{p}=p/p_0$，$p_0=6\eta_{H0}\omega/\psi^2=6\eta_{H0}\omega/(c/R)^2$；

速度的无量纲形式：$\bar{u}=u/u_0$，$\bar{w}=w/w_0$；

温度的无量纲形式：$\bar{T}=T/T_0$。

5.2.2.1 雷诺方程无量纲化

磁流体润滑油膜轴承的二维雷诺方程：

$$\frac{\partial}{\partial x}\left(\frac{\rho_{\mathrm{f}}h^3}{\eta_H}\frac{\partial p}{\partial x}\right)+\frac{\partial}{\partial z}\left(\frac{\rho_{\mathrm{f}}h^3}{\eta_H}\frac{\partial p}{\partial z}\right)=6U_h\frac{\partial(\rho_{\mathrm{f}}h)}{\partial x}+\mu_0M_{\mathrm{s}}\frac{\partial}{\partial x}\left(\frac{\rho_{\mathrm{f}}h^3}{\eta_H}\frac{\partial H}{\partial x}\right)+\mu_0M_{\mathrm{s}}\frac{\partial}{\partial z}\left(\frac{\rho_{\mathrm{f}}h^3}{\eta_H}\frac{\partial H}{\partial z}\right) \tag{5-123}$$

将上述各参数无量纲化的表达式代入雷诺方程，对其无量纲化，得到无量纲方程为：

$$\frac{\partial}{\partial\varphi}\left(\frac{\bar{\rho}_{\mathrm{f}}\bar{h}^3}{\bar{\eta}_H}\frac{\partial\bar{p}}{\partial\varphi}\right)+\left(\frac{D}{L}\right)^2\frac{\partial}{\partial\lambda}\left(\frac{\bar{\rho}_{\mathrm{f}}\bar{h}^3}{\bar{\eta}_H}\frac{\partial\bar{p}}{\partial\lambda}\right)=\frac{\partial(\bar{\rho}_{\mathrm{f}}\bar{h})}{\partial\varphi}+k_{\mathrm{s}}\frac{\partial}{\partial\varphi}\left(\frac{\bar{\rho}_{\mathrm{f}}\bar{h}^3}{\bar{\eta}_H}\frac{\partial\bar{H}}{\partial\varphi}\right)+k_{\mathrm{s}}\left(\frac{D}{L}\right)^2\frac{\partial}{\partial\lambda}\left(\frac{\bar{\rho}_{\mathrm{f}}\bar{h}^3}{\bar{\eta}_H}\frac{\partial\bar{H}}{\partial\lambda}\right) \tag{5-124}$$

式中，k_{s} 为磁彻体力系数（铁磁效应参数），$k_{\mathrm{s}}=\dfrac{\mu_0M_{\mathrm{s}}H_0}{6\eta_{H0}\omega}\psi^2$，它从根本上反映了铁磁效应（分子）与磁滞效应（分母）的相对大小。k_{s} 值大，意味着铁磁效应占主导地位；反之，黏滞效应占主导地位。

5.2.2.2　边界条件的确定

磁流体润滑油膜轴承的边界条件为：

入油口处：$\alpha=\alpha_{\mathrm{a}}$；$p=0$；油膜破裂处：$\alpha=\alpha_{\mathrm{b}}$；$\partial\bar{p}/\partial\varphi=0$。

轴向边界条件：$z=0$：$\partial\bar{p}/\partial\lambda=0$，$z=\pm L/2$：$p=0$。

则无量纲形式为：$\bar{p}|_{\varphi=\varphi_{\mathrm{a}}}=0$；$\bar{p}|_{\varphi=\varphi_{\mathrm{b}}}=\partial\bar{p}/\partial\varphi=0$；$\bar{p}|_{\lambda=\pm1}=0$；$\bar{p}|_{\lambda=0}=\partial\bar{p}/\partial\lambda=0$。

5.2.2.3　雷诺方程离散化

有限差分法计算雷诺方程的坐标系如图5-6所示。

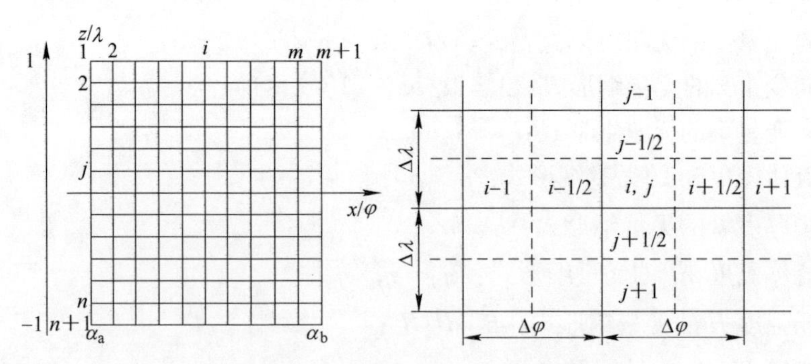

图5-6　有限差分法计算雷诺方程的坐标系

无量纲化的雷诺方程为：

$$\frac{\partial}{\partial\varphi}\left(\frac{\bar{\rho}_{\mathrm{f}}\bar{h}^3}{\bar{\eta}_H}\frac{\partial\bar{p}}{\partial\varphi}\right)+\left(\frac{D}{L}\right)^2\frac{\partial}{\partial\lambda}\left(\frac{\bar{\rho}_{\mathrm{f}}\bar{h}^3}{\bar{\eta}_H}\frac{\partial\bar{p}}{\partial\lambda}\right)=\frac{\partial\bar{\rho}_{\mathrm{f}}\bar{h}}{\partial\varphi}+k_{\mathrm{s}}\frac{\partial}{\partial\varphi}\left(\frac{\bar{\rho}_{\mathrm{f}}\bar{h}^3}{\bar{\eta}_H}\frac{\partial\bar{H}}{\partial\varphi}\right)+k_{\mathrm{s}}\left(\frac{D}{L}\right)^2\frac{\partial}{\partial\lambda}\left(\frac{\bar{\rho}_{\mathrm{f}}\bar{h}^3}{\bar{\eta}_H}\frac{\partial\bar{H}}{\partial\lambda}\right) \tag{5-125}$$

采用中差商法对式（5-125）进行化简，则方程中每一项可表示为：

$$\frac{\partial}{\partial\varphi}\left(\frac{\bar{\rho}_{\mathrm{f}}\bar{h}^3}{\bar{\eta}_H}\frac{\partial\bar{p}}{\partial\varphi}\right)=\frac{\left(\frac{\bar{\rho}_{\mathrm{f}}\bar{h}^3}{\bar{\eta}_H}\right)\Big|_{i+1/2,j}(\bar{p}_{i+1,j}-\bar{p}_{i,j})-\left(\frac{\bar{\rho}_{\mathrm{f}}\bar{h}^3}{\bar{\eta}_H}\right)\Big|_{i-1/2,j}(\bar{p}_{i,j}-\bar{p}_{i-1,j})}{(\Delta\varphi)^2}$$

$$\frac{\partial}{\partial\lambda}\left(\frac{\bar{\rho}_{\mathrm{f}}\bar{h}^3}{\bar{\eta}_H}\frac{\partial\bar{p}}{\partial\lambda}\right)=\frac{\left(\frac{\bar{\rho}_{\mathrm{f}}\bar{h}^3}{\bar{\eta}_H}\right)\Big|_{i,j+1/2}(\bar{p}_{i,j+1}-\bar{p}_{i,j})-\left(\frac{\bar{\rho}_{\mathrm{f}}\bar{h}^3}{\bar{\eta}_H}\right)\Big|_{i,j-1/2}(\bar{p}_{i,j}-\bar{p}_{i,j-1})}{(\Delta\lambda)^2}$$

$$\frac{\partial(\bar{\rho}_{\mathrm{f}}\bar{h})}{\partial\varphi}=\frac{(\bar{\rho}_{\mathrm{f}}\bar{h})\Big|_{i+1/2,j}-(\bar{\rho}_{\mathrm{f}}\bar{h})\Big|_{i-1/2,j}}{\Delta\varphi}\tag{5-126}$$

$$\frac{\partial}{\partial\varphi}\left(\frac{\bar{\rho}_{\mathrm{f}}\bar{h}^3}{\bar{\eta}_H}\frac{\partial\bar{H}}{\partial\varphi}\right)=\frac{\left(\frac{\bar{\rho}_{\mathrm{f}}\bar{h}^3}{\bar{\eta}_H}\right)\Big|_{i+1/2,j}(\bar{H}_{i+1,j}-\bar{H}_{i,j})-\left(\frac{\bar{\rho}_{\mathrm{f}}\bar{h}^3}{\bar{\eta}_H}\right)\Big|_{i-1/2,j}(\bar{H}_{i,j}-\bar{H}_{i-1,j})}{(\Delta\varphi)^2}$$

$$\frac{\partial}{\partial\lambda}\left(\frac{\bar{\rho}_{\mathrm{f}}\bar{h}^3}{\bar{\eta}_H}\frac{\partial\bar{H}}{\partial\lambda}\right)=\frac{\left(\frac{\bar{\rho}_{\mathrm{f}}\bar{h}^3}{\bar{\eta}_H}\right)\Big|_{i,j+1/2}(\bar{H}_{i,j+1}-\bar{H}_{i,j})-\left(\frac{\bar{\rho}_{\mathrm{f}}\bar{h}^3}{\bar{\eta}_H}\right)\Big|_{i,j-1/2}(\bar{H}_{i,j}-\bar{H}_{i,j-1})}{(\Delta\lambda)^2}$$

将上述各项代入雷诺方程，简化得到：

$$\begin{aligned}&\frac{1}{(\Delta\varphi)^2}\left[\left(\frac{\bar{\rho}_{\mathrm{f}}\bar{h}^3}{\bar{\eta}_H}\right)\Big|_{i+1/2,j}(\bar{p}_{i+1,j}-\bar{p}_{i,j})-\left(\frac{\bar{\rho}_{\mathrm{f}}\bar{h}^3}{\bar{\eta}_H}\right)\Big|_{i-1/2,j}(\bar{p}_{i,j}-\bar{p}_{i-1,j})\right]+\\&\left(\frac{D}{\Delta\lambda L}\right)^2\left[\left(\frac{\bar{\rho}_{\mathrm{f}}\bar{h}^3}{\bar{\eta}_H}\right)\Big|_{i,j+1/2}(\bar{p}_{i,j+1}-\bar{p}_{i,j})-\left(\frac{\bar{\rho}_{\mathrm{f}}\bar{h}^3}{\bar{\eta}_H}\right)\Big|_{i,j-1/2}(\bar{p}_{i,j}-\bar{p}_{i,j-1})\right]\\&=\frac{1}{\Delta\varphi}\left(\bar{\rho}_{\mathrm{f}}\bar{h}\Big|_{i+1/2,j}-\bar{\rho}_{\mathrm{f}}\bar{h}\Big|_{i-1/2,j}\right)+\frac{k_{\mathrm{s}}}{(\Delta\varphi)^2}\left[\left(\frac{\bar{\rho}_{\mathrm{f}}\bar{h}^3}{\bar{\eta}_H}\right)\Big|_{i+1/2,j}(\bar{H}_{i+1,j}-\bar{H}_{i,j})-\right.\\&\left.\left(\frac{\bar{\rho}_{\mathrm{f}}\bar{h}^3}{\bar{\eta}_H}\right)\Big|_{i-1/2,j}(\bar{H}_{i,j}-\bar{H}_{i-1,j})\right]+k_{\mathrm{s}}\left(\frac{D}{\Delta\lambda L}\right)^2\left[\left(\frac{\bar{\rho}_{\mathrm{f}}\bar{h}^3}{\bar{\eta}_H}\right)\Big|_{i,j+1/2}(\bar{H}_{i,j+1}-\bar{H}_{i,j})-\right.\\&\left.\left(\frac{\bar{\rho}_{\mathrm{f}}\bar{h}^3}{\bar{\eta}_H}\right)\Big|_{i,j-1/2}(\bar{H}_{i,j}-\bar{H}_{i,j-1})\right]\end{aligned}\tag{5-127}$$

即

$$\begin{aligned}&\left(\frac{\bar{\rho}_{\mathrm{f}}\bar{h}^3}{\bar{\eta}_H}\right)\Big|_{i+1/2,j}\bar{p}_{i+1,j}+\left(\frac{\bar{\rho}_{\mathrm{f}}\bar{h}^3}{\bar{\eta}_H}\right)\Big|_{i-1/2,j}\bar{p}_{i-1,j}-\left[\left(\frac{\bar{\rho}_{\mathrm{f}}\bar{h}^3}{\bar{\eta}_H}\right)\Big|_{i+1/2,j}+\left(\frac{\bar{\rho}_{\mathrm{f}}\bar{h}^3}{\bar{\eta}_H}\right)\Big|_{i-1/2,j}\right]\bar{p}_{i,j}+\\&\left(\frac{\Delta\varphi D}{\Delta\lambda L}\right)^2\cdot\left(\frac{\bar{\rho}_{\mathrm{f}}\bar{h}^3}{\bar{\eta}_H}\right)\Big|_{i,j+1/2}\bar{p}_{i,j+1}+\left(\frac{\Delta\varphi D}{\Delta\lambda L}\right)^2\left(\frac{\bar{\rho}_{\mathrm{f}}\bar{h}^3}{\bar{\eta}_H}\right)\Big|_{i,j-1/2}\bar{p}_{i,j-1}-\left(\frac{\Delta\varphi D}{\Delta\lambda L}\right)^2\cdot\\&\left[\left(\frac{\bar{\rho}_{\mathrm{f}}\bar{h}^3}{\bar{\eta}_H}\right)\Big|_{i,j+1/2}+\left(\frac{\bar{\rho}_{\mathrm{f}}\bar{h}^3}{\bar{\eta}_H}\right)\Big|_{i,j-1/2}\right]\bar{p}_{i,j}=\Delta\varphi(\bar{\rho}_{\mathrm{f}}\bar{h}\,|_{i+1/2,j}-\bar{\rho}_{\mathrm{f}}\bar{h}\,|_{i-1/2,j})+\\&k_{\mathrm{s}}\left(\frac{\bar{\rho}_{\mathrm{f}}\bar{h}^3}{\bar{\eta}_H}\right)\Big|_{i+1/2,j}\bar{H}_{i+1,j}+k_{\mathrm{s}}\left(\frac{\bar{\rho}_{\mathrm{f}}\bar{h}^3}{\bar{\eta}_H}\right)\Big|_{i-1/2,j}\bar{H}_{i-1,j}-k_{\mathrm{s}}\left[\left(\frac{\bar{\rho}_{\mathrm{f}}\bar{h}^3}{\bar{\eta}_H}\right)\Big|_{i+1/2,j}+\right.\end{aligned}$$

$$\left(\frac{\bar{\rho}_f \bar{h}^3}{\bar{\eta}_H}\right)\bigg|_{i-1/2,j}\Bigg]\bar{H}_{i,j} + k_s\left(\frac{\Delta\varphi D}{\Delta\lambda L}\right)^2\left(\frac{\bar{\rho}_f \bar{h}^3}{\bar{\eta}_H}\right)\bigg|_{i,j+1/2}\bar{H}_{i,j+1} + k_s\left(\frac{\Delta\varphi D}{\Delta\lambda L}\right)^2\left(\frac{\bar{\rho}_f \bar{h}^3}{\bar{\eta}_H}\right)\bigg|_{i,j-1/2}\cdot$$

$$\bar{H}_{i,j-1} - k_s\left(\frac{\Delta\varphi D}{\Delta\lambda L}\right)^2\left[\left(\frac{\bar{\rho}_f \bar{h}^3}{\bar{\eta}_H}\right)\bigg|_{i,j+1/2} - \left(\frac{\bar{\rho}_f \bar{h}^3}{\bar{\eta}_H}\right)\bigg|_{i,j-1/2}\right]\bar{H}_{i,j} \tag{5-128}$$

进一步整理，得到：

$$A_{i,j}\bar{p}_{i+1,j} + B_{i,j}\bar{p}_{i-1,j} + C_{i,j}\bar{p}_{i,j+1} + D_{i,j}\bar{p}_{i,j-1} - E_{i,j}\bar{p}_{i,j} = F_{i,j} + G_{i,j} \tag{5-129}$$

其中，各系数为：

$$\begin{cases} A_{i,j} = \left(\frac{\bar{\rho}_f \bar{h}^3}{\bar{\eta}_H}\right)\bigg|_{i+1/2,j} \\ B_{i,j} = \left(\frac{\bar{\rho}_f \bar{h}^3}{\bar{\eta}_H}\right)\bigg|_{i-1/2,j} \\ C_{i,j} = \left(\frac{\Delta\varphi D}{\Delta\lambda L}\right)^2\left(\frac{\bar{\rho}_f \bar{h}^3}{\bar{\eta}_H}\right)\bigg|_{i,j+1/2} \\ D_{i,j} = \left(\frac{\Delta\varphi D}{\Delta\lambda L}\right)^2\left(\frac{\bar{\rho}_f \bar{h}^3}{\bar{\eta}_H}\right)\bigg|_{i,j-1/2} \\ E_{i,j} = A_{i,j} + B_{i,j} + C_{i,j} + D_{i,j} \\ F_{i,j} = 3\Delta\varphi(\bar{\rho}_f\bar{h}\,|_{i+1/2,j} - \bar{\rho}_f\bar{h}\,|_{i-1/2,j}) \\ G_{i,j} = k_s(A_{i,j}\bar{H}_{i+1,j} + B_{i,j}\bar{H}_{i-1,j} + C_{i,j}\bar{H}_{i,j+1} + D_{i,j}\bar{H}_{i,j-1} - E_{i,j}\bar{H}_{i,j}) \end{cases} \tag{5-130}$$

5.2.2.4 超松弛迭代求解

利用超松弛迭代法求解任一点油膜压力，根据上述推导过程，得到油膜压力的迭代公式：

$$\bar{p}_{i,j}^{(k+1)} = \frac{A_{i,j}\bar{p}_{i+1,j}^{(k)} + B_{i,j}\bar{p}_{i-1,j}^{(k+1)} + C_{i,j}\bar{p}_{i,j+1}^{(k)} + D_{i,j}\bar{p}_{i,j-1}^{(k+1)} - F_{i,j} - G_{i,j}}{E_{i,j}} \tag{5-131}$$

5.2.2.5 收敛准则

求解计算的收敛准则如下所示：

$$\frac{\sum_{j=2}^{n}\sum_{i=2}^{m}\left|\bar{p}_{i,j}^{(k)} - \bar{p}_{i,j}^{(k-1)}\right|}{\sum_{j=2}^{n}\sum_{i=2}^{m}\left|\bar{p}_{i,j}^{(k)}\right|} \leqslant 0.005 \tag{5-132}$$

5.2.3 膜厚与黏度方程

磁流体润滑油膜轴承的膜厚方程无量纲形式为：

$$\overline{h} = h_0 + \frac{X^2}{2} - \frac{2}{\pi Ec}\int_{s_0}^{s_1} P(X,Y)\ln(S-X)^2\mathrm{d}S + \overline{h}_{\mathrm{T}} + \overline{h}_{\mathrm{c}} + 1 \tag{5-133}$$

式中，$h_0 = 1 + \varepsilon\cos\alpha$；$\overline{h}_{\mathrm{c}} = h_{\mathrm{c}}/c$；$\overline{h}_{\mathrm{T}} = h_{\mathrm{T}}/c$；$X = \sqrt{R_1R_2}$。

磁流体润滑油膜轴承的黏度方程无量纲形式为：

$$\overline{\eta}_{\mathrm{f}}(T,P,H) = \exp\left\{(\ln\eta_0 + 9.67)\left[(1+5.1\times10^{-9}P)^Z \times \left(\frac{T-138}{T_0-138}\right)^{-S_0} - 1\right]\right\} \cdot \left[1 + 2.5\left(1+\frac{\delta}{r_{\mathrm{p}}}\right)^3\phi - 1.55\left(1+\frac{\delta}{r_{\mathrm{p}}}\right)^6\phi^2 + \frac{1.5k_1}{\frac{1}{\phi} + \frac{3k_0T}{2\pi r_{\mathrm{p}}^3\mu_0(\mu_{\mathrm{r}}-1)H^2}}\right] \tag{5-134}$$

5.2.4 能量方程无量纲化

磁流体润滑油膜轴承的能量方程为：

$$\rho_{\mathrm{f}}c_{\mathrm{v}}\left(u\frac{\partial T}{\partial x} + w\frac{\partial T}{\partial z}\right) + \mu_0T\frac{\partial M}{\partial t}\frac{\mathrm{d}H}{\mathrm{d}t} = K\frac{\partial^2 T}{\partial y^2} - \frac{T}{\rho_{\mathrm{f}}}\left(\frac{\partial\rho_{\mathrm{f}}}{\partial T}\right)_V\left(u\frac{\partial p}{\partial x} + w\frac{\partial p}{\partial z}\right) + \eta_H\left[\left(\frac{\partial u}{\partial y}\right)^2 + \left(\frac{\partial w}{\partial y}\right)^2\right] \tag{5-135}$$

流体中定压比热容和定容比热容近似为同一变量。引入传热学中标准的无量纲参量：

$$Pr = \frac{c_{\mathrm{p}}\eta_0}{K}, Re = \frac{\rho_{\mathrm{f0}}u_0R}{\eta_0T_0}; Re^* = Re\left(\frac{h_0}{R}\right)^2; Ec = \frac{u_0^2}{c_{\mathrm{p}}T_0^2} \tag{5-136}$$

前述推导的能量方程主要包括单位体积内能、热传导产生的热量、可逆功和不可逆的机械功耗散，分别对该四项分量进行无量纲化。

（1）单位体积内能。单位体积内能主要包含温度的变化和磁场的影响，即：

$$\rho_{\mathrm{f}}c_{\mathrm{p}}\left(u\frac{\partial T}{\partial x} + w\frac{\partial T}{\partial z}\right) = \overline{\rho}\rho_0c_{\mathrm{p}}\left(u_0\overline{u}\frac{T_0\partial\overline{T}}{R\partial\rho} + 2u_0\overline{w}\frac{T_0\partial\overline{T}}{L\partial\lambda}\right)$$

$$\mu_0T\frac{\partial M}{\partial t}\frac{\mathrm{d}H}{\mathrm{d}t} = \mu_0\overline{T}T_0\chi_{\mathrm{m}}H_0\left(\frac{\partial\overline{H}}{\partial t}\right)\left(u\frac{\partial H}{\partial x} + v\frac{\partial H}{\partial y} + w\frac{\partial H}{\partial z}\right)$$

$$= \frac{\mu_0\overline{T}T_0\chi_{\mathrm{m}}H_0^2\overline{u}u_0}{R^2}\frac{\partial\overline{H}}{\partial\varphi}\left(\overline{u}u_0\frac{\partial\overline{H}}{\partial\varphi} + vR\frac{\partial\overline{H}}{h\partial\overline{y}} + \overline{w}u_0\frac{D\partial\overline{H}}{L\partial\lambda}\right) \tag{5-137}$$

（2）热传导产生的热量。

$$K\frac{\partial^2 T}{\partial y^2} = \frac{KT_0^2}{h_0^2\overline{h}^2}\frac{\partial^2\overline{T}}{\partial\overline{y}^2} \tag{5-138}$$

（3）单位体积磁流体的可逆功。

$$\frac{T}{\rho_{\mathrm{f}}}\frac{\partial\rho_{\mathrm{f}}}{\partial T}\left(u\frac{\partial p}{\partial x} + w\frac{\partial p}{\partial z}\right) = \frac{\overline{T}T_0}{\overline{\rho}\rho_0}\frac{\rho_0\partial\overline{\rho}}{T_0\partial\overline{T}}\left(\overline{u}u_0\frac{p_0\partial\overline{p}}{R\partial\varphi} + 2\overline{w}u_0\frac{p_0\partial\overline{p}}{L\partial\lambda}\right) \tag{5-139}$$

(4) 不可逆的机械功耗散。

$$\eta_H\left[\left(\frac{\partial u}{\partial y}\right)^2+\left(\frac{\partial v}{\partial y}\right)^2\right]=\frac{\bar{\eta}\eta_0 u_0^2}{(\bar{h}h_0)^2}\left[\left(\frac{\partial \bar{u}}{\partial \bar{y}}\right)^2+\left(\frac{\partial \bar{w}}{\partial \bar{y}}\right)^2\right] \tag{5-140}$$

将上述能量方程分量都代入式(5-93)中，无量纲化的能量方程为：

$$\bar{\rho}\rho_0 c_p\left(u_0\,\bar{u}\frac{T_0\partial\bar{T}}{R\partial\rho}+2u_0\,\bar{w}\frac{T_0\partial\bar{T}}{L\partial\lambda}\right)+\frac{\mu_0\,\bar{T}T_0\chi_m H_0^2\,\bar{u}u_0^2}{R^2}\frac{\partial\bar{H}}{\partial\varphi}\left(\bar{u}\frac{\partial\bar{H}}{R\partial\varphi}+\bar{w}\frac{2\partial\bar{H}}{L\partial\lambda}\right)$$

$$=\frac{KT_0^2}{h_0^2\,\bar{h}^2}\frac{\partial^2\bar{T}}{\partial\bar{y}^2}-\frac{\bar{T}T_0}{\bar{\rho}\rho_0}\frac{\rho_0\partial\bar{\rho}}{T_0\partial\bar{T}}\left(\bar{u}u_0\frac{p_0\partial\bar{p}}{R\partial\varphi}+2\,\bar{w}u_0\frac{p_0\partial\bar{p}}{L\partial\lambda}\right)+\frac{\bar{\eta}\eta_0 u_0^2}{(\bar{h}h_0)^2}\left[\left(\frac{\partial\bar{u}}{\partial\bar{y}}\right)^2+\left(\frac{\partial\bar{w}}{\partial\bar{y}}\right)^2\right] \tag{5-141}$$

进一步化简为：

$$\frac{\bar{\rho}\rho_0 c_p h_0^2 u_0}{KT_0 R}\left(\bar{u}\frac{T_0\partial\bar{T}}{\partial\rho}+D\,\bar{w}\frac{T_0\partial\bar{T}}{L\partial\lambda}\right)+\frac{\mu_0\,\bar{T}T_0\chi_m H_0^2\,\bar{u}u_0^2 h_0^2}{R^2 KT_0^2}\frac{\partial\bar{H}}{\partial\varphi}\left(\bar{u}\frac{\partial\bar{H}}{\partial\varphi}+\bar{w}\frac{D\partial\bar{H}}{L\partial\lambda}\right)$$

$$=\frac{1}{\bar{h}^2}\frac{\partial^2\bar{T}}{\partial\bar{y}^2}-\frac{h_0^2\rho_0 u_0}{KT_0\rho_0 R}\frac{\bar{T}}{\bar{\rho}}\frac{\partial\bar{\rho}}{\partial\bar{T}}\left(\bar{u}\frac{p_0\partial\bar{p}}{\partial\varphi}+D\,\bar{w}\frac{p_0\partial\bar{p}}{L\partial\lambda}\right)+\frac{\eta_0 u_0^2}{KT_0}\frac{\bar{\eta}}{\bar{h}^2}\left[\left(\frac{\partial\bar{u}}{\partial\bar{y}}\right)^2+\left(\frac{\partial\bar{w}}{\partial\bar{y}}\right)^2\right] \tag{5-142}$$

最终形式为：

$$PrRe^*\bar{\rho}\left(\bar{u}\frac{\partial\bar{T}}{\partial\rho}+D\,\bar{w}\frac{\partial\bar{T}}{L\partial\lambda}\right)+\frac{u_0^2h_0^2}{KT_0R^2}H_0^2\chi_m\mu_0\,\bar{T}\,\bar{u}\frac{\partial\bar{H}}{\partial\varphi}\left(\bar{u}\frac{\partial\bar{H}}{\partial\varphi}+\bar{w}\frac{D\partial\bar{H}}{L\partial\lambda}\right)$$

$$=\frac{1}{\bar{h}^2}\frac{\partial^2\bar{T}}{\partial\bar{y}^2}-PrEc\frac{\bar{T}\partial\bar{\rho}}{\bar{\rho}\partial\bar{T}}\left(\bar{u}\frac{\partial\bar{p}}{\partial\varphi}+\frac{D}{L}\bar{w}\frac{\partial\bar{p}}{\partial\lambda}\right)+PrEc\frac{\bar{\eta}}{\bar{h}^2}\left[\left(\frac{\partial\bar{u}}{\partial\bar{y}}\right)^2+\left(\frac{\partial\bar{w}}{\partial\bar{y}}\right)^2\right] \tag{5-143}$$

5.2.5 其他方程的无量纲化

5.2.5.1 承载能力

取无量纲承载量$\bar{W}=W/\left(\frac{3L\eta_{H0}U_hR}{c^2}\right)$，则承载量的无量纲形式为：

$$W_x=\int_0^L\int_{\alpha_a}^{\alpha_b}p\sin(\alpha+\alpha_0)R\mathrm{d}\alpha\mathrm{d}z=\frac{L}{2}\int_{-1}^{1}\int_{\varphi_a}^{\varphi_b}p_0\,\bar{p}\sin(\varphi+\alpha_0)R\mathrm{d}\varphi\mathrm{d}z$$

$$=\frac{3L\eta_{H0}U_hR}{c^2}\int_{-1}^{1}\int_{\varphi_a}^{\varphi_b}\bar{p}\sin(\varphi+\alpha_0)\mathrm{d}\varphi\mathrm{d}z=\frac{3L\eta_{H0}U_hR}{c^2}\bar{W}_x$$

即

$$\bar{W}_x=\int_{-1}^{1}\int_{\varphi_a}^{\varphi_b}\bar{p}\sin(\varphi+\alpha_0)\mathrm{d}\varphi\mathrm{d}\lambda=\sum_{j=1}^{n}\sum_{i=1}^{m}\bar{p}_{i,j}\sin\varphi_{i,j}\Delta\varphi\Delta\lambda \tag{5-144}$$

同理

$$\bar{W}_y=\int_{-1}^{1}\int_{\varphi_a}^{\varphi_b}\bar{p}\cos(\varphi+\alpha_0)\mathrm{d}\varphi\mathrm{d}\lambda=\sum_{j=1}^{n}\sum_{i=1}^{m}\bar{p}_{i,j}\cos\varphi_{i,j}\Delta\varphi\Delta\lambda \tag{5-145}$$

无量纲承载力：

$$\overline{W} = \sqrt{\overline{W}_x^2 + \overline{W}_y^2} \tag{5-146}$$

承载力的方位角：

$$\alpha' = \arctan(\overline{W}_y / \overline{W}_x) \tag{5-147}$$

5.2.5.2 摩擦力

$$F_x = -\int_0^L \int_{\alpha_a}^{\alpha_b} \left[\frac{h}{2}\left(\frac{\partial p}{R\partial\alpha} - \mu_0 M_s \frac{\partial H}{R\partial\alpha} \right) + \frac{\eta_H U_h}{h} \right] R\mathrm{d}\alpha\mathrm{d}z + \int_0^L \int_{\alpha_b}^{\frac{2}{3}\pi} \frac{\eta_H U_h h_b}{h^2} R\mathrm{d}\alpha\mathrm{d}z \tag{5-148}$$

进一步推导得到：

$$\begin{aligned} F_x &= -\int_0^L \int_{\alpha_a}^{\alpha_b} \left[\frac{h}{2}\left(\frac{\partial p}{R\partial\alpha} - \mu_0 M_s \frac{\partial H}{R\partial\alpha} \right) + \frac{\eta_H U_h}{h} \right] R\mathrm{d}\alpha\mathrm{d}z + \int_0^L \int_{\alpha_b}^{\frac{2}{3}\pi} \frac{\eta_H U_h h_b}{h^2} R\mathrm{d}\alpha\mathrm{d}z \\ &= -\frac{L}{2}\int_{-1}^{1}\int_{\varphi_a}^{\varphi_b} \left[\frac{c\,\overline{h}}{2}\left(\frac{p_0 \partial\overline{p}}{R\partial\varphi} - \mu_0 M_s \frac{H_0 \partial\overline{H}}{R\partial\varphi} \right) + \frac{\eta_{H0}\,\overline{\eta}_H U_h}{c\,\overline{h}} \right] R\mathrm{d}\varphi\mathrm{d}\lambda + \\ &\quad \frac{L}{2}\int_{-1}^{1}\int_{\varphi_b}^{\frac{2}{3}\pi} \frac{\eta_{H0}\,\overline{\eta}_H U_h\,\overline{h}_b}{c\,\overline{h}^2} R\mathrm{d}\varphi\mathrm{d}\lambda \\ &= -\frac{\eta_{H0} U_h LR}{2c}\int_{-1}^{1}\int_{\varphi_a}^{\varphi_b}\left(6\,\overline{h}\frac{\partial\overline{p}}{\partial\varphi} + \frac{\overline{\eta}_H}{\overline{h}} \right)\mathrm{d}\varphi\mathrm{d}\lambda + \frac{Lc\mu_0 M_s H_0}{4}\int_{-1}^{1}\int_{\varphi_a}^{\varphi_b} \frac{\overline{h}}{2}\frac{\partial\overline{H}}{\partial\varphi}\mathrm{d}\varphi\mathrm{d}\lambda - \\ &\quad \frac{\eta_{H0} U_h LR}{2c}\int_{-1}^{1}\int_{\varphi_b}^{\frac{2}{3}\pi} \frac{\overline{\eta}_H\,\overline{h}_b}{\overline{h}^2}\mathrm{d}\varphi\mathrm{d}\lambda = F_{x1} + F_{x2} + F_{x3} \end{aligned} \tag{5-149}$$

式中

$$\begin{cases} F_{x1} = -\dfrac{\eta_{H0} U_h LR}{2c}\displaystyle\int_{-1}^{1}\int_{\varphi_a}^{\varphi_b}\left(6\,\overline{h}\frac{\partial\overline{p}}{\partial\varphi} + \frac{\overline{\eta}_H}{\overline{h}} \right)\mathrm{d}\varphi\mathrm{d}\lambda \\ F_{x2} = \dfrac{Lc\mu_0 M_s H_0}{4}\displaystyle\int_{-1}^{1}\int_{\varphi_a}^{\varphi_b} \frac{\overline{h}}{2}\frac{\partial\overline{H}}{\partial\varphi}\mathrm{d}\varphi\mathrm{d}\lambda \\ F_{x3} = -\dfrac{\eta_{H0} U_h LR}{2c}\displaystyle\int_{-1}^{1}\int_{\varphi_b}^{\frac{2}{3}\pi} \frac{\overline{\eta}_H\,\overline{h}_b}{\overline{h}^2}\mathrm{d}\varphi\mathrm{d}\lambda \end{cases} \tag{5-150}$$

引入无量纲参数：$F_{x1} = -\dfrac{\eta_{H0} U_h LR}{2c}\overline{F}_{x1}$；$F_{x2} = \dfrac{Lc\mu_0 M_s H_0}{4}\overline{F}_{x2}$；$F_{x3} = -\dfrac{\eta_{H0} U_h LR}{2c}\overline{F}_{x3}$，则无量纲化的摩擦力为：

$$\begin{cases} \overline{F}_{x1} = \displaystyle\int_{-1}^{1}\int_{\varphi_a}^{\varphi_b}\left(6\,\overline{h}\frac{\partial\overline{p}}{\partial\varphi} + \frac{\overline{\eta}_H}{\overline{h}} \right)\mathrm{d}\varphi\mathrm{d}\lambda = \sum_{j=1}^{n}\sum_{i=1}^{m}\left(6\,\overline{h}\frac{\partial\overline{p}}{\partial\varphi} + \frac{\overline{\eta}_H}{\overline{h}} \right)\Delta\varphi\Delta\lambda \\ \overline{F}_{x2} = \displaystyle\int_{-1}^{1}\int_{\varphi_a}^{\varphi_b} \frac{\overline{h}}{2}\frac{\partial\overline{H}}{\partial\varphi}\mathrm{d}\varphi\mathrm{d}\lambda = \sum_{j=1}^{n}\sum_{i=1}^{m} \frac{\overline{h}}{2}\frac{\partial\overline{H}}{\partial\varphi}\Delta\varphi\Delta\lambda \\ \overline{F}_{x3} = \displaystyle\int_{-1}^{1}\int_{\varphi_b}^{\frac{2}{3}\pi} \frac{\overline{\eta}_H\,\overline{h}_b}{\overline{h}^2}\mathrm{d}\varphi\mathrm{d}\lambda = \sum_{j=1}^{n}\sum_{i=k}^{m} \frac{\overline{\eta}_H\,\overline{h}_b}{\overline{h}^2}\Delta\varphi\Delta\lambda \end{cases} \tag{5-151}$$

5.2.5.3　端泄流量

入油口处 $\alpha = \alpha_a$，润滑油的入油量为：

$$
\begin{aligned}
Q_{\text{inlet}} &= -2\int_0^{\frac{L}{2}} \left[\frac{h^3}{12\eta_H}\left(\frac{\partial p}{\partial x} - \mu_0 M_s \frac{\partial H}{\partial x}\right) + \frac{U_h h}{2} \right]\Bigg|_{x=R\alpha_a} \mathrm{d}z \\
&= -2\,\frac{L}{2}\int_0^{\frac{L}{2}} \left[\frac{c^3\,\bar{h}^3}{12\eta_{H0}\,\bar{\eta}_H}\left(\frac{p_0\partial p}{R\partial\varphi} - \mu_0 M_s \frac{H_0\partial \bar{H}}{R\partial\varphi}\right) + \frac{U_h c\,\bar{h}}{2} \right]\Bigg|_{\varphi=\varphi_a} \mathrm{d}\lambda \\
&= -\frac{U_H Lc}{2}\int_0^1 \left(\frac{\bar{h}^3}{\bar{\eta}_H}\frac{\partial p}{\partial\varphi} + \bar{h}\right)\Bigg|_{\varphi=\varphi_a} \mathrm{d}\lambda + \frac{\mu_0 M_s H_0 U_h Lc}{2}\int_0^1 \left(\frac{\partial \bar{H}}{\partial\varphi}\right)\Bigg|_{\varphi=\varphi_a} \mathrm{d}\lambda \\
&= Q_{p1} + Q_{H1}
\end{aligned}
\tag{5-152}
$$

式中

$$
Q_{p1} = -\frac{U_h Lc}{2}\int_0^1 \left(\frac{\bar{h}^3}{\bar{\eta}_H}\frac{\partial p}{\partial\varphi} + \bar{h}\right)\Bigg|_{\varphi=\varphi_a} \mathrm{d}\lambda\,;\quad Q_{H1} = \frac{\mu_0 M_s H_0 U_h Lc}{2}\int_0^1 \left(\frac{\partial \bar{H}}{\partial\varphi}\right)\Bigg|_{\varphi=\varphi_a} \mathrm{d}\lambda
\tag{5-153}
$$

引入无量纲参数：$Q_{p1} = -\dfrac{U_h Lc}{2}\bar{Q}_{p1}$；$Q_{H1} = \dfrac{\mu_0 M_s H_0 U_h Lc}{2}\bar{Q}_{H1}$，则式（5-118）为：

$$
\begin{cases}
\bar{Q}_{p1} = \displaystyle\int_0^1 \left(\frac{\bar{h}^3}{\bar{\eta}_H}\frac{\partial \bar{p}}{\partial\varphi} + \bar{h}\right)\Bigg|_{\varphi=\varphi_a};\mathrm{d}\lambda = \sum_{j=1}^{n}\left(\frac{\bar{h}^3}{\bar{\eta}_H}\Bigg|_{m,j}\frac{\bar{p}_{1,j+1} - \bar{p}_{1,j}}{\Delta\varphi} + \bar{h}_{1,j}\right)\Delta\lambda \\
\bar{Q}_{H1} = \displaystyle\int_0^1 \left(\frac{\partial \bar{H}}{\partial\varphi}\right)\Bigg|_{\varphi=\varphi_a};\mathrm{d}\lambda = \sum_{j=1}^{n}\frac{\bar{H}_{1,j+1} - \bar{H}_{1,j}}{\Delta\varphi}\Delta\lambda
\end{cases}
\tag{5-154}
$$

出口处 $\alpha = \alpha_b$，润滑油的出油量为：

$$
\begin{aligned}
Q_{\text{outlet}} &= -2\int_0^{\frac{L}{2}} \left[\frac{h^3}{12\eta_H}\left(\frac{\partial \rho}{\partial x} - \mu_0 M_s \frac{\partial H}{\partial x}\right) + \frac{U_h h}{2} \right]\Bigg|_{x=R\alpha_b} \mathrm{d}z \\
&= -2\,\frac{L}{2}\int_0^{\frac{L}{2}} \left[\frac{c^3\,\bar{h}^3}{12\eta_{H0}\,\bar{\eta}_H}\left(\frac{p_0\partial p}{R\partial\varphi} - \mu_0 M_s \frac{H_0\partial \bar{H}}{R\partial\varphi}\right) + \frac{U_h c\,\bar{h}}{2} \right]\Bigg|_{\varphi=\varphi_b} \mathrm{d}\lambda \\
&= -\frac{U_H Lc}{2}\int_0^1 \left(\frac{\bar{h}^3}{\bar{\eta}_H}\frac{\partial p}{\partial\varphi} + \bar{h}\right)\Bigg|_{\varphi=\varphi_b} \mathrm{d}\lambda + \frac{\mu_0 M_s H_0 U_h Lc}{2}\int_0^1 \left(\frac{\partial \bar{H}}{\partial\varphi}\right)\Bigg|_{\varphi=\varphi_b} \mathrm{d}\lambda \\
&= Q_{p2} + Q_{H2}
\end{aligned}
\tag{5-155}
$$

引入无量纲参数：$Q_{p2} = -\dfrac{U_h Lc}{2}\bar{Q}_{p2}$，$Q_{H2} = \dfrac{\mu_0 M_s H_0 U_h Lc}{2}\bar{Q}_{H2}$，则式（5-155）的

两分项为：

$$\begin{cases} \overline{Q}_{p2} = \int_0^1 \left(\dfrac{\overline{h}^3}{\overline{\eta}_H} \dfrac{\partial \overline{p}}{\partial \varphi} + \overline{h} \right) \Bigg|_{\varphi = \varphi_b} ;\mathrm{d}\lambda = \sum\limits_{j=1}^{n} \left(\dfrac{\overline{h}^3}{\overline{\eta}_H} \Bigg|_{m,j} \dfrac{\overline{p}_{m,j+1} - \overline{p}_{m,j}}{\Delta\varphi} + \overline{h}_{m,j} \right) \Delta\lambda \\ \overline{Q}_{H2} = \int_0^1 \left(\dfrac{\partial \overline{H}}{\partial \varphi} \right) \Bigg|_{\varphi = \varphi_b} ;\mathrm{d}\lambda = \sum\limits_{j=1}^{n} \dfrac{\overline{H}_{m,j+1} - \overline{H}_{m,j}}{\Delta\varphi} \Delta\lambda \end{cases} \tag{5-156}$$

轴承轴向的两端面上，其端泄流量为：

$$\begin{aligned} Q_{\mathrm{leakage}} &= 2\int_0^{2\pi R} q_z \mathrm{d}x = -\frac{R}{6}\int_0^{2\pi} \frac{h^3}{\eta_H}\left(\frac{\partial p}{\partial z} - \mu_0 M_s \frac{\partial H}{\partial z} \right) \Bigg|_{z=\frac{L}{2}} \mathrm{d}\alpha \\ &= -\frac{R}{6}\int_0^{2\pi} \frac{c^3 \overline{h}^3}{\eta_{H0}\overline{\eta}_H} \left(\frac{p_0 \partial \overline{p}}{\frac{L}{2}\partial\lambda} - \mu_0 M_s \frac{H_0 \partial \overline{H}}{\frac{L}{2}\partial\lambda} \right) \Bigg|_{\lambda=1} \mathrm{d}\varphi \\ &= -\frac{2U_h R^2 c}{L}\int_0^{2\pi} \left(\frac{\overline{h}^3}{\overline{\eta}_H} \frac{\partial \overline{p}}{\partial\lambda} \right) \Bigg|_{\lambda=1} \mathrm{d}\varphi + \frac{\mu_0 M_s H_0 R c^3}{3L\eta_{H0}} \int_0^{2\pi} \left(\frac{\overline{h}^3}{\overline{\eta}_H} \frac{\partial \overline{H}}{\partial\lambda} \right) \Bigg|_{\lambda=1} \mathrm{d}\varphi \\ &= Q_{p3} + Q_{H3} \end{aligned} \tag{5-157}$$

引入无量纲参数：$Q_{p3} = -\dfrac{2U_h R^2 c}{L}\overline{Q}_{p3}$；$Q_{H3} = \dfrac{\mu_0 M_s H_0 R c^3}{3L\eta_{H0}}\overline{Q}_{H3}$，则式（5-157）的两分项为：

$$\begin{cases} \overline{Q}_{p3} = \int_0^{2\pi} \left(\dfrac{\overline{h}^3}{\overline{\eta}_H} \dfrac{\partial \overline{p}}{\partial \lambda} \right) \Bigg|_{\lambda = 1} ;\mathrm{d}\varphi = \sum\limits_{i=1}^{m} \left(\dfrac{\overline{h}^3}{\overline{\eta}_H} \right) \Bigg|_{i,1} \dfrac{\overline{p}_{i+1,1} - \overline{p}_{i,1}}{\Delta\lambda} \Delta\varphi \\ \overline{Q}_{H3} = \int_0^{2\pi} \left(\dfrac{\overline{h}^3}{\overline{\eta}_H} \dfrac{\partial \overline{H}}{\partial \lambda} \right) \Bigg|_{\lambda = 1} ;\mathrm{d}\varphi = \sum\limits_{i=1}^{m} \left(\dfrac{\overline{h}^3}{\overline{\eta}_H} \right) \Bigg|_{i,1} \dfrac{\overline{H}_{i+1,1} - \overline{H}_{i,1}}{\Delta\lambda} \Delta\varphi \end{cases} \tag{5-158}$$

5.3　磁流体润滑油膜的数值求解[33]

5.3.1　Fortran 语言简介

编程语言需要遵循的标准主要有：抽象、逐步细化和模块化、结构化以及标准化。通过抽象将复杂的问题细化为多个较小的问题，便于更加有效地解决问题，并且实现问题的模块化，通过解决各个小问题使得问题得以简化。结构化标准运用小且足够的语句集合，使程序更加简单、易懂、可修改性和可维护性更高。标准化使编程具有更好的可移植性及通用性。

常用的高级编程语言有：Ada、Basic、C + + 、COBOLC、Fortran 和 Java。其中，Fortran 是常用于解决科学计算的语言，特别适合于数据分析和技术运算。

Fortran 与其他语言相比，具有较强的数值求解功能，简单易用，既适合求解数值问题，又能运用于求解非数值问题，广泛应用于科学和工程计算等问题的并行计算和高性能计算领域，并能与其他高级汇编语言进行混合编程，实现计算机语言的可视化。

Fortran 由一些基本的语言组成，包括常量、变量、字符、数据、语句、表达式、过程等。Fortran 语句主要分为可执行语句和非执行语句两大类。Fortran 语言中过程包括函数和子程序，其中过程又分为内在函数、语句函数、外部函数和子程序，前三种又被称为函数，外部函数和子程序为外部过程。Fortran 语言的基本语句包括：程序中对数据类型进行描述的数据描述语句；解决特定问题的语句序列的控制结构；对数据进行处理的数据处理语句；控制数据进行输入与结果进行输出的输入输出语句（I/O 语句）。

Fortran 语言编写的程序一般由若干个程序单元组成，程序单元可以为主程序、子程序、模块或块数据单元。其编写格式有自由格式和固定格式两种。Fortran 语言所编写的完整程序可由一个或数个相对独立调试的程序段组成，该结构对编写大型程序有着极大的优势。一个可执行的程序中有且仅有一个主程序，可以有一个或多个辅程序。辅程序是以 SUBROUTINE 语句或 FUNCTION 语句作为第一个语句的程序单元。

5.3.2 数值求解过程中相关参数

磁流体润滑油膜轴承数值求解之前，需要对轴承的相关参数进行说明与给定，油膜轴承的相关几何参数见表 5-1，组成轴承相关材料的物理参数见表 5-2。

表 5-1 油膜轴承的几何参数

参数	轴承内径 /mm	轴承外径 /mm	轧辊直径 /mm	围包角 /(°)	初始偏位角 /(°)	偏心距/mm	偏心率
值	220.2	224	220	120	26.67	0.07	0.7

表 5-2 油膜轴承材料的物理参数

材料	密度 /kg · m^{-3}	弹性模量 /MPa	泊松比	线膨胀系数 /K^{-1}	热传导系数 /W · (m · K)$^{-1}$	比热容 /J · (kg · K)$^{-1}$
低碳钢	7797	206000	0.25	3.28e-3	14545.24	118547.10
巴氏合金	7420	60500	0.30	6.28e-3	9147.79	52717.95

磁流体的物理参数包括初始动力黏度 ν_0、摩尔质量 M、比热容 C、热导率 β，以上参数均与组成磁流体的基载液及磁性颗粒的物理参数密切相关。

无磁场作用下磁流体的动力黏度见式（5-78）：$\eta_{c0}=\eta_J\left[1+2.5\left(1+\frac{\zeta}{r_p}\right)^3\phi-1.55\left(1+\frac{\zeta}{r_p}\right)^6\phi^2\right]$；磁流体的密度如式（5-1）所示：$\rho_f=(1-\phi)\rho_{NC}+\phi\rho_{NP}$；求解磁流体摩尔质量的计算公式为：$M=(1-\phi)M_{NC}+\phi M_{NP}$；求解磁流体体积比热的公式为：$c=(1-\phi)c_{NC}+\phi c_{NP}$；求解磁流体导热系数的公式为：$\beta=(1-\phi)\beta_c+\phi\beta_p$。使用传统润滑油及不同质量分数的磁流体润滑油膜轴承的物理参数，见表5-3。

表5-3 不同润滑介质的物理参数

润滑介质		质量分数 ϕ	ρ /kg·m^{-3}	ν_0 /Pa·s	M /kg·kmol^{-1}	C /J·(kg·K)$^{-1}$	β /W·(m·K)$^{-1}$
润滑油		—	896	0.1971	325	1870	—
磁流体	无磁场	5%	1110.2	0.2038	320.327	1861.58	80.2
		10%	1324.4	0.2210	315.654	1852.41	
		20%	1752.8	0.3042	306.308	1831.33	
	有磁场	5%	1110.2	0.2038	320.327	1861.58	
		10%	1324.4	0.2210	315.654	1852.41	
		20%	1752.8	0.3042	306.308	1831.33	

注：磁流体中磁性颗粒的磁化率为 $2.5\mu_0$，其中 μ_0 为真空磁导率，$\mu_0=4\pi\times10^{-7}$T·m/A。

求解传统润滑油润滑和不同质量分数的磁流体润滑油膜轴承的过程中，需要设定不同的润滑工况，以进行后续的润滑性能比较分析。数值求解过程中润滑工况的设定见表5-4。

表5-4 数值求解过程中不同参数设定

润滑介质	润滑油	磁流体					
		无磁场			有磁场		
质量分数/%	—	5	10	20	5	10	20
入口压力 P_0/MPa	0.08，0.1，0.12						
入口润滑油温度 T_0/K	313						
磁感应强度 B/mT	—	10，30，50					
轧辊转速 n/r·min^{-1}	100，300，500						

5.3.3　数值求解计算流程图

数值解法主要有顺解法、逆解法、Newton 法和多重网格法。本章节利用 Fortran 语言编写算法，运用多重网格法求解磁流体润滑油膜轴承方程，获得油膜压力、油膜厚度和承载力等相关参数；分析油膜压力 P、油膜厚度 h、油膜温度 T、油膜黏度 η 与磁场强度 H 之间的关系。

求解传统润滑油润滑及磁流体润滑油膜轴承的计算方法程序中，需要调用不同子例行程序进行求解。

同时，利用 Fortran 语言编程求解磁流体润滑油膜轴承的计算流程图，如图 5-7 所示。图 5-8 为利用多层网格法进行迭代求解磁流体润滑模型的计算流程图。图 5-9 为雷诺方程求解流程图；图 5-10 为磁流体润滑油膜轴承数值求解流程图；图 5-11 为外加磁场强度数值求解流程图；图 5-12 为求解磁流体润滑油膜压力流程图；图 5-13 为雷诺方程求解流程简图；图 5-14 为求解磁流体黏度流程图；图 5-15 为界面表面温度计算流程图；图 5-16 为多重网格法求解雷诺流程图。

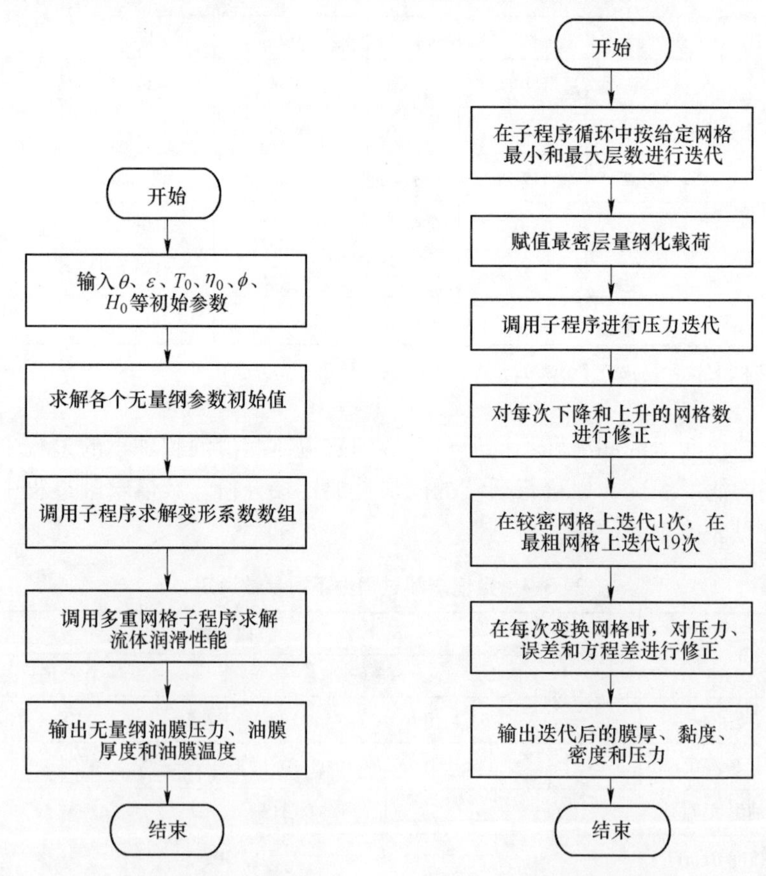

图 5-7　Fortran 语言编程求解磁流体润滑油膜轴承的计算流程图

图 5-8　多层网格迭代求解磁流体润滑模型计算流程图

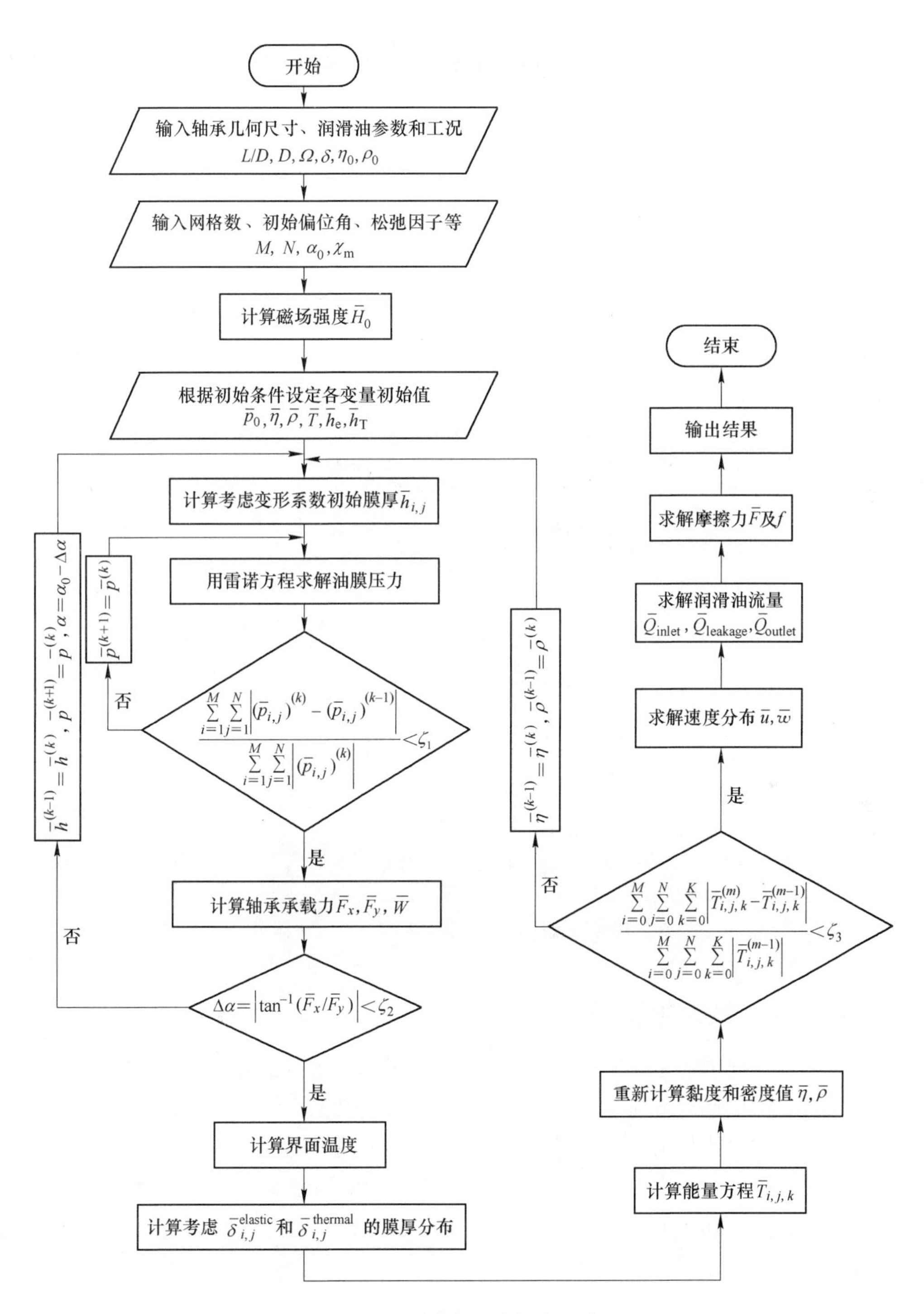

图 5-9 雷诺方程求解流程图

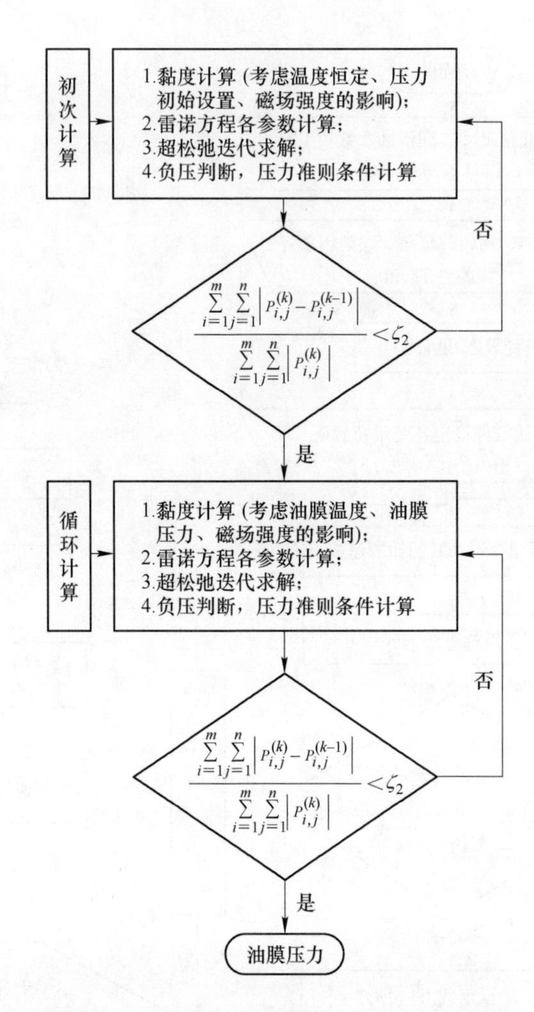

图 5-10　磁流体润滑油膜轴承数值求解流程图

5.3.4　润滑模型的数值求解[34]

依据油膜轴承数学模型与磁流体润滑数学模型的求解流程图，分别对传统润滑油与有无磁场作用下的磁流体润滑油膜轴承进行数值求解，分别获得其油膜厚度、油膜压力和油膜温度分布图，并对其求解结果进行对比分析。进一步分析传统润滑油及有无磁场作用下磁流体的重要参数：润滑介质黏度随温度及外加磁场作用下的变化情况。

5.3.4.1　传统润滑油润滑轴承时的数值求解

对传统润滑油进行数值求解，分别获得其无量纲油膜厚度、油膜压力与油膜

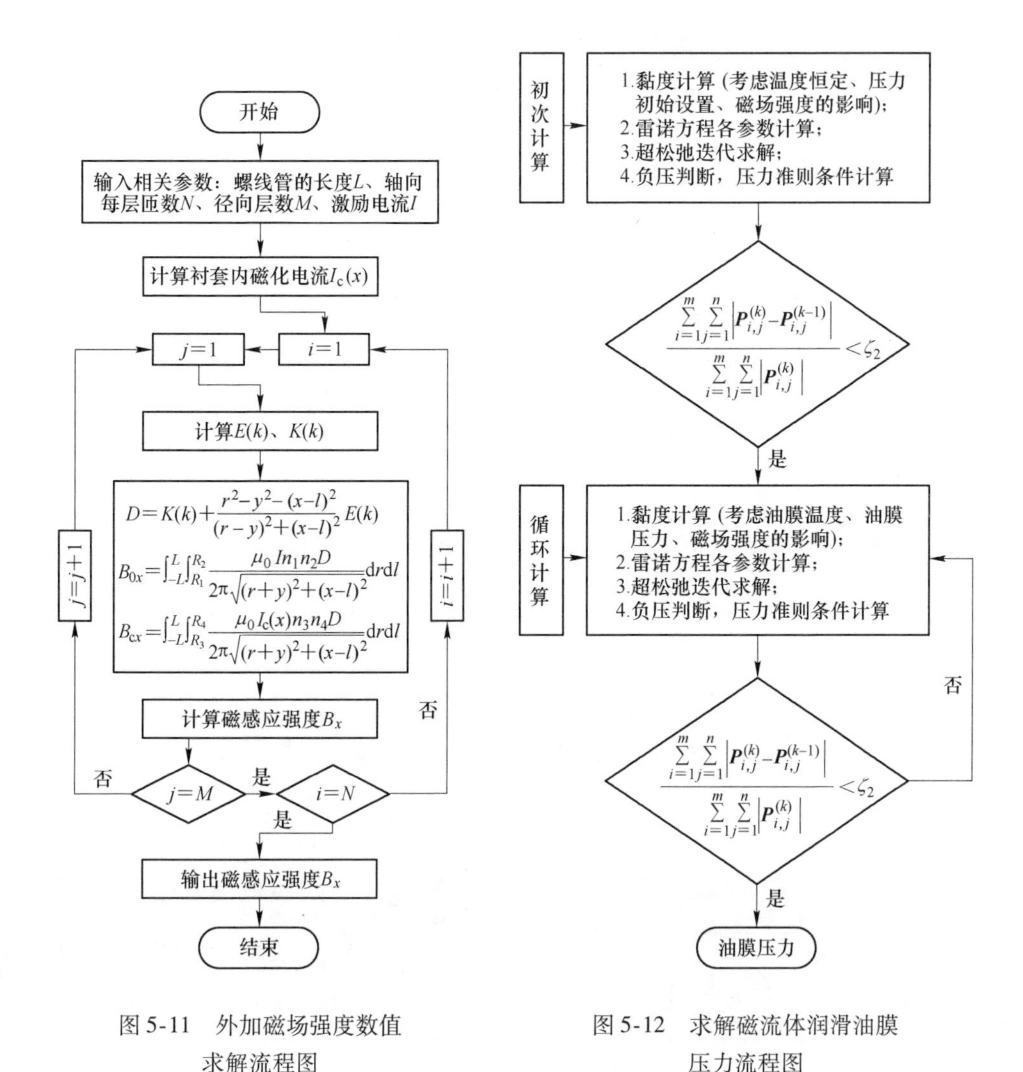

图 5-11　外加磁场强度数值求解流程图

图 5-12　求解磁流体润滑油膜压力流程图

温度分别沿周向节点和轴向节点的三维分布图和等高线图，如图 5-17 所示。

图 5-17 给出了传统润滑油的无量纲润滑求解结果，由图 5-17（a）可知，油膜厚度沿周向方向逐渐减小再增大，即沿轧辊运行方向润滑油膜逐渐减小到最小值，再逐渐增大，与实际情况相符合，沿同一轴线方向，其油膜厚度变化较小。图 5-17（b）的油膜压力和图 5-17（c）的油膜温度沿轴承周向方向逐渐增大再逐渐减小，与油膜厚度的变化趋势相吻合，即油膜厚度越小，油膜压力和油膜温度越高。油膜温度升高时，由于轧辊与轴承之间的挤压作用和摩擦，以及分子间的内摩擦力逐渐增大，使润滑油温度升高，承载力增大。

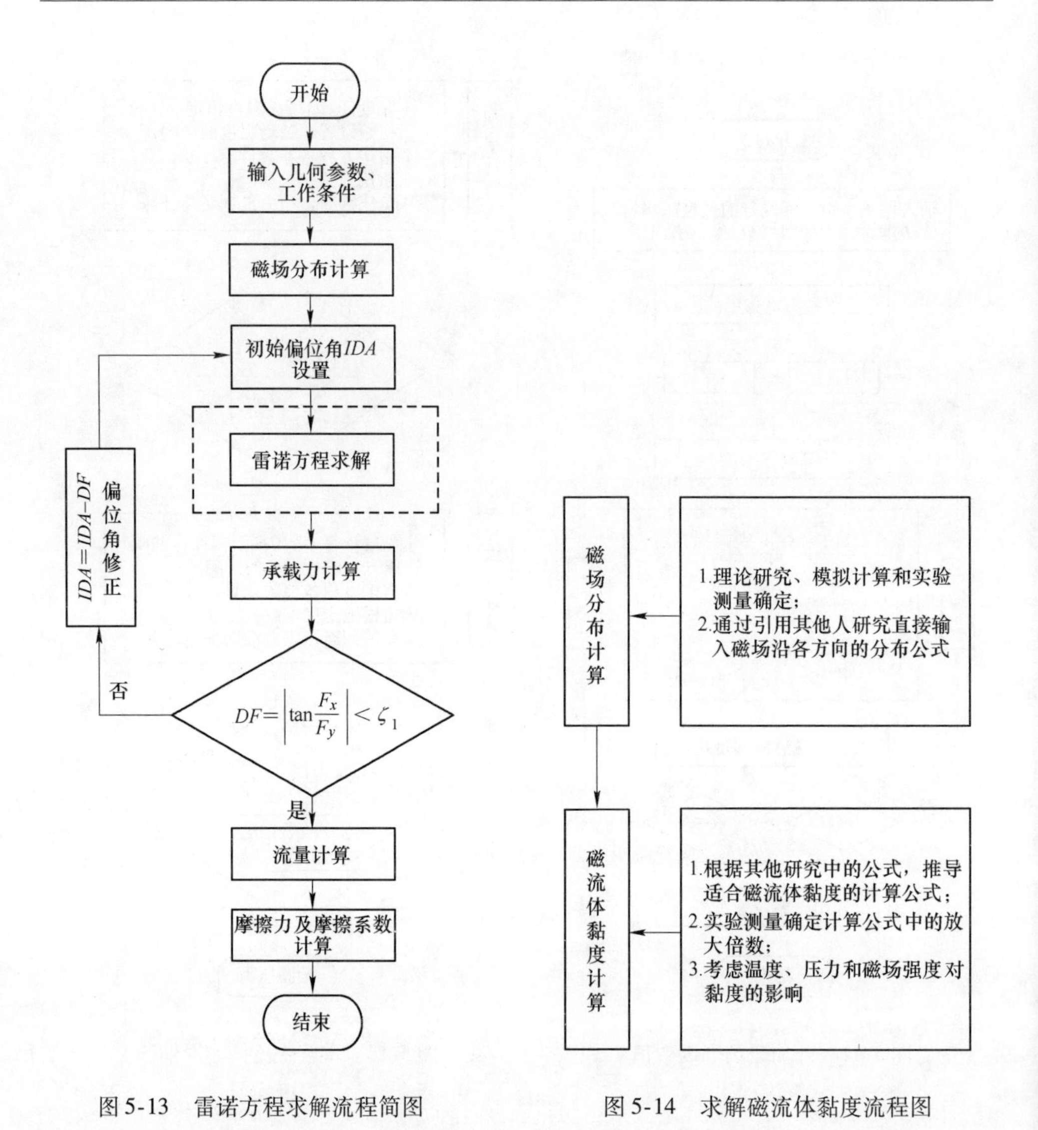

图 5-13　雷诺方程求解流程简图　　　图 5-14　求解磁流体黏度流程图

5.3.4.2　无磁场作用时磁流体润滑数值求解

无磁场作用时的磁流体润滑，与传统润滑油润滑相比，其不同之处在于润滑介质的不同。磁流体是在基础润滑油的基础上添加了磁性颗粒和表面活性剂，根据磁流体密度方程和黏度方程可知，以上添加剂一定程度上增大了密度和黏度。对无磁场作用下的磁流体润滑油膜轴承进行数值求解，分别获得5%质量分数和10%质量分数作用下，其无量纲油膜厚度、油膜压力及油膜温度分别沿周向节点和轴向节点的三维分布图和等高线图，如图5-18和图5-19所示。

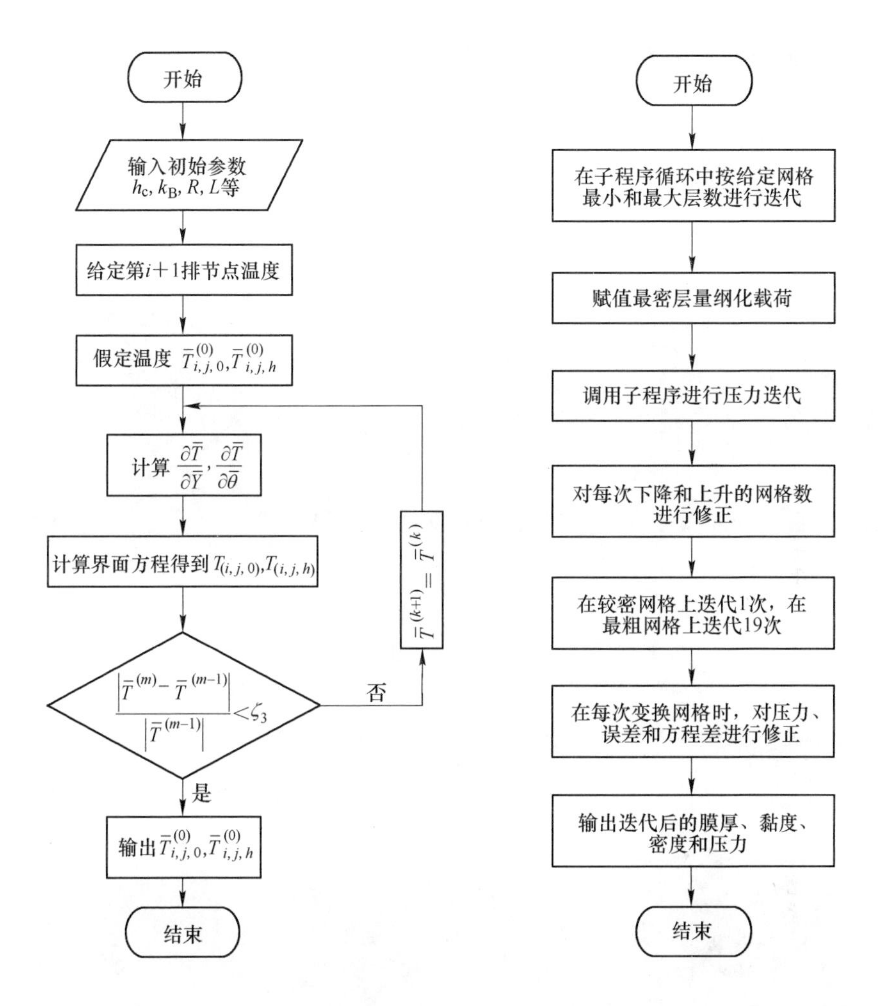

图 5-15 界面表面温度计算流程图　　图 5-16 多重网格法求解雷诺流程图

由图 5-18 可知，无量纲油膜厚度、油膜压力和油膜温度在轴承中间部位呈轴向对称。

5.3.4.3 有磁场作用时磁流体润滑数值求解

与传统润滑油润滑及无磁场作用下的磁流体润滑相比，外加磁场作用下磁流体既具有磁性物质的磁性，又具有一般流体的流动性。与无外加磁场的磁流体润滑相比，其润滑性能将受到外加磁场的作用。根据有磁场作用时磁流体润滑模型及数值求解计算流程图，编程求解有磁场作用时磁流体润滑油膜轴承润滑性能，如图 5-20 所示。

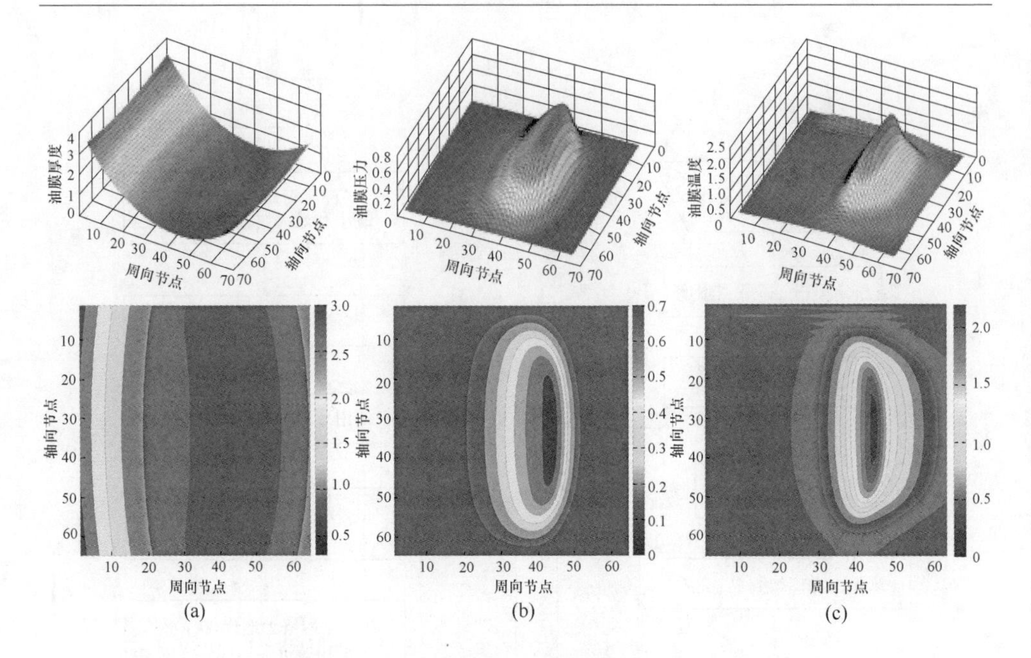

图 5-17　传统润滑油的无量纲润滑求解结果
（a）油膜厚度分布；（b）油膜压力分布；（c）油膜温度分布

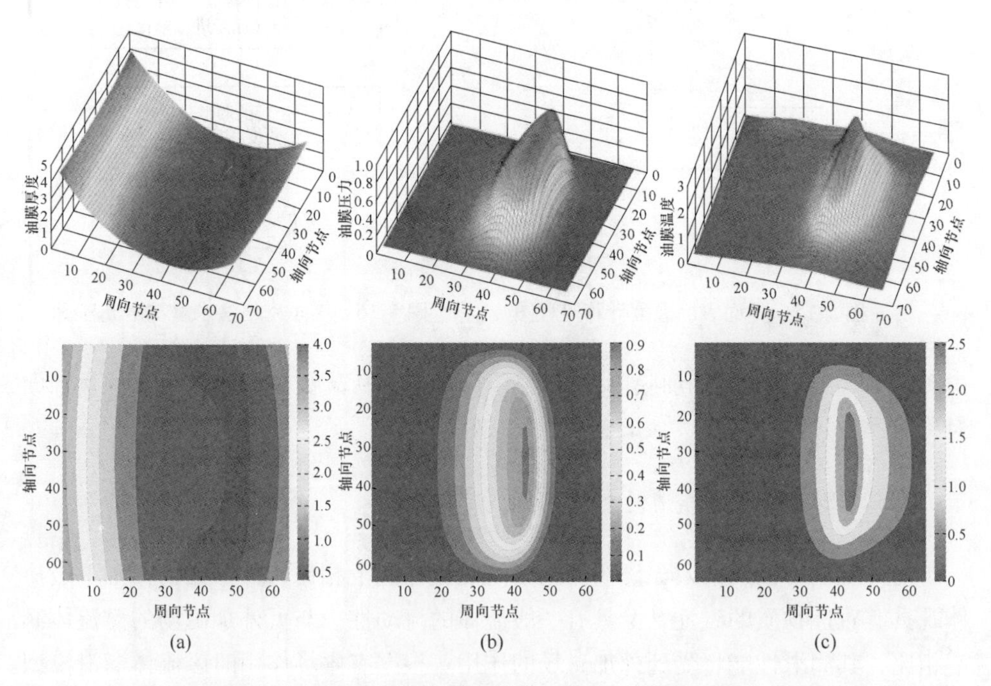

图 5-18　无磁场作用时磁流体润滑数值求解结果（磁颗粒质量分数为 5%）
（a）油膜厚度分布；（b）油膜压力分布；（c）油膜温度分布

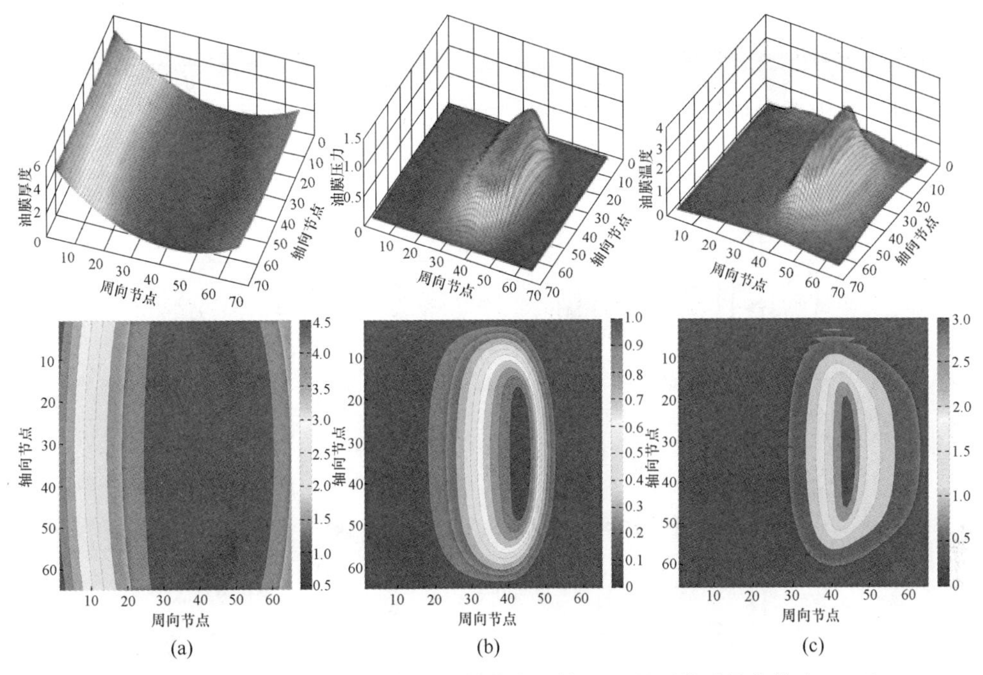

图 5-19 无磁场作用时磁流体润滑数值求解结果（磁颗粒质量分数为 10%）

（a）油膜厚度分布；（b）油膜压力分布；（c）油膜温度分布

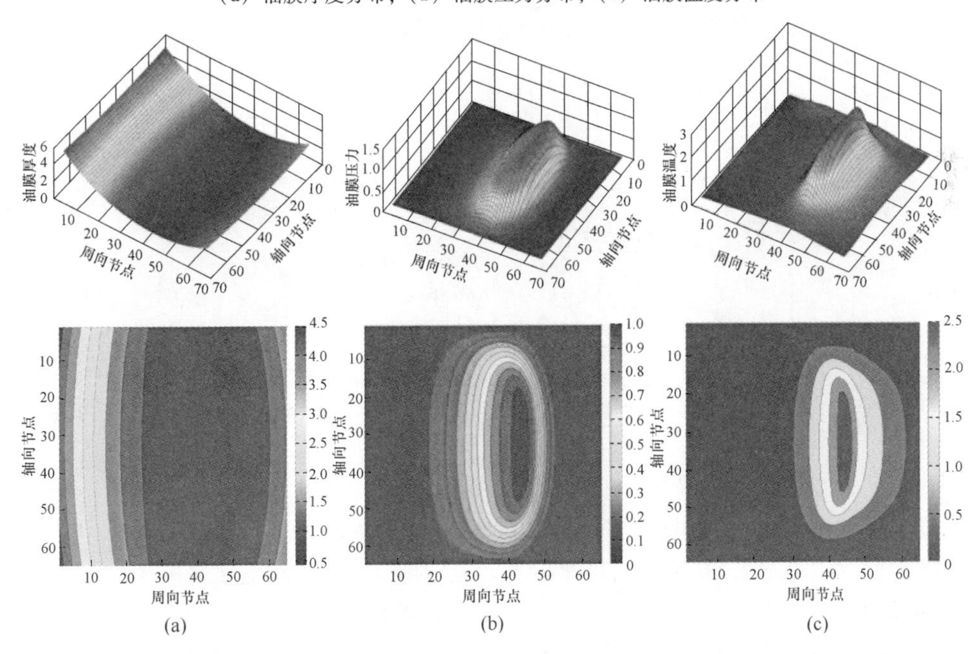

图 5-20 有磁场作用时磁流体的无量纲润滑求解结果

（a）油膜厚度分布；（b）油膜压力分布；（c）油膜温度分布

5.3.5　数值求解结果对比分析

对比分析无磁场作用时的传统润滑油和不同质量分数的磁流体润滑性能，选取油膜轴承轴向对称面上的数据，无磁场作用时不同质量分数的油膜润滑性能，如图 5-21 所示。

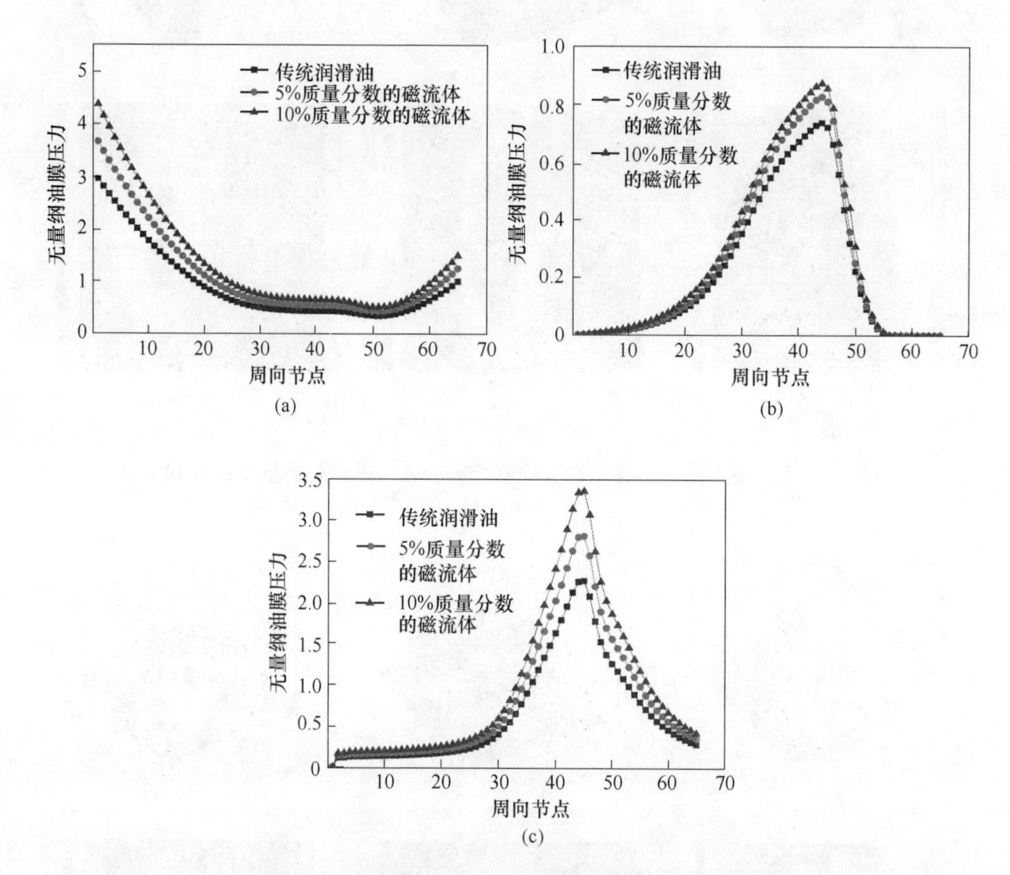

图 5-21　无磁场作用时不同质量分数的油膜润滑性能

（a）油膜厚度分布；（b）油膜压力分布；（c）油膜温度分布

图 5-21 表明随添加磁性颗粒质量分数的增加，润滑油膜厚度、油膜压力和油膜温度均有所增加，温度的升高可能是由于磁性颗粒增大了润滑介质之间的内摩擦力及润滑介质和轴承与轧辊之间的摩擦力。由图 5-21（a）和（b）可知，沿轴承周向方向油膜厚度逐渐增大再减小，油膜压力逐渐增大再减小，该特征与轴承承受油膜压力形成的楔形间隙规律相符合；图 5-21（c）反映了油膜温度沿轴承周向方向的温度逐渐增大再逐渐减小，这是由于润滑油膜与轴承和轧辊之间的摩擦力以及润滑介质之间的内摩擦力增大导致了油膜温度升高。

对比分析有无磁场作用时的传统润滑油和磁流体润滑性能，如图 5-22 所示。

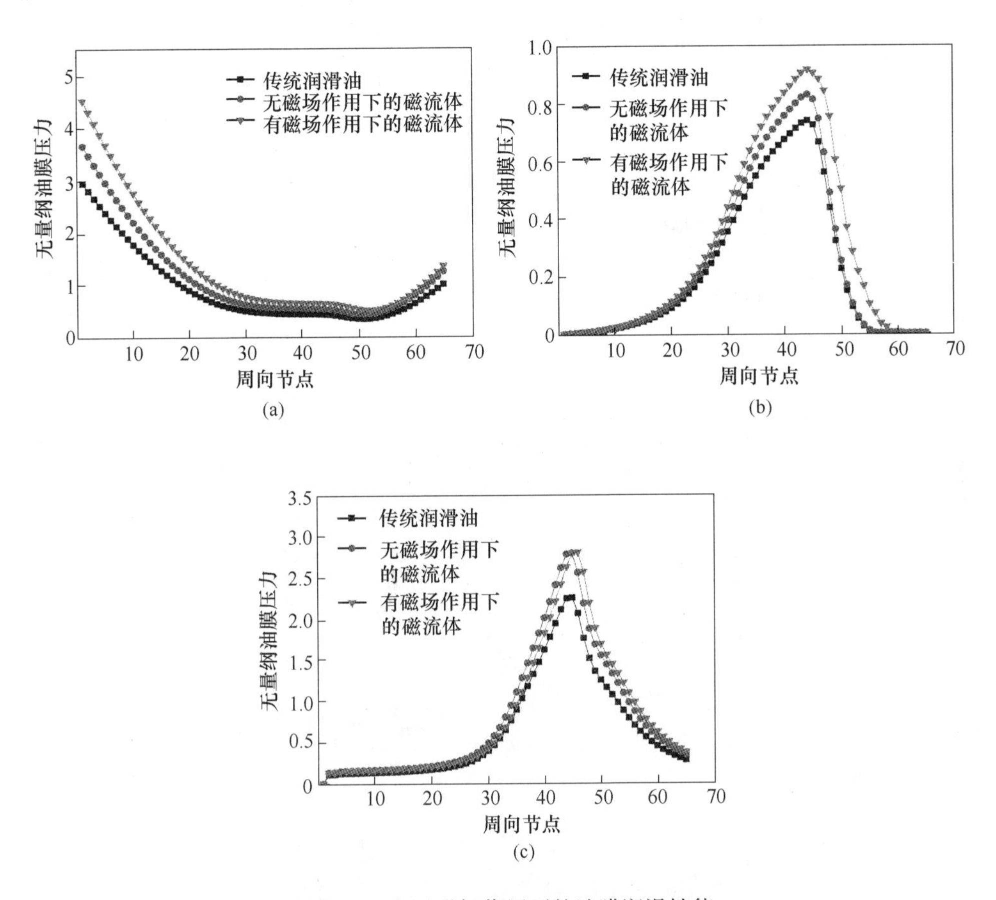

图 5-22　有无磁场作用下的油膜润滑性能

（a）油膜厚度分布曲线；（b）油膜压力分布曲线；（c）油膜温度分布曲线

由图 5-22 可知，沿轴承周向方向油膜厚度逐渐增大再减小，油膜压力和油膜温度逐渐增大再减小。同时，有磁场作用时的磁流体油膜厚度、油膜压力和油膜温度均有所增大。由图 5-22（b）可知，有外加磁场作用的油膜压力与无磁场磁流体及传统润滑油润滑的油膜压力相比，其油膜压力分布相对平稳，在最大油膜压力右侧无磁场作用下的磁流体及传统润滑油润滑的油膜压力迅速减小为零，有磁场润滑时的油膜压力减小较为缓慢。进一步说明，磁流体润滑油膜轴承能够提高轴承的承载能力，有利于保证润滑油膜的完整性与稳定性。

对比分析不同磁场作用时的磁流体润滑性能，选取油膜轴承轴向对称面上的数据，得到不同磁场作用时的求解结果分布，如图 5-23 所示。

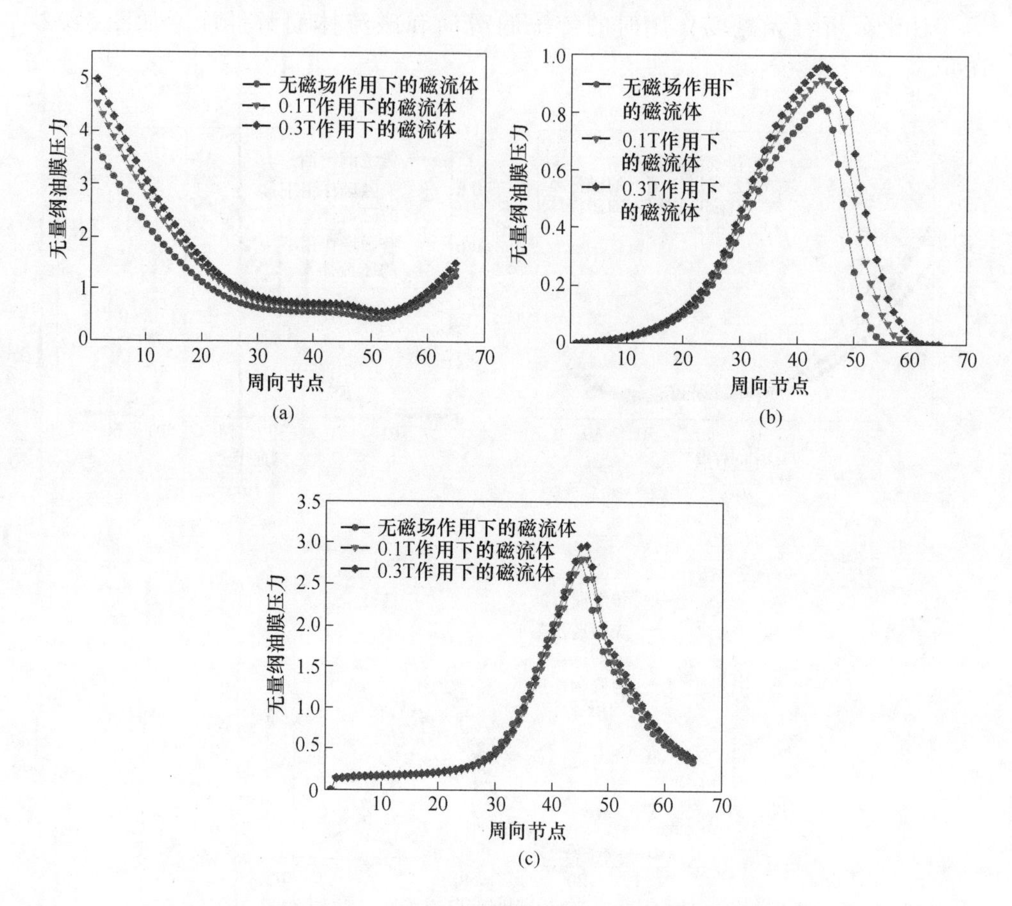

图 5-23　不同磁场作用下的油膜润滑性能

（a）油膜厚度分布曲线；（b）油膜压力分布曲线；（c）油膜温度分布曲线

对图 5-23 不同磁场作用下的求解结果进行分析，由图 5-23 分析得到，沿轴承周向方向油膜厚度逐渐增大再减小，油膜压力和油膜温度逐渐增大再减小。与其他润滑条件下的润滑规律相符。图 5-23 同时表明随着外加磁场强度的增加，磁流体的油膜厚度、油膜压力和油膜温度均增大。由图 5-23(b)分析得到，在轴承的饱和磁化强度范围内，随外加磁场强度的增大，磁流体润滑的油膜压力逐渐增大，其润滑范围逐渐增大，即轴承的承载范围逐渐增大，承载能力逐渐增强。图 5-23(c)表明，随外加磁场的增大，磁流体润滑作用下的油膜温度有所增大，但其增值较小，这可能是由于外加磁场的作用对润滑介质之间的内摩擦力及润滑介质和轴承与轧辊之间的摩擦力的影响较小。

根据理论求解结果，传统润滑油的黏 - 温特性和有无磁场作用下的磁流体的黏 - 温特性曲线，如图 5-24 所示。

由图 5-24 可知,理论求解的润滑油黏度随温度的变化曲线与实验测量的结果相吻合。与实验求解结果[33]相比,磁流体温度较低时,有磁场作用时的理论求解结果较实验测量结果的磁场对其黏度影响较小;随着温度升高,温度对磁流体黏度的影响显著增加;当温度达到 55℃时,外加磁场对磁流体黏度的影响基本可以忽略,出现这种情况的原因可能是由于理论求解过程中的各种条件比较理想,忽略了其他可能出现的情况。

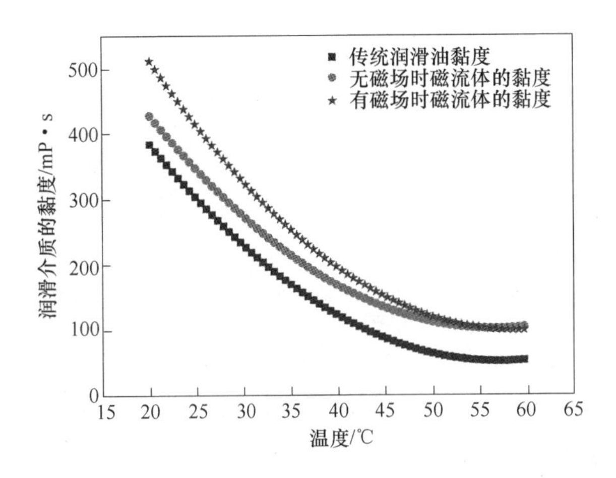

图 5-24 理论求解传统润滑油和磁流体的黏-温特性曲线

根据理论求解结果,同一温度下磁流体黏度在不同外加磁场作用下的变化曲线,如图 5-25 所示。对比外加磁场对磁流体黏度影响的理论求解结果(图 5-25)与实验测量结果[33],可以得知,其理论求解结果与实验测量所得规律基本吻合,证明了理论求解结果的合理性。

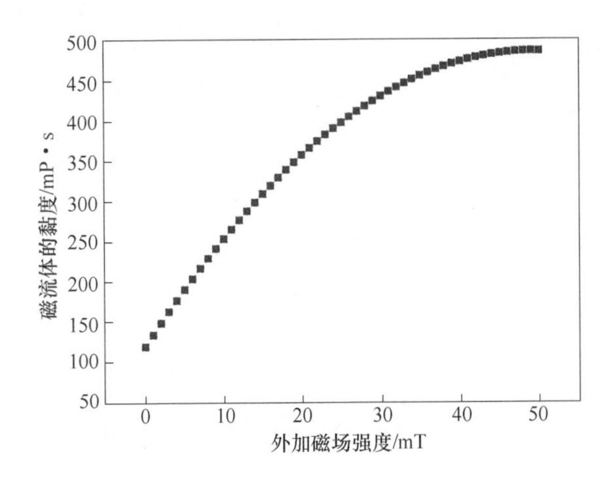

图 5-25 外加磁场对磁流体黏度影响的理论求解曲线图

油膜轴承的承载能力是轴承与轧辊形成的楔形间隙内各点油膜压力的总和，即承载区油膜压力分布对承载区面积的积分。不同质量分数和磁场作用下的油膜承载力，见表5-5。

表5-5　不同质量分数和磁场作用下承载力

承载力			F_x/N	F_y/N	F_x/F_y
传统油润滑			3170. 05	12647. 26	0. 2507
磁流体润滑	无磁场	5%	7685. 91	30621. 36	0. 2510
		10%	7993. 35	31942. 43	0. 2502
		15%	8475. 16	33450. 72	0. 2534
		20%	8774. 61	34959. 81	0. 2510
	有磁场	0. 01T	9044. 28	35897. 87	0. 2519
		0. 03T	9508. 36	37358. 59	0. 2545
		0. 05T	10314. 5	41854. 74	0. 2464

由表5-5分析可知，磁流体润滑油膜轴承的承载能力显然高于传统润滑油的承载能力，有磁场润滑的轴承承载能力高于无磁场润滑的承载能力，这与铁磁流体润滑油膜轴承数值模拟结果相吻合。通过对比分析模拟结果，进一步证实了本书中数值求解算法的合理性。

6 磁流体润滑油膜轴承外加磁场设计

磁流体润滑与传统润滑油润滑的最大区别在于:在外加磁场作用下,磁流体表现出磁性物质的磁学性能。通过合理的外加磁场设计控制磁流体黏性,进而控制整个润滑介质的运行行为。外加磁场的设计遵循电磁学中的两个基本定理:计算磁场散度的高斯磁通量连续定理和求解磁场旋度的安培环路定理。

6.1 电磁学基本方程

构建磁流体磁性机制的模型,其中磁性颗粒有两种最为重要的等效电磁学模型:微电流模型和磁荷模型。微电流模型包含平面电流环和圆球形线圈,磁偶极子属于磁荷模型[1]。

根据磁场叠加原理,轧辊和油膜轴承之间的磁场 B 由外加磁场 B_0 及其他被磁化后产生的磁场 B' 合成。

$$B = B_0 + B' = \mu_0(H + M) \tag{6-1}$$

式中,B 为轧辊和油膜轴承之间的磁场;B_0 为外加磁场;B' 为磁场增量;μ_0 为真空磁导率;H 为外加磁场强度;M 为磁化强度。

6.1.1 磁场中的高斯定理

穿过任意闭合曲面的磁通量,如图 6-1 所示。磁场中任意一个有限的闭合曲面 S,当磁感应线由 abc 穿入该闭合曲面,由 cda 穿出该闭合曲面,对于有限大小的闭合曲面,穿入和穿出该闭合曲面的磁感应线的条数总是相等。故通过该闭

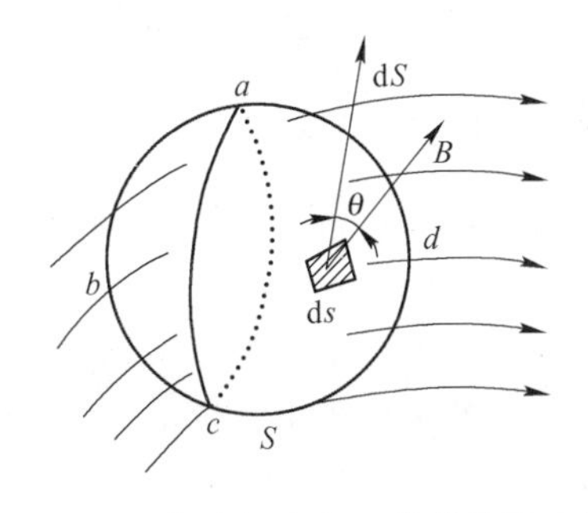

图 6-1 穿过任意闭合曲面的磁通量示意图

合曲面的磁通量恒等于零，即：

$$\Phi = \oint_{abcda} \boldsymbol{B}\mathrm{d}S = 0 \tag{6-2}$$

由散度定理，知：

$$\oint_{abcda} \boldsymbol{B}\mathrm{d}S = \int_V \nabla g\boldsymbol{B}\mathrm{d}V \tag{6-3}$$

式中，V 为封闭曲面 S 包围的面积。

将式（6-3）代入式（6-2），得到：

$$\nabla g\boldsymbol{B} = 0 \tag{6-4}$$

6.1.2 磁场中的安培环路定理

磁感应强度沿任一闭合曲线的积分如图 6-2 所示。

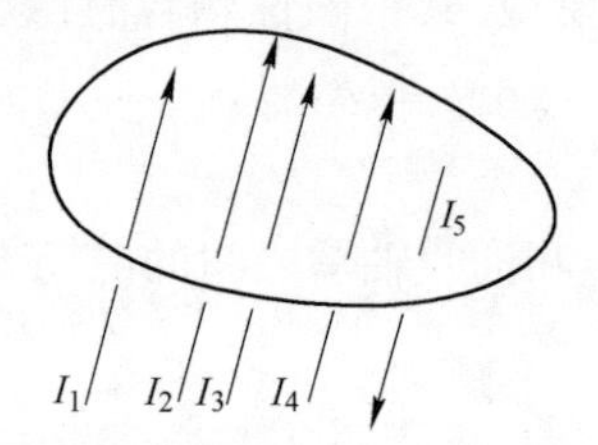

图 6-2 磁感应强度沿任一闭合曲线的积分

磁场中的磁感应强度矢量 B 沿任意闭合回路的积分等于穿过该闭合回路围成曲面的电流的代数和的 μ_0 倍。

$$\oint_l \boldsymbol{B}g\mathrm{d}l = \mu_0 \sum_i I_i \tag{6-5}$$

式中，I 为传导电流。

将式（6-1）代入式（6-5），得到：

$$\oint_l (H + M)g\mathrm{d}l = \sum_i I_i \tag{6-6}$$

6.1.3 有限长通电螺线管中的磁感应强度[35]

依据 Biot-Savart 定律，推导出单线圈外任意点的磁感应强度。单线圈示意图和多层密匝螺线管线圈示意图，如图 6-3 所示。

由图 6-3 可知，线圈半径为 R_0，以其中心为原点 O 建立坐标系，r 为线圈上任意一点 Q 到点 P 的距离，直线 OQ 与坐标轴 y 轴的夹角为 α，直线 MQ 与直线 PQ 之间的夹角为 β，直线 OQ 与直线 MQ 之间的夹角为 γ，线圈中电流大小为 I。

由 Biot-Savart 定律，推导得到单线圈外任意一点 P 处的磁感应强度 $\mathrm{d}B_1$：

$$\mathrm{d}\boldsymbol{B}_1 = \frac{\mu_0}{4\pi}\frac{I\mathrm{d}\boldsymbol{l}\times\boldsymbol{r}_0}{r^2} \tag{6-7}$$

式中，$\boldsymbol{r}_0$ 为 $I\mathrm{d}l$ 到任意一点 P 的矢径的单位向量。

由图6-3（a）中几何关系得到：

$$\mathrm{d}\boldsymbol{B}_1 = \frac{\mu_0 IR}{4\pi}\frac{\cos\beta\cos\gamma\boldsymbol{i} + \cos\alpha\sin\beta\boldsymbol{j} + \sin\alpha\sin\beta\boldsymbol{k}}{(x^2 + R^2 + y^2 - 2Ry\cos\alpha)^{\frac{3}{2}}}\mathrm{d}a \tag{6-8}$$

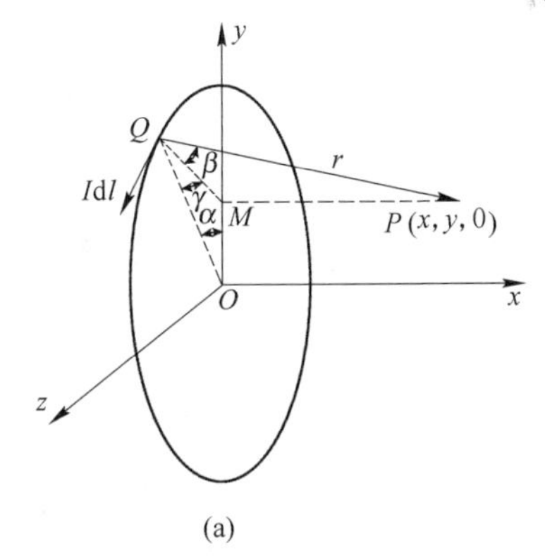

(a)

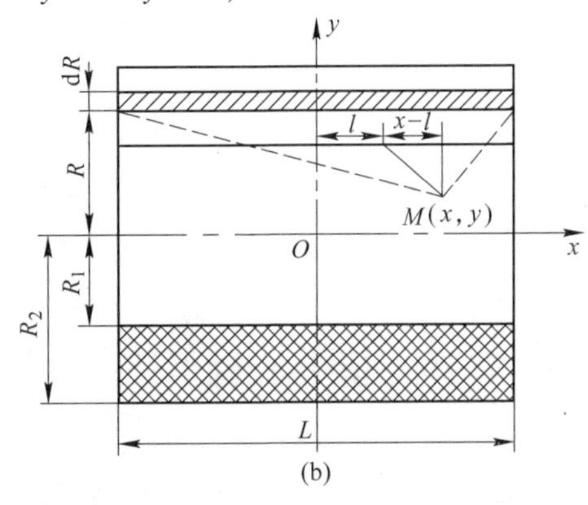

(b)

图6-3 理论计算模型

（a）单线圈示意图；（b）多层密匝螺线管线圈示意图

在笛卡尔坐标系中，将 $\mathrm{d}B_1$ 进行分解，并根据第一类和第二类完全椭圆积分对其积分，分别得到三个方向的磁感应强度，即 $B_{1x}(x, y)$、$B_{1y}(x, y)$、$B_{1z}(x, y)$。由于线圈的对称性，线圈外任意一点 P 处的磁感应强度只有 x 和 y 两个方向的分量，其中 $B_{1z}(x, y)=0$。

$$B_{1x}(x,y) = \frac{\mu_0 I}{2\pi\sqrt{(R+y)^2+x^2}}\left[\frac{R^2-y^2-x^2}{(R-y)^2+x^2}E(k^2)+K(k^2)\right] \tag{6-9}$$

$$B_{1y}(x,y) = \frac{\mu_0 Ix}{2\pi y\sqrt{(R+y)^2+x^2}}\left[E(k^2)\frac{R^2+y^2+x^2}{(R-y)^2+x^2}-K(k^2)\right] \tag{6-10}$$

式中

$$\begin{cases} k^2 = \dfrac{4Ry}{x^2+(R+y)^2} \\ K(k^2) = \dfrac{\pi}{2}\sum\limits_{n=0}^{\infty}\left(\dfrac{(2n)!}{2^{2n}n!^2}\right)^2 k^{2n} = \dfrac{\pi}{2}\left[1+\left(\dfrac{1}{2}\right)^2 k^2+\left(\dfrac{1\cdot 3}{2\cdot 4}\right)^2 k^4+\cdots+\right. \\ \qquad\left.\left(\dfrac{(2n-1)!!}{(2n)!!}\right)^2 k^{2n}+\cdots\right] \\ E(k^2) = \dfrac{\pi}{2}\sum\limits_{n=0}^{\infty}\left(\dfrac{(2n)!}{2^{2n}n!^2}\right)^2\dfrac{k^{2n}}{1-2n} = \dfrac{\pi}{2}\left[1-\left(\dfrac{1}{2}\right)^2 k^2-\left(\dfrac{1\cdot 3}{2\cdot 4}\right)^2\dfrac{k^4}{3}-\cdots-\right. \\ \qquad\left.\left(\dfrac{(2n-1)!!}{(2n)!!}\right)^2\dfrac{k^{2n}}{2n-1}-\cdots\right] \end{cases}$$

多层密匝螺线管简化模型示意图如图 6-3（b）所示。衬套长为 L，螺线管内半径为 R_1，螺线管外半径为 R_2，任一层到中心轴线的距离为 R。根据式（6-1）分别得到多层密匝螺线管内任意一点的轴向磁感应强度 B_{0x} 和径向磁感应强度 B_{0y}：

$$B_{0x}(x,y) = \int_{-L/2}^{L/2}\int_{R_1}^{R_2} \frac{\mu_0 I n_1 n_2}{2\pi \sqrt{(r+y)^2+(x-l)^2}} \cdot \left[\frac{r^2-y^2-(x-l)^2}{(r-y)^2+(x-l)^2}E(k^2)+K(k^2)\right]\mathrm{d}r\mathrm{d}l \tag{6-11}$$

$$B_{0y}(x,y) = \int_{-L/2}^{L/2}\int_{R_1}^{R_2} \frac{\mu_0 I(x-l) n_1 n_2}{2\pi y \sqrt{(r+y)^2+(x-l)^2}} \cdot \left[\frac{r^2+y^2+(x-l)^2}{(r-y)^2+(x-l)^2}E(k^2)-K(k^2)\right]\mathrm{d}r\mathrm{d}l \tag{6-12}$$

式中，n_1，n_2 分别为单位长度和厚度上螺线管的匝数。

6.2　磁流体润滑油膜轴承外加磁场模型

油膜轴承的润滑性能与润滑介质的黏度密切相关。采用磁流体替代传统润滑油对油膜轴承润滑，施加外加磁场控制磁性颗粒的运动，使润滑油黏度发生变化，进而改变润滑油膜的润滑特性与稳定性。因此，需要对磁流体润滑油膜轴承外加磁场进行设计，通过对不同设计方案的模拟分析，选择合适的磁场施加模型。对所选的模型进行设计加工，并测试其磁场分布情况[36]。

6.2.1　永磁铁磁场模型

图 6-4 所示为磁流体润滑油膜轴承永磁铁模型的结构原理图。该模型由里往外的组成依次为轧辊、衬套、环形永磁铁和轴承座。其中，磁流体分布于轧辊和衬套的间隙内，磁流体的入口设置在轴承座中间，环形永磁铁安装于衬套外表面的轴承座，采用对极分布的形式。

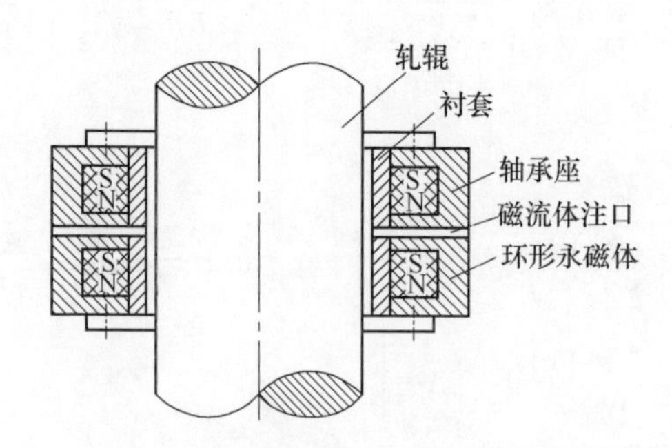

图 6-4　永磁铁磁场模型结构原理图

永磁铁模型采用的永磁铁为圆环形，即在一个整块的圆形永磁铁中去除一块同心的圆形永磁铁。永磁铁的数量根据实际的应用需求增减，或者通过改变永磁铁之间的角度来调整磁场，以满足不同情况时的需求。

其中，任一块环形永磁铁沿径向方向 ρ 方向的磁感应强度分量 B_ρ 和沿轴向 Z 方向的磁感应强度分量 B_z 分别表示为：

$$\begin{cases} B_\rho = -\mu_0/(2\pi\rho) \cdot M\int_{z-L}^{z+L} h/[(a+\rho)^2+h^2]^{1/2} \cdot \{K(k) - \\ \qquad (a^2+\rho^2+h^2)/[(\rho-a)^2+h^2] \cdot E(k)\} \cdot \mathrm{d}h \\ B_z = \mu_0/(2\pi) \cdot M\int_{z-L}^{z+L} 1/[(a+\rho)^2+h^2]^{1/2} \cdot \{K(k) - \\ \qquad (\rho^2-a^2+h^2)/[(\rho-a)^2+h^2] \cdot E(k)\} \cdot \mathrm{d}h \end{cases} \tag{6-13}$$

式中，a 为环形永磁铁外圆柱面的半径；L 为环形永磁铁的厚度之半；$K(k)$、$E(k)$ 分别为模数 $k=\sqrt{4a\rho/[(a+\rho)^2+h^2]}$ 的 Legendre 第一类和第二类完全椭圆积分，通过查表获取，也可以使用级数进行计算；h 为任一计算点 P 到需要积分的电流平面的距离。

6.2.2 螺线管磁场模型

图 6-5 为磁流体润滑油膜轴承螺线管模型的结构原理图。由图 6-5（a）可知，模型由里往外的组成依次为轧辊、衬套、螺线管和轴承座。其中，磁流体分布于轧辊和衬套的配合间隙内，磁流体入口设置在轴承座，螺线管安装于衬套外表面的轴承座。磁场大小通过控制通过螺线管的电流大小来实现，当黏度需要增大时，增大其电流；反之，则减小电流。图 6-5（b）为磁流体润滑油膜轴承螺线管模型的控制电路，该电路由直流电源、可变电阻、电流表以及电压表组成。当需要增大磁流体黏度时，即所需的电流增大时，可通过减小可变电阻的阻值来实现；反之，则增大其阻值。

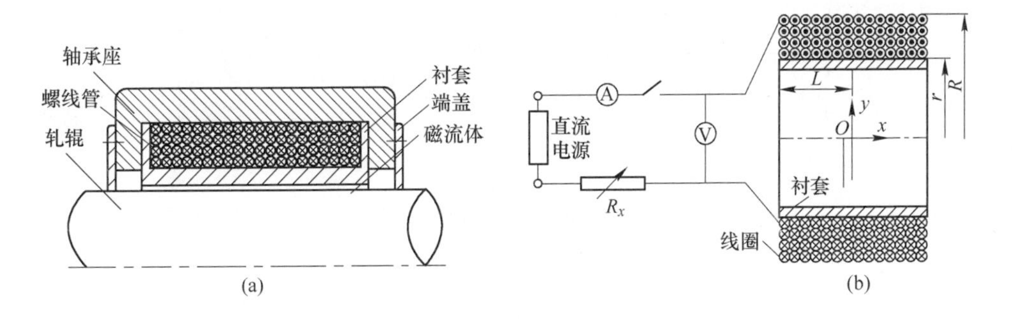

图 6-5 螺线管外加磁场模型结构原理图

（a）安装示意图；（b）控制电路

计算该螺线管磁场时，假设一密绕的载流线管的总匝数为 N、长度为 L、半径为 R，已知电流强度为 I，需求出螺线管在任一点压力 P 的磁场强度 B。在螺线管上任取一无限小段，视为电流 $\mathrm{d}I = nI\mathrm{d}z$ 的圆电流，其中心 O，P 点相对于 O 点的坐标为（x，y），可确定 $\mathrm{d}I$ 在 P 点的磁场强度为：

$$\begin{cases} B_x = \dfrac{\mu_0 InR^2}{4}\left\{\dfrac{x}{[(z-L/2)^2+x^2+y^2+R^2-2Ry]^{3/2}} - \right. \\ \qquad \left. \dfrac{x}{[(z+L/2)^2+x^2+y^2+R^2-2Ry]^{3/2}}\right\} \\ B_y = \dfrac{\mu_0 InR^2}{4}\left\{\dfrac{y}{[(z-L/2)^2+x^2+y^2+R^2-2Rx]^{3/2}} - \right. \\ \qquad \left. \dfrac{x}{[(z+L/2)^2+x^2+y^2+R^2-2Rx]^{3/2}}\right\} \end{cases} \tag{6-14}$$

6.2.3　亥姆霍兹线圈磁场模型

图6-6（a）为磁流体润滑油膜轴承亥姆霍兹线圈模型的安装示意图。该模型由里往外的组成依次为轧辊、衬套、亥姆霍兹线圈和轴承座。其中，磁流体分布于轧辊和衬套的油膜间隙内，磁流体的入口设置在轴承座，亥姆霍兹线圈安装于衬套外表面的轴承座。磁场大小通过控制通电电流来实现，当所需的黏度增大时，增大其电流；反之，则减小电流。图6-6（b）为磁流体润滑油膜轴承亥姆霍兹线圈模型的控制电路，该电路由直流电源、可变电阻、电流表以及电压表组成。当需要增大磁流体黏度时，即所需的电流增大时，可通过减小可变电阻的阻值来实现；反之，则增大其阻值。

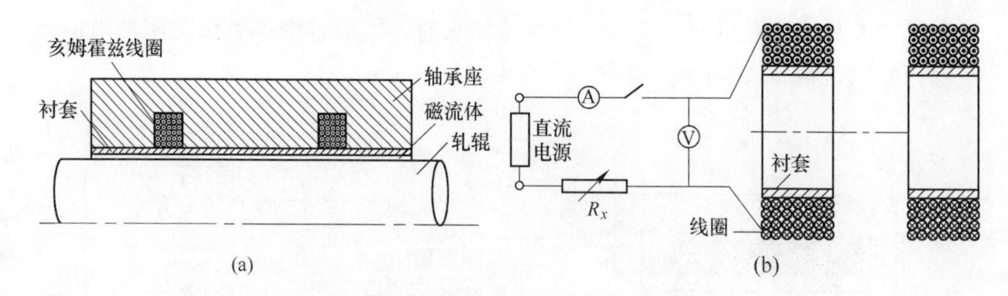

图6-6　亥姆霍兹线圈磁场模型结构原理

（a）安装示意图；（b）外控电路

亥姆霍兹线圈之间的距离与线圈平均半径相同，计算磁场时假设两者为 R，单个线圈总匝数为 N，电流强度为 I_0，圆线圈为螺旋线圈结构，螺距为 $2p$，线圈层数为 m。则线圈内部任意一点 $P(x, y)$ 的磁场用极坐标表示为[7]：

$$
\begin{cases}
B_x = \dfrac{\mu_0 I}{4\pi}\left\{\displaystyle\int_0^{2\pi}\dfrac{(x-R)\cos\theta}{[(x-R)^2+y^2+1-2y\cos\theta]^{\frac{3}{2}}}\mathrm{d}\theta + \right. \\
\qquad \left.\displaystyle\int_0^{2\pi}\dfrac{(x+R)\cos\theta}{[(x+R)^2+y^2+1-2y\cos\theta]^{\frac{3}{2}}}\mathrm{d}\theta\right\} \\
B_y = \dfrac{\mu_0 I}{4\pi}\left\{\displaystyle\int_0^{2\pi}\dfrac{1-y\cos\theta}{[(x-R)^2+y^2+1-2y\cos\theta]^{\frac{3}{2}}}\mathrm{d}\theta + \right. \\
\qquad \left.\displaystyle\int_0^{2\pi}\dfrac{1-y\cos\theta}{[(x+R)^2+y^2+1-2y\cos\theta]^{\frac{3}{2}}}\mathrm{d}\theta\right\}
\end{cases}
\tag{6-15}
$$

6.3 油膜轴承外加磁场的数值求解[37]

依据多层密匝螺线管内部磁感应强度计算公式，得到油膜轴承外加磁场强度的数值求解结果，以内圈直径为220mm、宽度为180mm、厚度为13mm的衬套外缠绕14层、每层84匝的螺线管模型为例，对有限长多层螺线管线圈进行数值求解，获得轴承内任意点处的磁感应强度。

6.3.1 多层螺线管线圈产生的磁感应强度

分别对螺线管和被磁化轴承产生的轴向磁场强度进行求解，获得激励电流分别为1A和3A时的螺线管模型的衬套内部轴向磁感应强度分布，如图6-7所示。磁化电流分别为0.02A和0.06A螺线管模型的衬套内部轴向磁感应强度分布，如图6-8所示。

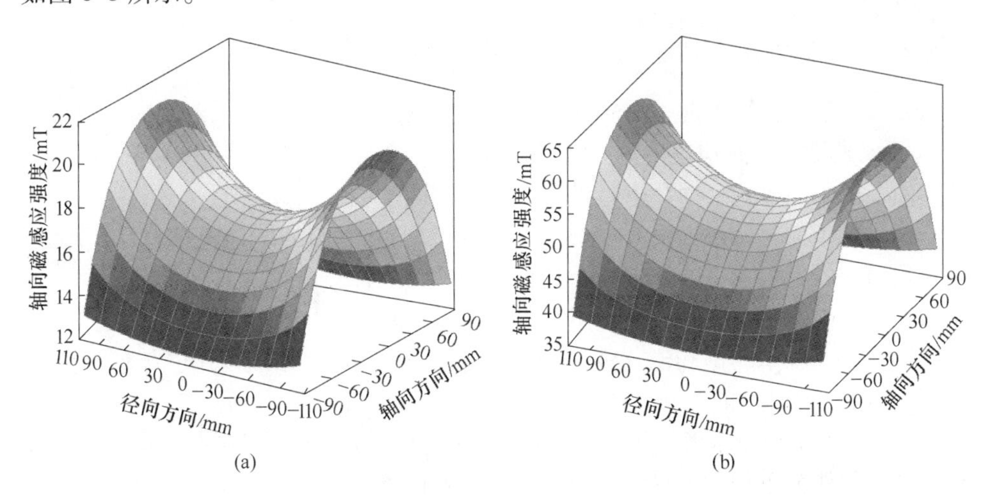

图6-7 理论求解螺线管内部磁感应强度分布
(a) 激励电流1A；(b) 激励电流3A

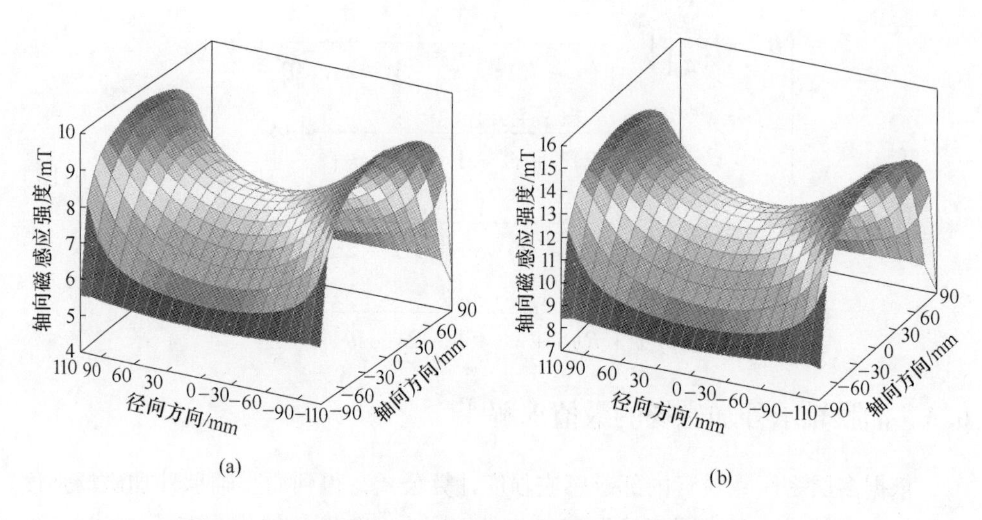

图 6-8 理论求解简化为螺线管模型的衬套内磁感应强度分布
(a) 磁化电流 0.02A；(b) 磁化电流 0.06A

由图 6-7 和图 6-8 可知，沿径向对称面，螺线管内部及被磁化衬套内部整体呈马鞍状分布，且随电流的增加，螺线管线圈产生的磁感应强度呈线性增大。由轴向对称面向衬套端部逐渐减小，由径向对称面向衬套内壁处逐渐增大。由图 6-7 (a) 和图 6-8 (a) 可知，螺线管匝数越多，由螺线管产生的磁场越大。与实验测量缠绕螺线管内部的磁场分布图 6-20 对比得到，由轴向对称面向衬套端部逐渐减小，这与由实验测量的螺线管产生的磁感应强度规律相反。由此可知，衬套被磁化后产生的派生场与螺线管线圈产生的激励场方向相反。

6.3.2 缠绕螺线管线圈的油膜轴承内部的磁感应强度

图 6-9 是螺线管中激励电流分别为 1A 和 3A 作用下衬套内部的轴向磁感应强度 B_x，反映轴向磁感应强度 B_x 的分布规律，B_x 整体分布相对平稳，沿轴向方向关于模型的轴向对称面对称，且沿轴向对称面向轴端方向逐渐增大；沿径向方向关于模型的径向对称面对称；沿轴向对称面向轴端方向的一定范围内，B_x 由径向对称面向衬套内壁方向逐渐减小，靠近轴端由对称面向内壁方向逐渐增大。对比图 6-9 (a) 激励电流为 1A 和图 6-9 (b) 激励电流为 3A 作用下的 B_x 分布图，可以得知，在轴承的饱和磁化强度内，磁感应强度随外加随激励电流 I 的增大，B_x 的大小成倍率增加。

对比图 6-9 理论求解结果与图 6-20 实验结果，实验测量结果与理论计算规律相吻合，整体分布相对平稳，并且都仅在边界位置出现变化，如轴承端面可能由于衬套的边缘造成磁力线发散使得单位面积内磁力线的数目增多，即磁感应强度增大，进一步证实了理论简化模型的合理性。

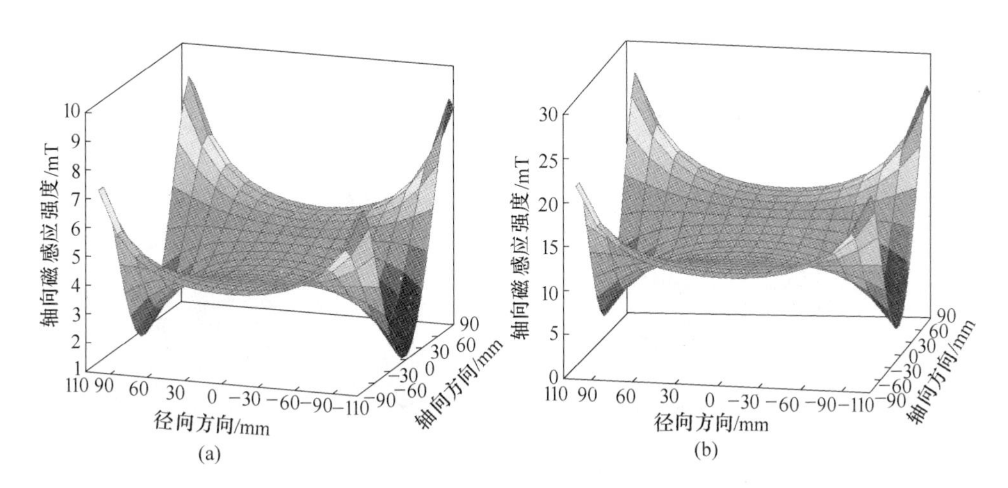

图 6-9　数值求解缠绕螺线管线圈的衬套内部轴向磁感应强度

（a）激励电流 1A；（b）激励电流 3A

6.3.3　衬套楔形间隙内的磁感应强度分布

通过对缠绕螺线管的油膜轴承衬套内任意点磁感应强度的理论推导求解及实验测定，证实了理论研究与实验测定衬套内轴向磁感应强度整体分布规律相吻合。将衬套简化为螺线管模型进行数值求解有一定的合理性。

磁流体位于轴承衬套与轧辊形成的楔形间隙内且油膜厚度较薄，设定最大油膜厚度不大于 0.1mm。考虑求解计算的复杂度及实际情况，分析距离衬套内壁 1mm 范围内的轴向磁感应强度。在激励电流 1A 和 3A 分别作用下，距离衬套内壁 1mm 范围内的轴向磁感应强度 B_x 如图 6-10 所示。依据数值计算结果，得到不同激励电流作用下，距离衬套内壁 δ 位置处的沿轴向方向的 B_x 的大小，δ 分别取 0.2mm、0.6mm 和 1.0mm，如图 6-11 和表 6-1 所示。

表 6-1　距离衬套内壁 δ 位置处沿轴向方向的 B_x 数值

B_x/mT \ 轴向位置/mm			-90.0	-60.0	-30.0	0.0	30.0	60.0	90.0
激励电流	1A	$\delta=0.2$mm	8.60	6.32	2.39	0.75	2.49	6.35	8.62
		$\delta=0.6$mm	8.54	6.33	2.45	0.82	2.56	6.38	8.58
		$\delta=1.0$mm	8.43	6.30	2.37	0.85	2.47	6.32	8.45
	3A	$\delta=0.2$mm	25.8	18.96	7.17	2.25	7.47	19.05	25.86
		$\delta=0.6$mm	25.62	18.99	7.35	2.46	7.68	19.14	25.74
		$\delta=1.0$mm	25.29	18.9	7.11	2.55	7.41	18.96	25.35

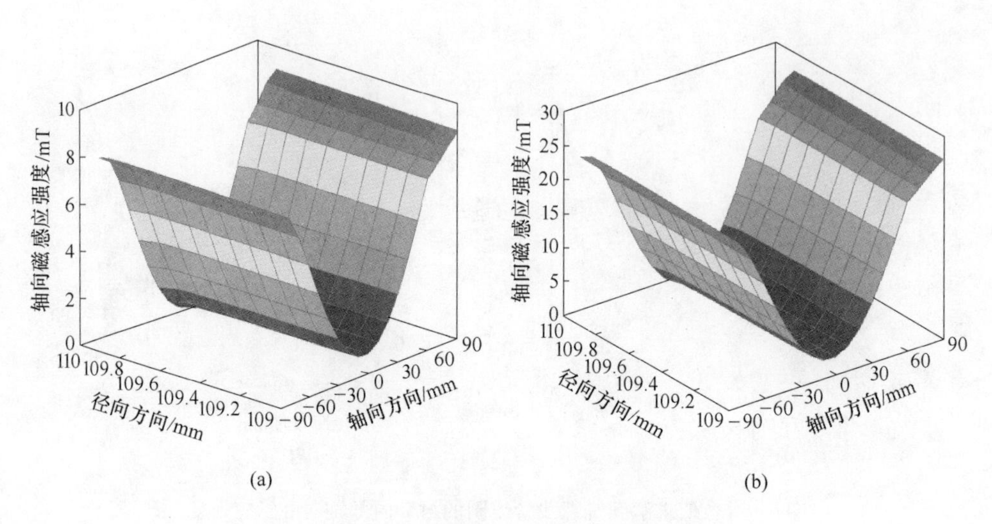

图 6-10　距离衬套内壁 1mm 范围内磁感应强度分布图
（a）激励电流为 1A；（b）激励电流为 3A

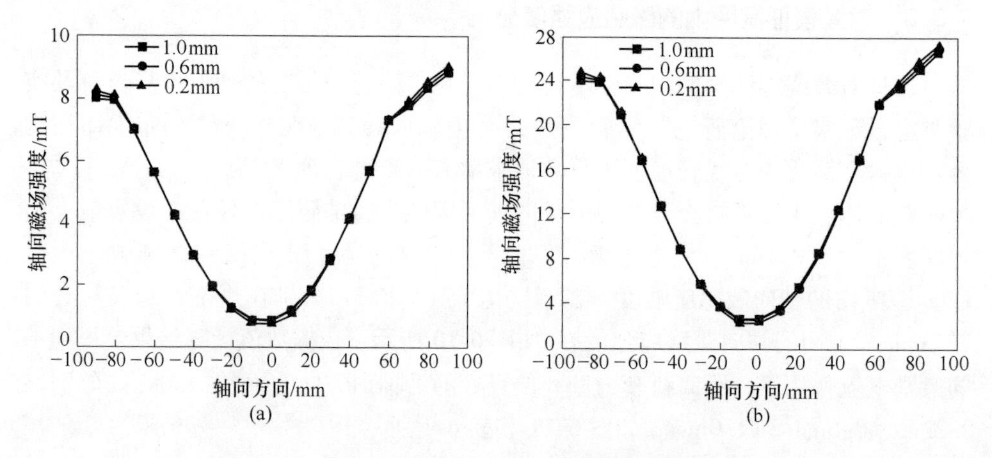

图 6-11　距离衬套内壁 δ 位置处的磁感应强度分布图
（a）激励电流为 1A；（b）激励电流为 3A

图 6-10 和图 6-11 表明，轴向磁感应强度 B_x 关于衬套轴向对称面基本对称，随电流的增大，磁感应强度线性增加，符合总体分布规律；沿径向方向，B_x 基本保持不变。

由表 6-1 进一步分析，得到沿径向方向随距离衬套内壁距离的增加，在衬套端部 B_x 逐渐减小；在衬套轴向对称面处 B_x 先增大再减小。总体上沿径向方向，B_x 大小变化较小，即可以忽略 B_x 沿径向方向的变化。

缠绕螺线管的油膜轴承衬套在激励电流作用下产生的端部效应，有助于油膜轴承在承载力增大或温度升高时，保证楔形间隙处磁流体的黏度降低较小，使承载力分布均匀，保证了润滑油膜的完整性和润滑状态的稳定，并能减小或防止磁流体的端泄，起到一定的密封作用。

6.4 螺线管磁场的试验研究

结合太原科技大学自主研制的大型油膜轴承综合实验台，研制了通电螺线管结构产生磁场。通过调节线圈的通电电流，产生感应磁场作用于磁流体，磁流体中的磁性微粒受磁场作用被磁化，而且磁化方向与外磁场强度同向，使原本无规则布朗运动的磁性微粒有序排列，微粒之间的合成磁矩不再为零，将加剧磁性微粒的重新分布，并增大固液两相分子间的摩擦阻力，从而提高磁流体黏度。因此，油膜轴承外磁场的设计与磁场分布规律成为磁流体润滑的首要前提。

许多前期理论研究直接给出磁场分布规律，分析磁场对黏度影响，关于产生磁场的装置研究相对较少。通常采用的磁场发生器有永磁体和通电线圈。通过不同的磁场设计方案完成磁场对磁流体黏度的测试研究，以此分析磁场强度与黏度的关系，关于磁场大小与分布的研究并不深入。磁流体外加磁场主要应用于黏度测量和理论计算中磁场强度的假设，实际过程能否产生与理论相吻合的磁场大小和分布还有待讨论。同时，当磁流体用于油膜轴承润滑时，轴承外表面产生感应磁场对轴承衬套和轧辊均产生磁化作用，形成复杂的空间磁场，使得磁场对黏度的影响复杂化，因此，需要实验测量轴承衬套内部磁场及分布规律。

磁场发生装置通常采用永磁体和通电线圈，永磁体产生的磁力线形状规则，但通过增减永磁体环来改变磁场强度对结构设计要求高，控制比较困难；通电线圈产生的磁场随通电电流发生变化，需要采用通电线圈提供外加磁场。为获取合理的磁流体润滑油膜轴承外磁场，根据理论计算期望产生的磁感应强度，结合油膜轴承试验台的轴承结构，设计螺线管线圈。通过相应的实验仪器测量螺线管内部磁感应强度的分布，为后续分析磁场强度对铁磁流体黏度的影响提供实验依据。

目前，关于通电线圈的磁场分布研究存在两个条件：（1）通电线圈的长度远大于径向尺寸，即无限长通电螺线管内部产生均匀磁场；（2）有限长通电线圈通常仅计算轴线附近任一点的磁感应强度。如果通电螺线管内存在导磁材料，螺线管产生的激励场使其磁化，将产生派生场，两种磁场进行叠加构成复杂的内部磁场。

通过螺线管向磁流体润滑油膜轴承提供外加磁场。由于轴承宽径比均小于1，属于有限长的螺线管，而且实际有效磁场仅位于轴承楔形间隙内，关于靠近衬套内壁的磁感应强度分布研究较少，同时还需要考虑螺线管内部导磁材料的影响。本章节开展磁流体润滑油膜轴承外加磁场的研究，采用毕奥－萨伐尔定律推导了螺线管内不存在导磁材料时空间任一点的磁感应强度；当考虑内部导磁材料的影响时，采用等效磁荷模型可以计算出螺线管内产生的激励场与衬套磁化后派生场的矢量和。最后，根据油膜轴承的结构研制了通电螺线管，实验测量了螺线管内任一点的磁感应强度，为磁流体润滑油膜轴承外加磁场的设计提供实验依据。

6.4.1　螺线管设计[38]

6.4.1.1　螺线管设计

A　漆包线承受电流

油膜轴承外磁场方案结构图如图 6-12 所示。根据油膜轴承衬套的结构尺寸和期望产生的磁场强度，设计了应用于铁磁流体润滑油膜轴承的外磁场结构——通电螺线管。采用直流电源为螺线管通电，产生感应磁场作用于轴承间隙内的铁磁流体，使其黏度升高，从而提高润滑油膜的承载能力，减小摩擦系数。

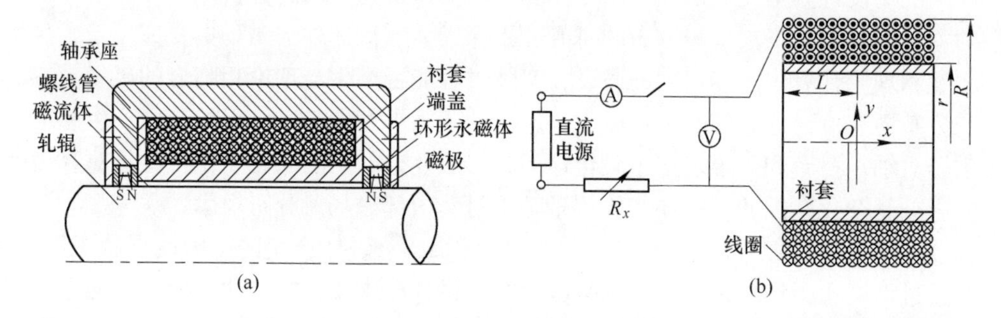

图 6-12　油膜轴承外磁场方案结构图

（a）磁流体油膜轴承；（b）控制电路

B　缠绕螺线管

为了更加真实地反映通电螺线管内部磁场的分布规律，根据油膜轴承的实际结构，设计了内部含有轴承衬套的通电螺线管，传统的螺线管为了减少内部导磁材料的影响，其内部一般采用塑料来缠绕。如图 6-13 所示，采用 CA6140 车床，根据螺纹的加工原理进行线圈缠绕，加工时需设计两块挡板以防止线圈轴向松散。车床的三爪卡盘夹紧衬套内圈，衬套另一端面用活顶尖紧固，通过刀架的进给运动完成螺线管线圈缠绕。加工过程简述如下：

在轴承衬套的外表面包裹一圈厚为 0.2mm 的绝缘纸，并用胶布粘牢。在平行于衬套轴线方向每间隔 90°设置一条玻璃布，以防线圈轴向松垮。

根据线圈直径和轴承衬套外表面直径，得到缠绕线圈的螺旋角为 9°，理论上每层的线圈匝数为 180/2.1 = 85.7，考虑到螺旋角的影响和线圈间隙，预计每层

(a)

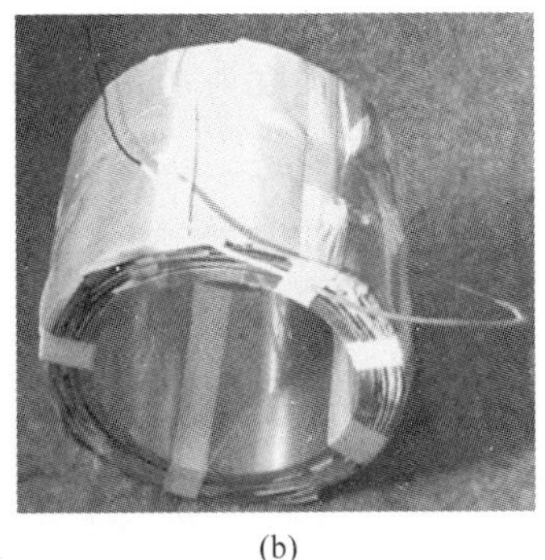
(b)

图 6-13 螺线管线圈缠绕加工
(a) 螺线管加工现场; (b) 螺线管

线圈匝数为 80 匝左右。

待缠绕完每层线圈后，需要用木质绝缘纸包裹线圈并粘牢。反向重复缠绕，缠完三层后用玻璃布轴向固定。木质绝缘纸最好要比衬套宽 5mm，因为缠绕过程中线圈轨迹为螺旋线，与木质绝缘纸之间的摩擦力将使其发生变形，如果绝缘纸宽度恰好等于衬套宽度，缠绕至衬套另一端面时会出现绝缘纸宽度不够的问题，容易导致相邻两层线圈接触以致漏电发生危险。

螺线管线圈选择直径为 2mm 的紫铜漆包线。通常铜线的安全载流量为 5 ~ 8A/mm^2，直径 2mm 的漆包线能够承受 18.84A，参阅相关资料显示能够承受 20A 的电流。由于通电导线的电阻与其长度成正比、与线径成反比，实验过程中需测量线圈的电阻。

根据紫铜的电阻公式计算出螺线管的理论电阻为 5.3Ω，实际测量的电阻为 6.2Ω，两者比较接近。螺线管的具体参数见表 6-2。

表 6-2 螺线管相关参数

参　数	数据	参　数	数据
线圈材料	紫铜	线圈直径/mm	2
螺线管外半径 R/mm	154	螺线管线圈电阻 R_l/Ω	6.2
螺线管内半径 r/mm	123	相对磁导率	0.999979
轴向线圈匝数	85	电导率/S · m^{-1}	57142857
径向线圈匝数	14	导热系数/W · (m · K)$^{-1}$	397
螺线管长度 l/mm	180	电阻系数/Ω · m	1.75×10^{-8}

6.4.1.2 理论计算

对于多层密绕通电螺线管，设螺线管外半径为 R、内半径为 r，当线圈通入直流电源时，其电流密度$j = NI/[2L(R-r)]$。由于螺线管属于完全对称结构，其周向磁感应强度为零。如图6-14所示，根据毕奥－萨伐尔定律，对单匝线圈在轴向和径向的磁感应强度分量进行积分，可以计算出螺线管轴向任意点的轴向磁感应强度和径向磁感应强度分别为：

$$\begin{cases} B_x = \dfrac{\mu j}{2}\left[(x+L)\ln\dfrac{R+\sqrt{R^2+y^2+(x+L)^2}}{r+\sqrt{r^2+y^2+(x+L)^2}} - (x-L)\ln\dfrac{R+\sqrt{R^2+y^2+(x-L)^2}}{r+\sqrt{r^2+y^2+(x-L)^2}}\right] \\ B_y = \dfrac{\mu j y}{4}\left[\ln\dfrac{(R+\sqrt{R^2+y^2+(x-L)^2})(r+\sqrt{r^2+y^2+(x+L)^2})}{(R+\sqrt{R^2+y^2+(x+L)^2})(r+\sqrt{r^2+y^2+(x-L)^2})} + \right. \\ \quad R\left(-\dfrac{1}{\sqrt{R^2+y^2+(x+L)^2}} - \dfrac{1}{\sqrt{R^2+y^2+(x-L)^2}}\right) + \\ \quad \left. r\left(\dfrac{1}{\sqrt{r^2+y^2+(x+L)^2}} - \dfrac{1}{\sqrt{r^2+y^2+(x-L)^2}}\right)\right] \end{cases} \tag{6-16}$$

式中，μ为磁流体的磁导率，$\mu = \mu_0(1+\chi_m)$。

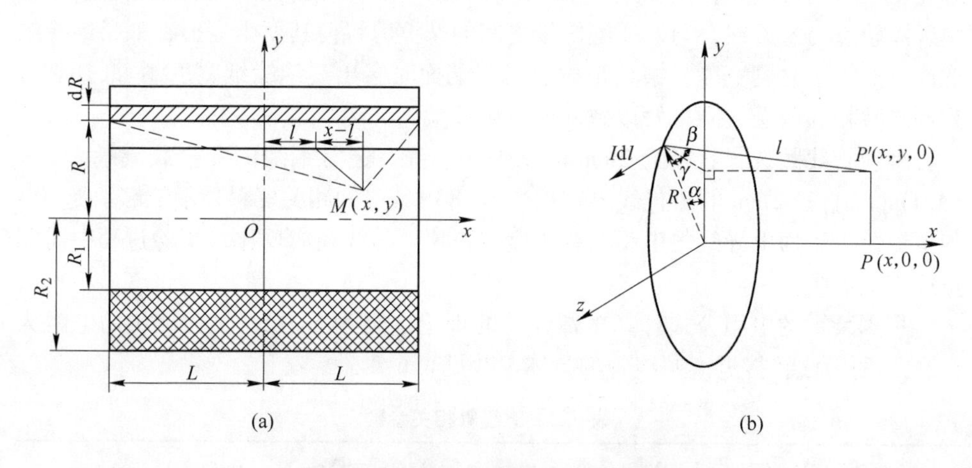

图6-14　螺线管内部磁场计算原理图

（a）密绕螺线管模型；（b）线圈任一点磁场强度示意图

磁流体初始磁化率χ_m理论模型有Langevin模型、Weiss模型和Onsager理论。当考虑磁性微粒间的相互作用时，Onsager理论结果与实验测量数据比较接近[39]，采用该模型计算铁磁流体的磁导率：

$$\chi_{io} = \frac{3}{4}\left(\chi_{iL} - 1 + \sqrt{1 + \frac{2}{3}\chi_{iL} + \chi_{iL}^2}\right) \tag{6-17}$$

式中，χ_{iL}为Langevin模型的初始磁化率。

实验过程中所用磁流体的χ_{iL}为2.5，采用Onsager理论可知磁流体的磁化率

$\chi_m = 3.4$，则磁流体的磁导率为 $\mu = 1.76\pi \times 10^{-6}\mathrm{T \cdot m/A}$。

根据螺线管结构尺寸，向螺线管线圈通入1A电流，计算得出螺线管内部磁感应强度的轴向分量和径向分量，并绘制其沿轴向和径向的分布规律，如图6-15所示。图6-15（a）中径向磁感应强度在螺线管内部中心处为零，沿轴向和径向均逐渐增大，彼此增大的梯度非常相近，而且关于中心点对称，整体呈现马鞍型分布。相对于轴向磁感应强度，径向磁感应强度非常弱，在极薄的轴承间隙内基本可以忽略其对黏度的影响。

图6-15（b）中轴向磁感应强度在螺线管内部中心处达到最大，最大轴向磁感应强度与通电电流的关系为 $B_{x\max} = 4.51$，相应的磁场强度为 $H_{\max} = 1023.71$。同时，轴向磁感应强度从中心处沿轴向和径向均逐渐递减，呈现抛物线分布，但是沿轴向的磁感应强度变化梯度要大于沿径向的变化梯度，主要是受到轴承宽径比的影响。

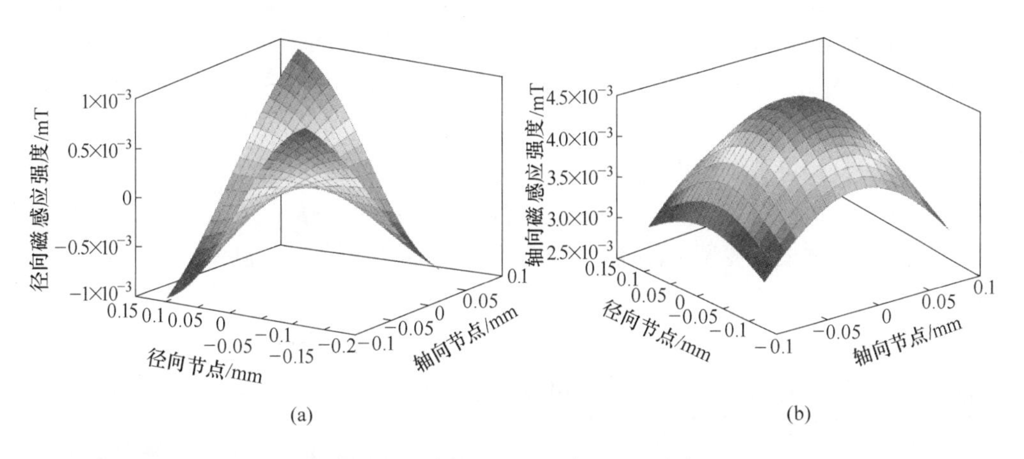

图6-15 螺线管内部磁感应强度分布
（a）径向磁感应强度；（b）轴向磁感应强度

理论上长直螺线管内部磁感应强度为均匀磁场，实际上，自制螺线管参照轴承衬套尺寸，宽径比为0.8，内部磁感应强度分布并不均匀，但分布规律与油膜压力分布非常相似。通过磁感应强度的不均匀分布反而能够有效提高不同区域的磁流体黏度，从而保障油膜压力的均匀分布和润滑油膜的稳定性。

6.4.2 磁场测量

为了提高润滑油膜的承载能力，避免油膜温度过高导致的油膜破裂和轴承烧损，尝试采取施加磁场控制磁流体油膜黏度。通过给磁流体施加外磁场，研究电流强度与磁场强度的关系，设计油膜轴承外加磁场，并实验测量缠绕螺线管的衬套内任意点的磁感应强度。缠绕螺线管的衬套内部磁场由绕有导线的油膜轴承产生，通过可调直流电源控制磁场，轴承衬套内部的磁场作用到磁流体，从而改变磁流体润滑油膜的黏度。

测量通电螺线管内部磁感应强度的原理是霍尔效应，其本质是带电粒子在磁场中运动将受洛伦兹力作用发生偏转。该偏转会导致被约束在固体材料中的带电粒子在垂直电流和磁场的方向产生正负电荷的聚积，从而形成附加的横向电场，即霍尔电场。

为了更好地研究螺线管内部磁场的具体分布，根据试验台的油膜轴承结构和尺寸，在衬套结构上设计加工了螺线管，为磁流体润滑提供外磁场。螺线管线圈选择直径为2mm的紫铜漆包线，该漆包线可承受20A电流，利用绝缘线对形成的每一圈的线圈进行包裹。根据卧式车床对螺纹的加工原理对螺线管进行缠线加工，加工完成的螺线管的具体相关参数见表6-2。

利用上述设计加工的螺线管，采用定点测量的方法，通过霍尔传感器垂直磁力线的方向测量该点的磁感应强度。图6-16为螺线管内部磁场测量的示意图，主要实验仪器为：螺线管线圈、双路输出稳恒直流电源（0～32V、0～2A）、霍尔传感器3503U(0～900Gs)、数据显示屏、测量装置、控制开关、导线若干、胶带等。其中，测量装置是由长直尺、水平仪、支撑架等组成的简易装置，并以圆心为坐标原点，自行绘制笛卡尔坐标系放置于螺线管的底部，方便对其内部进行数据进行采集。根据测试电路布置线路对螺线管内部磁场进行测量，具体测量过程如下：

（1）根据试验轴承的结构尺寸和螺线管内部预计达到的磁感应强度，选择合适的轴承衬套。购置规格为直径2mm、长1000m的紫铜导线，将其紧密整齐

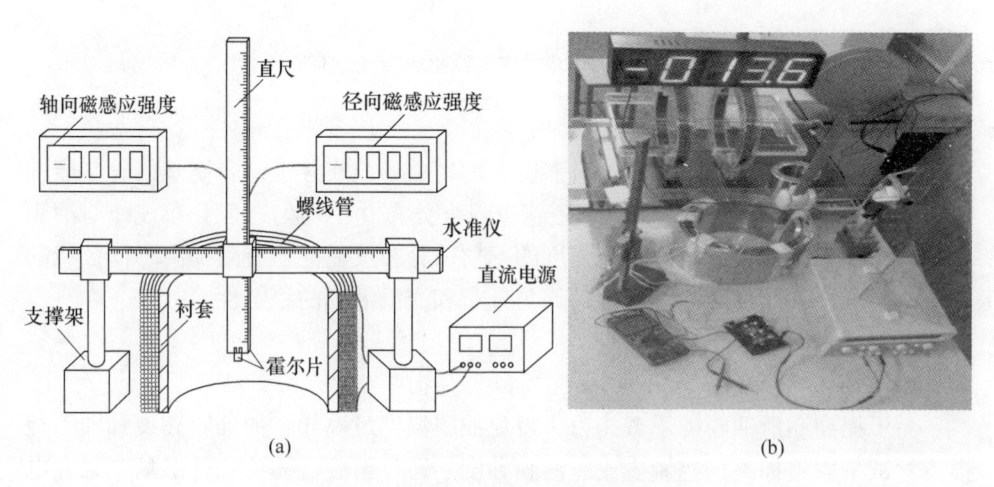

图6-16　螺线管内部磁感应强度测试

（a）测试原理图；（b）测试现场

地沿着轴承衬套绕制成螺线管。

（2）将螺线管放置于水平桌面并使轴线方向垂直于桌面，用支架、长直尺和三角板等工具制作成测量装置，并绘制笛卡尔坐标图置于衬套下端面，以便于定点测量。

（3）按照测试电路图连接好电路。试验开始前，调节直流电源的电压和电流使之归零，同时将霍尔传感器显示板的读数调零；在测量轴向磁场强度时，必须保证霍尔片与轴线方向垂直；测量径向磁场强度时，也必须保证霍尔片与半径方向垂直。

（4）合上开关，从零开始，同时调节电压旋钮和电流旋钮使输出电流为1A，将霍尔片定位于所要测量位置，记录数据显示器上的数值。依次调节霍尔片的位置并记录数据，直到轴向磁感应测试完毕，断开开关。

（5）调节直流电源使输出电流保持1A的电流增幅，重复步骤（4），测量不同位置的轴向磁感应强度，直到直流电源的电流达到设定值5A，完成轴向磁感应强度的测试。

（6）改变霍尔片的位向，使其与螺线管半径方向垂直，对径向磁感应强度进行测量。连接好测试电路，重复步骤（4）、（5），直到径向磁感应强度测试完毕。

（7）断开开关，整理实验仪器。

通过采集指定点磁感应强度的测量值，分别得到螺线管内部径向磁感应强度和轴向磁感应的分布，如图6-17所示。图6-17（a）反映径向磁感应强度 B_y 的分布规律，轴向 B_y 为0，从螺线管中心沿轴向或径向往外将逐渐增大，而且彼此增大的幅度比较相近。图6-17（b）反映轴向磁感应强度 B_x 的分布规律，螺线管内部轴向磁感应强度大体相对平稳，只在边界位置出现变化，如轴承端面可能由于衬套边缘造成磁力线发散，使得单位面积内磁力线的数目增多，即磁感应强度增大。总体上可知，轴向磁感应强度比径向磁感应强度大，在极薄的轴承间隙内基本可以忽略其对黏度的影响。

通过螺线管产生感应磁场，铁磁流体仅位于轴承楔形间隙内，因此，只有轴承间隙内的磁场才对铁磁流体产生影响。考虑油膜厚度非常薄，设定最大油膜厚度仅为0.1mm，因此径向磁感应强度的影响忽略不计，主要分析衬套内壁处轴向磁感应沿着轴向方向的变化，如图6-18所示。轴向磁感应强度随着螺线管通电电流的增大而增大。轴向磁感应强度大部分为均匀稳定状态，当邻近轴承端面时，会出现增大的趋势，可能是由于衬套边缘效应导致单位面积内磁力线的数目增多而造成的。当直流电流为5A时，轴向磁感应强度大约为5mT。通常 Fe_3O_4 为磁性微粒的磁流体，其饱和磁化强度为20mT[40]，只需要增大外加电流即可满足要求。

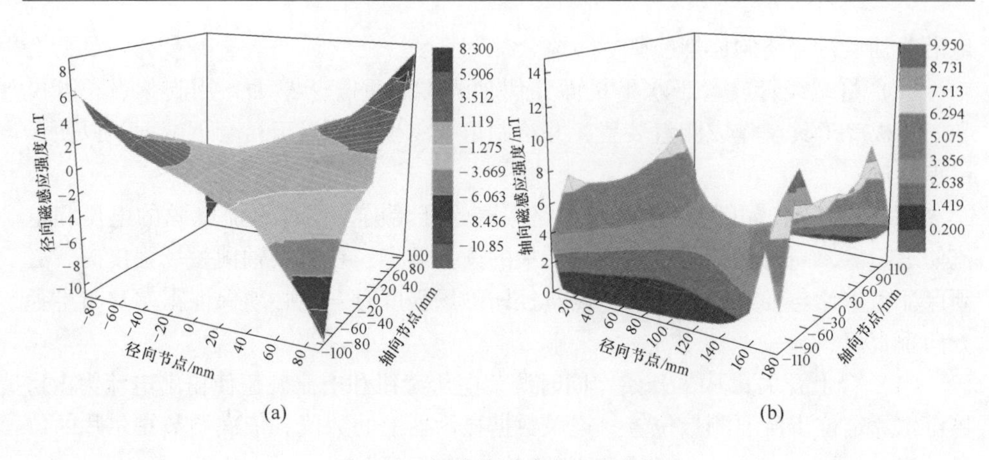

图 6-17　螺线管磁感应强度分布

(a) 径向磁感应强度；(b) 轴向磁感应强度

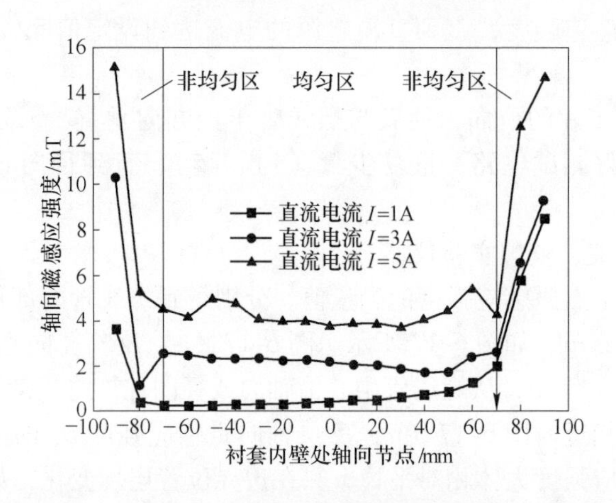

图 6-18　不同电流时衬套内壁处轴向磁感应的轴向变化

6.4.3　实验测量缠绕通电螺线管衬套的磁感应强度分布

通过在轴承衬套外表面缠绕螺线管线圈的方式产生激励场，控制螺线管中的激励电流实现对轴承楔形间隙处磁场的动态调控，进一步达到控制磁流体黏度的目的，从而保持油膜的完整性和稳定性，提高轴承的承载能力和使用寿命。

本章节通过在轴承衬套外表面缠绕有限长螺线管线圈产生磁场，对螺线管和衬套共同作用下产生的磁场进行数值求解与实验研究。通过对激励场及派生场的研究，为动态调控外加磁场控制磁流体的黏度提供一定的理论基础，并对磁流体润滑油膜轴承的实际应用提供参考。

图 6-19 为缠绕有限长螺线管的衬套示意图。当螺线管线圈通入电流时，衬套被磁化，产生磁化电流，则衬套内部磁场由螺线管线圈产生的激励场 B_0 和衬

套被磁化后产生的派生场 B_c 两部分组成，将被磁化的衬套作为二次场源，根据磁场叠加原理，得到轴承衬套内部磁感应强度 B 为：

$$B = B_0 + B_c \tag{6-18}$$

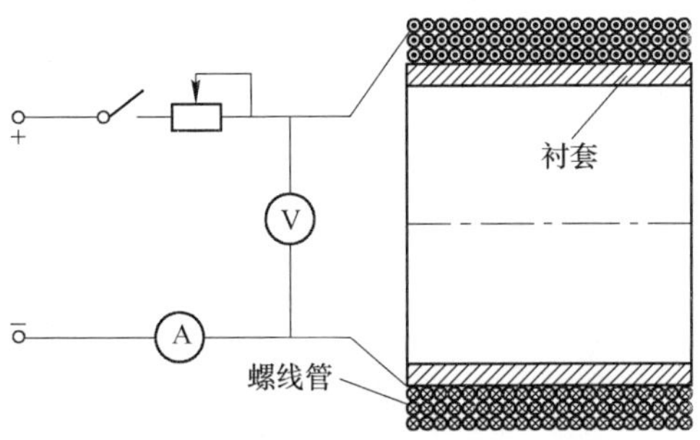

图 6-19 螺线管内磁感应强度发生装置

根据电磁学基本方程，得到衬套内部的磁感应强度和磁场强度的关系为：

$$B = \sum_{i,j}^{m,n} B_{ij} = \mu H \tag{6-19}$$

式中，B 为线圈磁感应强度，T；H 为磁场强度，A/m；μ 为真空磁导率，T · m/A。取平均磁化率 $\chi_m = 2.5$，则相对磁导率 $\mu_r = 1 + \chi_m = 3.5$，式（6-19）中磁流体的磁导率 $\mu = \mu_0 \times \mu_r = 4\pi \times 10^{-7} \times 3.5 = 1.4\pi \times 10^{-6}$ T · m/A。

实验采用定点测量法，通过霍尔传感器垂直磁力线的方向测量任意一点的磁感应强度。通过采集指定点处的实验值，得到螺线管中激励电流分别为 1A 和 3A 时的轴向磁感应强度分布，如图 6-20 所示。进一步分析试验测量数据，得到同一径向位置不同电流作用下沿轴承轴线方向的磁感应强度变化曲线和同一电流不同径向位置下沿轴承轴线方向的磁感应强度变化曲线，如图 6-21 和图 6-22 所示。

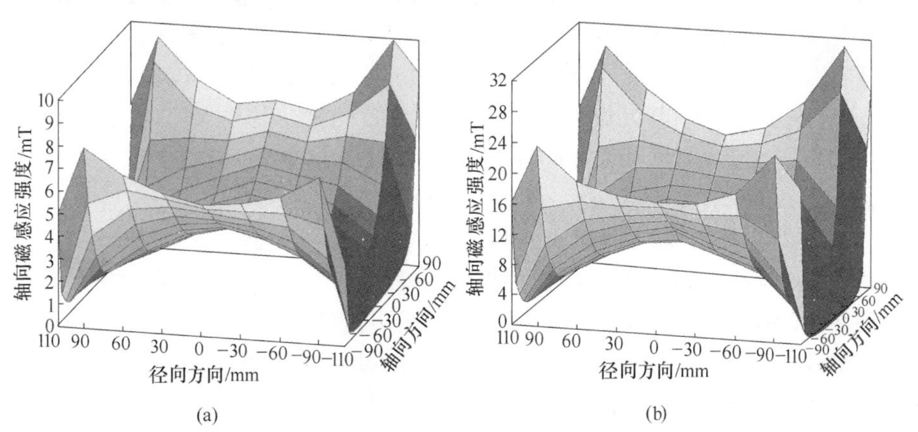

图 6-20 实验测量缠绕螺线管线圈的衬套内部轴向磁感应强度

（a）激励电流 1A；（b）激励电流 3A

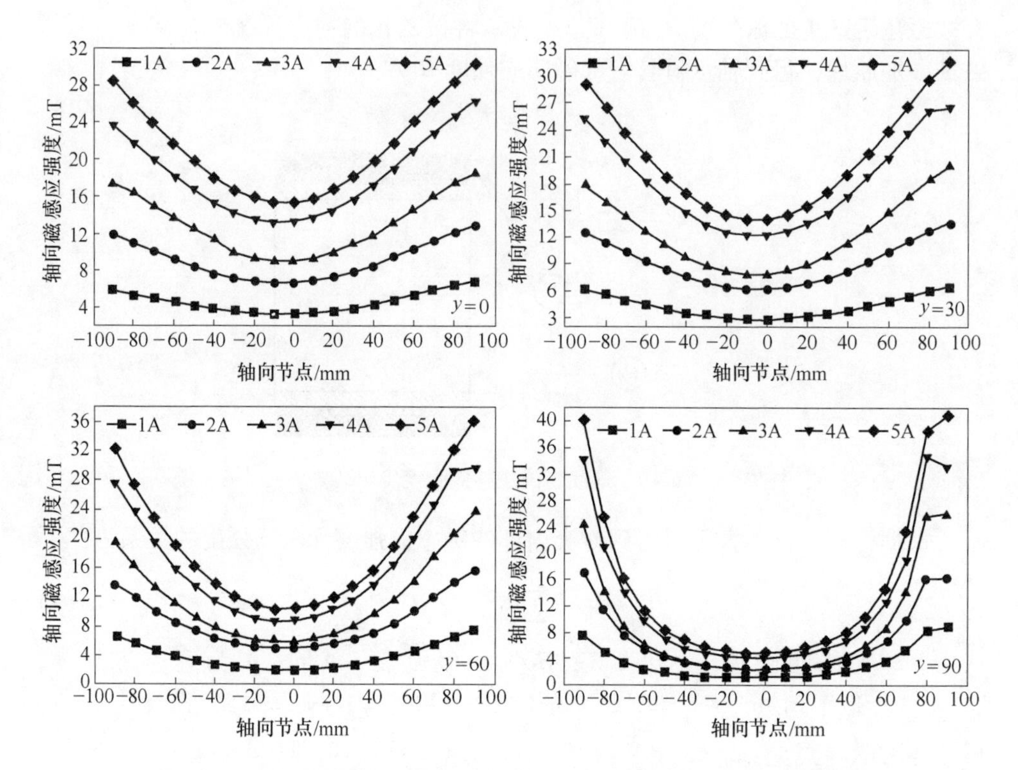

图 6-21　同一径向位置不同电流作用下沿轴承轴线方向的磁感应强度

由图 6-20 分析可知，沿周向对称面，螺线管内部整体呈马鞍状分布，磁感应强度的大小随激励电流的增大而增大，由轴向对称面向衬套端部逐渐增大，由径向对称面向衬套内壁处逐渐增大再减小。

图 6-21 给出了同一径向位置不同电流作用下的沿轴承轴向位置变化的磁感应强度分布，在轴承的磁化强度范围内，随激励电流的增大，轴承内部的磁感应强度基本成倍率线性增加，且轴承端部磁感应强度增加的速率较轴承中心处大。图 6-22 反映了在同一电流作用下不同径向位置的磁感应强度沿轴承轴向位置的变化曲线，由轴承轴向对称面向衬套内壁处，轴承内部的磁感应强度逐渐减小。

由图 6-20 ~ 图 6-22 可知，在衬套内部，磁感应强度的变化相对较为平均；在衬套端部，其变化较大。产生这种现象的原因可能是由于螺线管中的激励电流对磁场端部效应的影响较其他部分显著，随着电流的增大，各部分的磁感应强度基本上呈线性增加，其中轴承端部磁感应强度的增加幅度较其他部分大。轴端磁感应强度较大有助于油膜轴承在承载力增大或温度升高时，保证楔形间隙内的磁流体黏度分布均匀，保证承载区的润滑状态稳定，并能减小或防止磁流体的端泄，起到一定的密封作用。

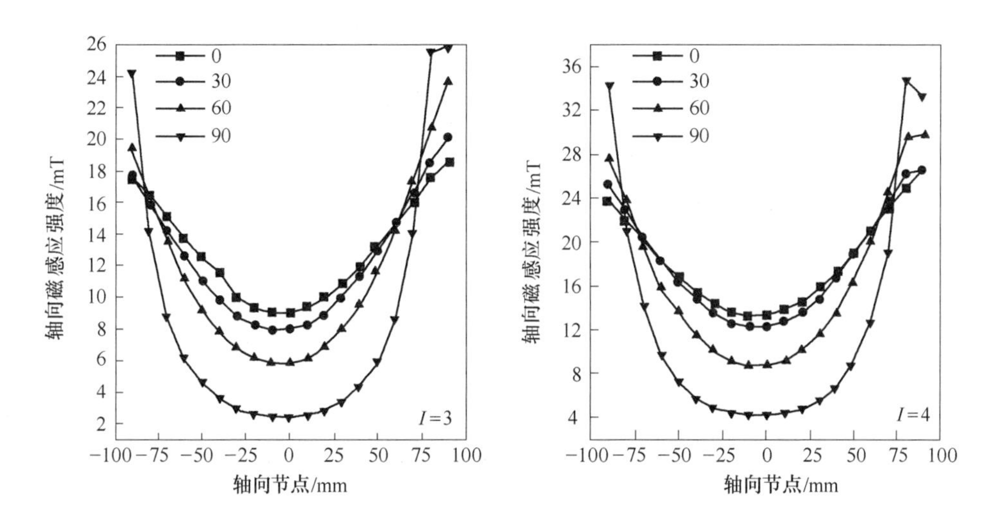

图6-22　同一电流不同径向位置下沿轴承轴线方向的磁感应强度

6.4.4　轴承的磁化电流

由于实际应用中关于轴承衬套的磁化电流研究较少，本章节通过实验测量缠绕螺线管线圈衬套内部磁感应强度分布及多层密绕螺线管内部磁感应强度分布，并运用磁场叠加原理，如式（6-19）所示，获得仅有被磁化衬套作用时的磁感应强度分布，并获得将衬套简化为螺线管线圈模型后的磁化电流。

由图6-20实验测量缠绕有螺线管线圈的衬套内部磁感应强度分布及多层密匝螺旋管线圈的内部磁场分布，可以获得只有被磁化衬套产生的磁场作用时的轴向节点与磁化电流的关系，如图6-23所示。对其进行数据拟合，获得轴承衬套被磁化后的磁化电流与轴承轴向位置有关的拟合关系式，如式（6-20）所示。进一步提取与磁化强度、外加电流有关的系数 m、n、p，见表6-3。

$$I_c(x) = mx^2 + nx + p \tag{6-20}$$

式中，m、n、p 分别是与磁化强度、外加电流有关的系数。

表6-3　磁化电流公式系数表

激励电流	1A	2A	3A
m	0.290	0.581	0.871
n	−1.672	−3.343	−5.015
p	0.021	0.042	0.063

由图6-23可知，磁化电流与轴承轴向位置大致呈二次曲线分布。由表6-4可知，当轴承材料未达到饱和磁化强度之前，随激励电流的增大，衬套中的磁化强度也成倍率增加。

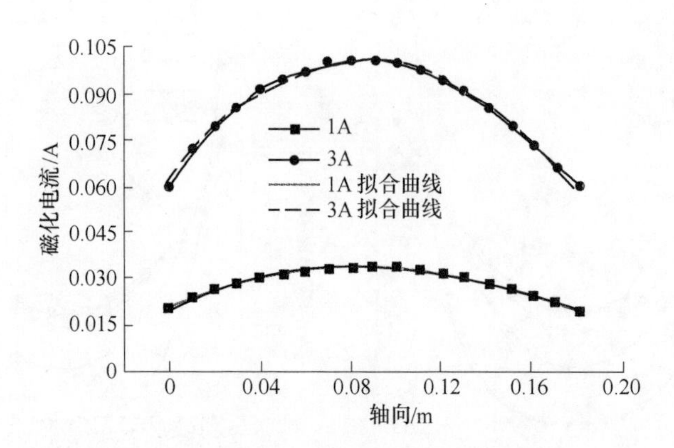

图 6-23　不同电流作用下的磁化电流及其拟合曲线

6.5　计算结果和分析

6.5.1　不同磁场模型的模拟结果

图 6-24 是基于永磁铁模型计算的磁场分布。从图 6-24（a）中可以看出，其磁力线主要分布在轴承上，并且各部分的分布较为规律，空气部分分布稀疏。这是因为轴承各部分均为导磁材料，永磁铁的磁导率相对较大，相连的各部分出现了不同程度的磁化。

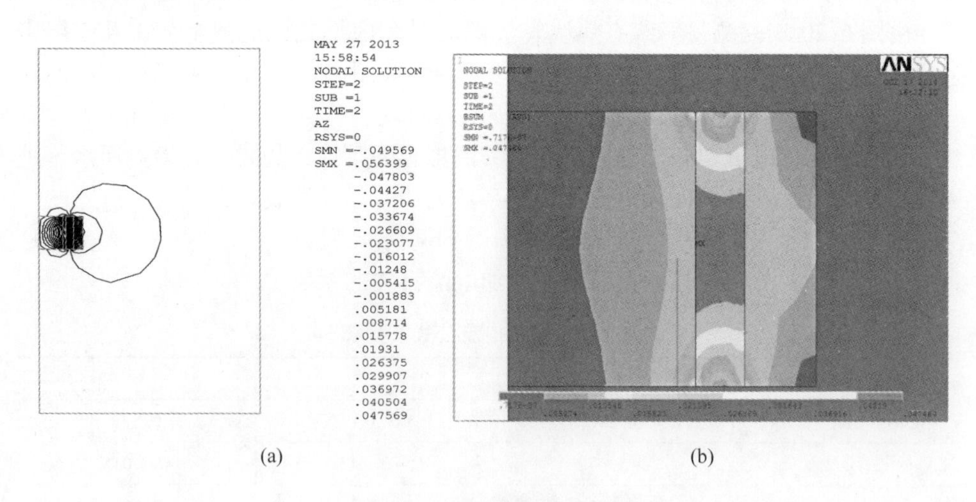

图 6-24　永磁铁模型的磁场
（a）磁力线分布图；（b）磁场云图

从图 6-24（b）中可以看出，其节点处磁流密度在永磁铁部分达到了最大值，并且中间部位的数值大于两侧部位的数值，原因可能是因为漏磁造成的。在空气和远离磁铁的轧辊部分最小，一般小于0.4mT，因此，可以忽略该部分的磁场分布。油膜、衬套以及轴承座上的分布特点是从永磁铁向外依次扩散，在永磁铁的内部出现最大值，在永磁铁与衬套、衬套和轴承座、衬套和油膜接触的端部均出现了端部效应，主要原因是轴承配合间隙小以及永磁铁的磁导率远大于衬套和轴承座的磁导率造成的。

图6-25是基于螺线管模型计算的磁场分布。由图6-25（a）可知，其磁力线分布规律特点与图6-24（a）一致。由图6-25（b）可知，磁场主要分布在螺线管、衬套、轴承座和油膜区域；在空气部分最小，一般小于0.38mT，可以忽略这部分的磁场分布。磁场在螺线管与衬套接触的端点处出现最大值，且轴承座与衬套的磁场强度大于螺线管部分，这是因为螺线管通电使这两部分被磁化。在螺线管与衬套、衬套和轴承座、衬套和油膜接触的端部均出现了端部效应。这与模拟设置的轴承材料45号钢参数，尤其是磁导率不当有关。

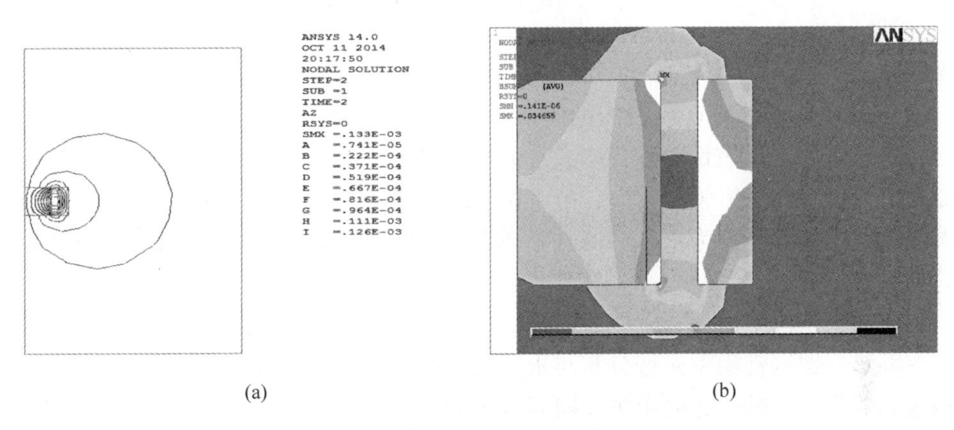

图6-25 螺线管模型计算的磁场分布
（a）磁力线分布图；（b）磁场云图

图6-26是基于亥姆霍兹线圈模型计算的磁场分布。

从图6-26（a）中可以看出，其磁力线分布规律特点与图6-24（a）和图6-25（a）相一致。

从图6-26（b）中可以看出，磁场主要分布在亥姆霍兹线圈、衬套、轴承座和油膜区域的两端。虽然空气部分仍最小，但已达到6mT左右,因此这个区域的部分磁场不能忽略。磁场强度的最大值出现在线圈靠近轧辊部分的端部,且磁场主要分布在线圈周围的轧辊和衬套,中间磁场很小,这是由亥姆霍兹线圈的结构决定的。

6.5.2 油膜区磁场分布

磁流体分布在轧辊与衬套之间的油膜区内，位于该部位的磁场直接决定着磁

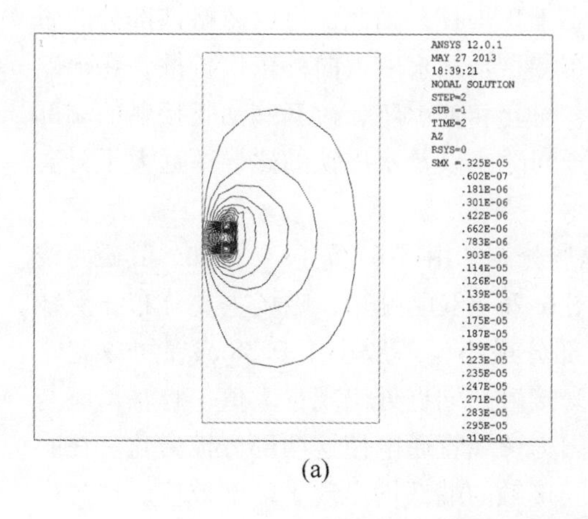

(a)

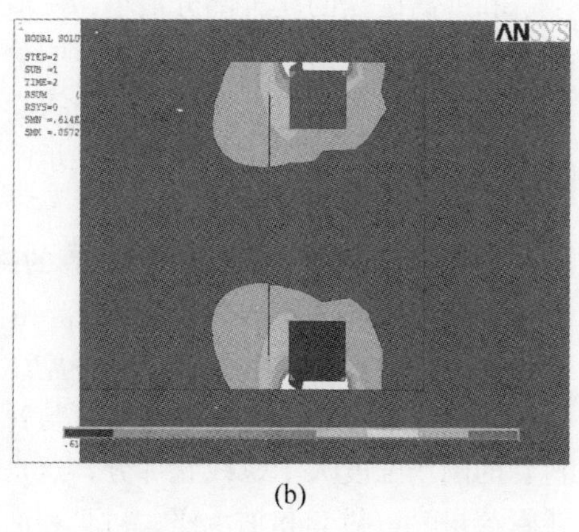

(b)

图 6-26　亥姆霍兹线圈模型计算的磁场分布

（a）磁力线分布图；（b）磁场云图

流体黏度，不同模型中油膜区的磁场分布二维云图，如图 6-27 所示。图 6-27（a）给出了基于永磁铁模型的油膜区磁场分布，可以得知，磁场沿径向方向不变，主要是因为永磁铁的磁导率大且油膜区只有 0.1mm，小范围内难以造成磁压梯度的变化。磁场沿轴向方向，由中截面向两端依次增大，呈现对称结构，存在端部效应，主要是因为永磁铁的磁导率大于油膜区的磁导率造成的，该结构可以起到密封的效果。

与永磁铁模型对比，螺线管模型的油膜区磁场分布，如图 6-27（b）所示。由图可知，螺线管模型磁场分布与永磁铁模型的磁场分布规律一致，沿径向方向磁场无变化，沿轴向方向由中间向两端逐渐增大，出现了端部效应。主要原因是螺线管将衬套磁化，使其磁导率大于油膜磁导率，该分布特征同时起到了密封的作用。

同理，亥姆霍兹线圈油膜区的磁场分布，如图 6-27（c）所示。由图可知，磁场沿径向方向分布不均匀，在两端部位出现了混乱的现象；同时，沿轴向方向也呈现出中间部位磁场强度小于两端磁场强度的现象，但磁场分布不对称，主要是由于亥姆霍兹线圈的结构及其磁化不均匀造成的。

为了更清晰地研究油膜区磁场沿轴向的变化情况，分别沿油膜区与轧辊及衬套的接触线提取其磁场强度值，并将接触线 18 等分，得到了三种不同模型下油膜区两边沿轴向的磁场分布对比曲线，如图 6-28 所示。

图 6-28（a）给出了不同模型在靠近轧辊边缘处磁场分布沿轴向变化的对比，可知三种模型变化曲线大致与开口向上的剖物线特征相同，且在中间区域磁场的变化都较小，两端磁场变化较大。永磁铁模型和螺线管模型呈现出“先减小后增大”的变化趋势，亥姆霍兹线圈呈现出“先减小然后稍微增大”→“再次减

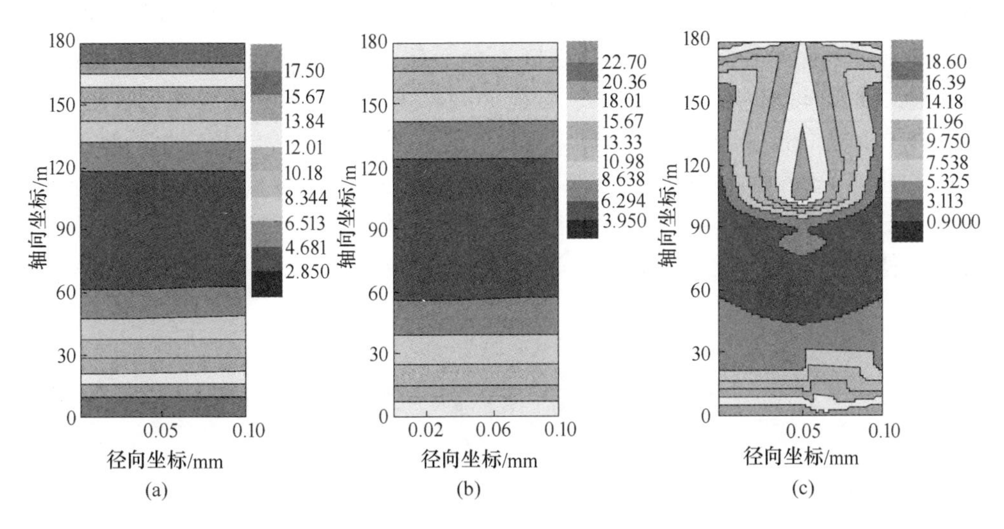

图 6-27 油膜区磁场分布二维云图
(a) 永磁铁；(b) 螺线管；(c) 亥姆霍兹线圈

小后又稍微增大”→“后又减小最后逐渐增大” 的变化趋势。图 6-28 (b) 为不同模型在油膜区靠近衬套边缘处磁场分布的对比图，可知，其变化曲线与近轧辊边缘处的规律大体一致，只是螺线管模型在两端出现稍微下降的趋势。

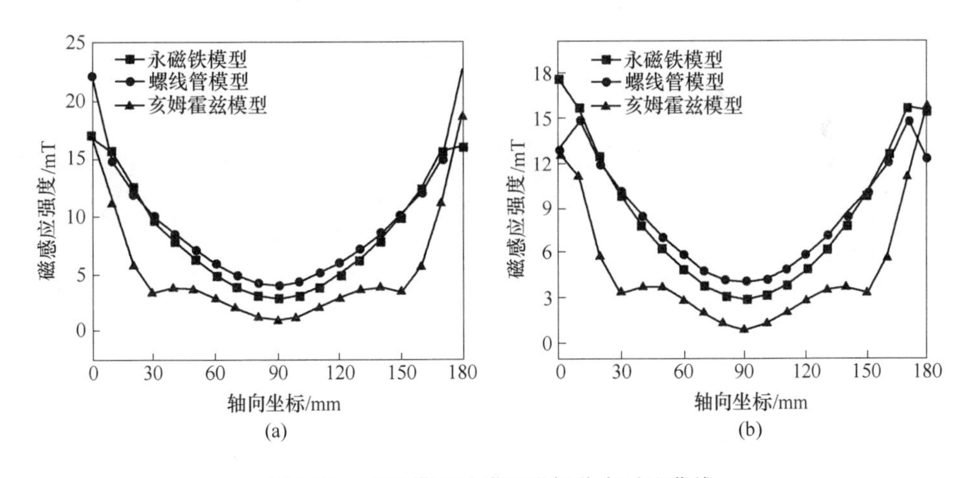

图 6-28 三种模型油膜区磁场分布对比曲线
(a) 油膜区靠近轧辊边缘处磁场分布对比图；(b) 油膜区靠近衬套边缘处磁场分布对比图

6.5.3 螺线管电流对磁场大小的影响

为了研究螺线管模型中电流对油膜区的磁场分布的影响，对其施加大小不同的电流，从 1A 开始，每次增加 1A 直到 5A，因径向磁场分布均匀，故在轴向方向从中截面开始向一侧每隔 10mm 选取 1 个节点，共选取 10 个不同节点取磁通密度值，如图 6-29 所示。可知螺线管电流对磁场分布的影响呈正比例，随着电流的增大，任一点的磁场强度也随之增大；但电流对每点的磁场变化影响不同，从中心往外呈现一种递增的趋势，即越靠近中间位置，电流对磁场的影响越小，越靠近端部位置，其影响越大。产生这种现象的原因是由于螺线管通电使衬套被磁化，使其磁场的变化要明显大于其他部分，即电流使其磁场分布产生了端部效应。

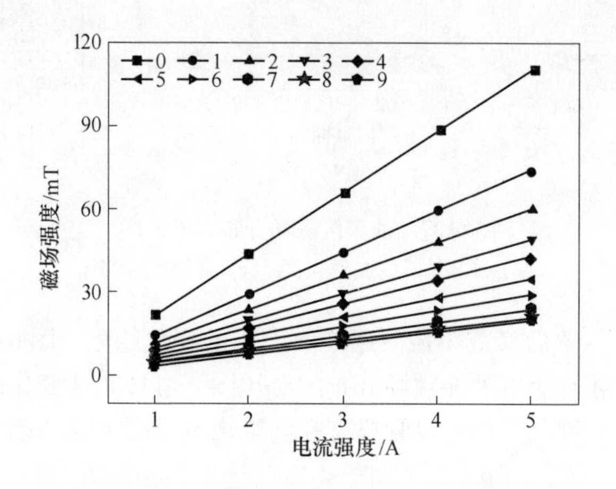

图 6-29　螺线管电流对磁场分布的影响

7 磁流体润滑油膜的黏度特性

磁流体通过施加磁场来改变相位的能力，使其在密封与润滑等方面得到了广泛的应用。外加磁场对于磁流体油膜轴承的影响主要有两方面：通过设计合理的磁场强度来提升润滑剂的性能；通过调节磁场来改变磁流体的黏度。由于油基磁流体饱和体积分数的影响，通过磁力作用来影响磁流体与流体动力的作用显得微不足道。通过磁场来调节磁流体黏度的作用则有显著的效果。在外加磁场的作用下，磁流体的黏度将发生改变。

关于磁流体黏度影响因素的研究，多数为理论推导与定性分析，也有在实验过程中通过改变磁场强度来测量其黏度，磁流体润滑的实际应用还停留在理论阶段，大多数研究都只是定性研究与分析的状况，很少定量地研究磁场和温度对黏度的影响。

7.1 磁流体黏度特性[41]

由于油膜轴承楔形间隙内流动的磁流体自身的分子热运动，以及与轧辊间附着力产生的内聚力的影响，使磁流体在油膜厚度方向上的速度不同，不同流体层间因为速度差异产生摩擦力。

油膜轴承实际运转时，油膜温度随着不同工况及运转时间发生变化，温度会影响磁流体本身的热运动及磁流体与轧辊附着力之间的内聚力，从而影响摩擦力使得黏度发生变化。油膜轴承的承载能力主要依靠润滑油的黏度来确定，润滑油的黏度通过润滑油的温度来保证。润滑油温度的变化直接影响着整个轴承的承载能力。当润滑油黏度大时，轴承承载能力强；当润滑油黏度小时，轴承承载能力弱。

与普通润滑油相同，影响磁流体黏度的主要因素有温度 T、压力 P、磁场强度 H 以及体积分数。准确掌握磁流体黏度随温度、磁场的变化规律对其润滑特性分析具有重要意义。

7.1.1 无磁场作用时磁流体的黏度方程

温度和压力是液体黏度的主要影响因素。当同时考虑两者对黏度的影响时，常用的表达式为 Roelands 黏度方程：

$$\eta_t = \eta_{c0}\exp\left\{(\ln\eta_{c0} + 9.67)\left[(1 + 5.1\times10^{-9}P)^Z\left(\frac{T-138}{T_0-138}\right)^{-S_0} - 1\right]\right\} \quad (7\text{-}1)$$

假设无外加磁场作用时，磁流体的黏度系数为 η_{f0}，由牛顿定律可得出其黏度为：

$$\eta_{f0} = (1-\phi)\eta_c + \phi\eta_p \tag{7-2}$$

式中，η_c 为磁流体的黏度系数；η_p 为纳米固相微粒的黏度系数。

磁流体中纳米磁性微粒所占体积分数 ϕ 一般小于 0.1，属于稀疏相。Rosensweig 提出一种修正后的 Einstein 公式为：

$$\eta_{f0} = \frac{\eta_c}{1-2.5\phi+1.55\phi^2} \tag{7-3}$$

则磁流体的动力黏度系数可用 Rosensweig 修正的 Einstein 公式表述[8]：

$$\eta_{f0} = \eta_{c0}\exp\left\{(\ln\eta_{c0}+9.67)\left[(1+5.1\times10^{-9}P)^Z\left(\frac{T-138}{T_0-138}\right)^{-S_0}-1\right]\right\}\cdot(1-2.5\phi+1.55\phi^2) \tag{7-4}$$

磁流体内的纳米磁性颗粒上都包覆着一层分散剂，考虑分散剂对于磁流体黏度影响的 Rosensweig 修正 Einstein 公式为：

$$\eta_{f0} = \frac{\eta_c}{1-2.5\left(1+\frac{\delta}{r_p}\right)^3\phi+1.55\left(1+\frac{\delta}{r_p}\right)^6\phi^2} \tag{7-5}$$

联立式（7-1）~式（7-5），得到磁流体在无外加磁场下的黏度公式为：

$$\eta_{f0} = \eta_{c0}\exp\left\{(\ln\eta_{c0}+9.67)\left[(1+5.1\times10^{-9}P)^Z\left(\frac{T-138}{T_0-138}\right)^{-S_0}-1\right]\right\}\cdot\left[1-2.5\left(\frac{\delta}{r_p}\right)^3\phi+1.55\left(\frac{\delta}{r_p}\right)^6\phi^2\right] \tag{7-6}$$

式中，η_{f0} 为无磁场作用时铁磁流体的黏性系数；η_{c0} 为磁流体基载液的动力黏性系数；P 为油膜压力；Z 为压力－黏度系数，$Z=0.68$；S_0 为温度－黏度系数，$S_0=1.1$；ϕ 为磁流体中固相微粒的体积分量；r_p 为纳米磁性颗粒的粒径；δ 为表面活性剂的厚度。

7.1.2　外磁场作用时磁流体黏度方程[42]

根据 Shilioms 转动黏度理论，在外加磁场作用下，磁流体中纳米磁性颗粒在磁场中被磁化，粒子间的磁力矩阻碍了随机的布朗运动，粒子呈现有序排列状态。此外，由于基载液流体的旋转作用，在磁性颗粒体上产生黏性力矩。纳米磁性粒子与基载液体的转速差增大，导致产生内摩擦，宏观上表现为黏度增大。磁流体的黏度增量 $\Delta\eta$ 与基载液 η_c 的关系为：

$$\frac{\Delta\eta}{\eta_c} = \frac{3}{2}\phi\frac{0.5\alpha L(\alpha)}{1+0.5\alpha L(\alpha)}\sin^2\beta_1 \tag{7-7}$$

由此可知，磁流体在外加磁场作用下的黏度为：

$$\eta_H = \eta_{f0} + \Delta\eta = \left(\frac{1}{1-2.5\phi+1.55\phi^2} + \frac{3}{2}\phi\frac{0.5\alpha L(\alpha)}{1+0.5\alpha L(\alpha)}\sin^2\beta_1\right)\eta_c \tag{7-8}$$

式中，$\Delta\eta$ 为磁流体黏度增量；β_1 为管流涡旋矢量与外加磁场强度的夹角。

根据 Langevin 方程：

$$M = M_{\mathrm{p}} L(\alpha), \alpha = \frac{\pi d_{\mathrm{p}}^3 \mu_0 H M_{\mathrm{p}}}{6k_0}, L(\alpha) = \coth\alpha - \frac{1}{\alpha} \tag{7-9}$$

计算可知：

$$\frac{\Delta\eta}{\eta_{\mathrm{c}}} = \frac{3}{2} \frac{1}{\dfrac{1}{\phi} + \dfrac{12k_0 T}{\pi d_{\mathrm{p}}^3 \mu_0 H M}} \tag{7-10}$$

综合计算，得出磁流体黏度在外磁场作用下与温度、压力和磁场强度的关系表达式为：

$$\eta_{\mathrm{f}}(T,P,H) = \eta_{\mathrm{c0}} \exp\left\{ (\ln\eta_{\mathrm{c0}} + 9.67) \left[(1 + 5.1 \times 10^{-9} P)^Z \left(\frac{T - 138}{T_0 - 138} \right)^{-S_0} - 1 \right] \right\} \cdot$$
$$\left[\frac{1}{1 - 2.5\left(\dfrac{\delta}{r_{\mathrm{p}}}\right)^3 \phi + 1.55\left(\dfrac{\delta}{r_{\mathrm{p}}}\right)^6 \phi^2} + \frac{1.5k_1}{\dfrac{1}{\phi} + \dfrac{3k_0 T}{2\pi r_{\mathrm{p}}^3 \mu_0 (\mu_{\mathrm{r}} - 1) H^2}} \right] \tag{7-11}$$

式中，k_0 为玻耳兹曼常数，$k_0 = 1.38 \times 10^{-23}$ J/K；T 为油膜温度；T_0 为常温，$T_0 = 293.15$K；μ 为磁导率；μ_0 为初始磁导率；μ_{r} 为相对磁导率，$\mu_{\mathrm{r}} = \mu/\mu_0$。

7.2 磁流体黏度测试[43]

7.2.1 测试装置

磁流体润滑代替传统润滑，其突出特点是磁流体在磁场作用下，使得润滑油膜的黏度和承载能力提高，摩擦系数降低。磁场由通电螺线管装置施加，其大小的测量通过霍尔芯片实现。结合大型油膜轴承试验台所设计的产生磁场的电磁装置，如图 7-1（a）所示。根据电磁装置的原理，磁流体黏度测试所施加的外磁场由螺线管装置提供，其外部电路如图 7-1（b）所示，其参数见表 7-1。

表 7-1 螺线管相关参数

参 数	数据	参 数	数据
螺线管外半径 R/mm	154	螺线管长度 l/mm	180
螺线管内半径 r/mm	123	螺线管线圈电阻 R_l/Ω	6.2
轴向线圈匝数	85	相对磁导率	0.999979
径向线圈匝数	14	线圈直径/mm	2

磁流体黏度测试系统原理图与实物图，如图 7-2 所示，主要由温度传感器、

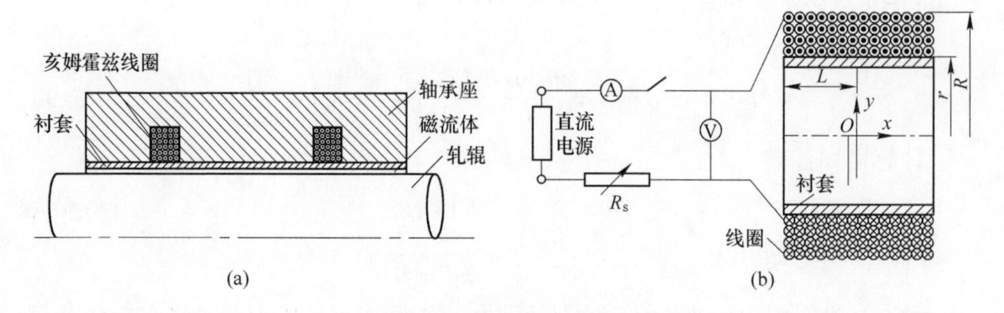

图 7-1　磁流体油膜轴承磁场测试示意图

（a）电磁装置示意图；（b）外部电路图

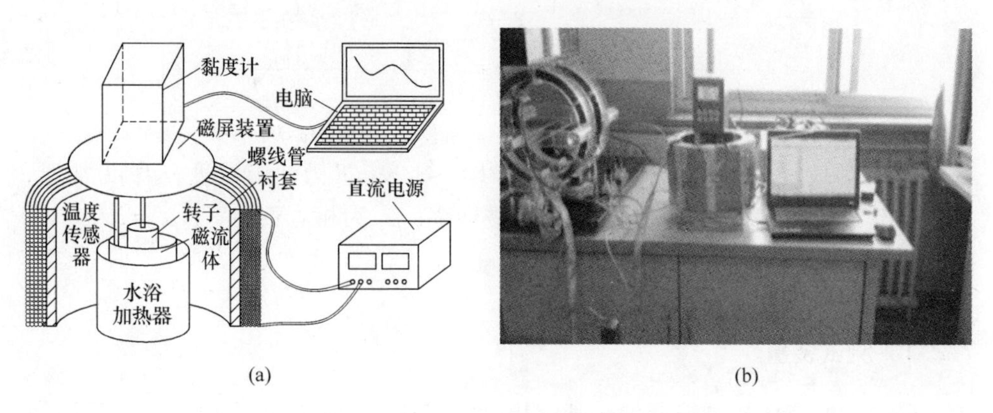

图 7-2　黏度测试系统示意图

（a）黏度测试系统原理图；（b）黏度测试系统实物图

黏度计、恒温水浴锅等组成。采用数显旋转黏度测试仪（NDJ-5S）测量基载液与油基磁流体的黏度，采集的数据直接显示在液晶屏幕。螺线管安装在充满磁流体的柱状容器的外部，为其提供外磁场。

7.2.2　测试原理及方法

7.2.2.1　测试原理

采用密绕螺线管线圈产生外加磁场，采用恒温水浴加热装置使磁流体达到要求的温度，通过设定不同外磁场强度和磁流体温度，测试两者对磁流体黏度的影响，为磁流体在油膜轴承的应用提供实验依据。

黏度计测量原理是根据牛顿黏性定律，施于运动面上的剪切应力 τ 与速度梯度 du/dy 成正比。即：

$$\tau = F/A = \eta \frac{\mathrm{d}u}{\mathrm{d}y} \tag{7-12}$$

式中，$\mathrm{d}u/\mathrm{d}y$ 为剪切速率，用 γ 表示；η 为润滑油黏度。

7.2.2.2 测试步骤

基于理论计算分析磁场和温度对磁流体黏度的影响，对螺线管线圈施加不同的通电电流，产生不同的磁场强度作用于自行制备的磁流体，采用 NDJ-5S 黏度计进行磁流体黏度测试，测试的主要步骤如下：

（1）将选用的转子旋入连接螺杆，本实验用 2 号转子，转速为 12r/min。

（2）按照图 7-2（a）所示连接好螺线管电路，开机调试好各设备，步进电机开始工作。

（3）输入选用转子号，当屏幕显示为所选用转子号时，即完成输入。

（4）选择转速：按 TAB 键将闪烁数位分别设置好，按转速键确认。

（5）烧杯内加入 50mL 磁流体，装在量筒调节座上并用螺钉固定，旋动升降架旋钮，使黏度计缓慢下降，转子逐渐浸入被测液体中，直至液面正好在转子的液面标记处。

（6）调整黏度计及量筒调节座上水平，使连接螺杆在量筒的中心位置。

（7）按下测量键，适当时间后即可测得当前转子、转速下的黏度值；分别测试转速为 100r/min、300r/min、500r/min、800r/min 时的黏度值，每次测量的百分计标度必须在 20% ~90% 之间，黏度值才为正常值。每测完一个数据后，用复位键停止，再设置成下一个转速测试。

7.2.2.3 测试机体

测试所用的磁流体分别为三次不同试验制备所得，工况具体参数见表 7-2。采用单因子变量的方法进行黏度测试，通过计算机采集黏度数据。

表 7-2 磁流体实验工况

磁流体型号	测试 1	220-10、460-10
	测试 2	KWY-10、矿物油
	测试 3	OAM1、OAM2、S-220
磁流体温度/℃	20、40、60、80	
线圈电流/A	1、2、3、4、5	
测量转速/$\mathrm{r \cdot min^{-1}}$	100、300、500、800	

针对所制备得到的不同磁流体，采用相同的试验方法进行三次测试，三次测试分别为不同时段进行的独立试验。

测试1选用的磁流体购买于苏州某公司，是平均尺寸为10nm的Fe_3O_4颗粒制备所得的磁流体，编号为220-10、460-10。

测试2选用的磁流体购买于苏州某公司的成品溶液KWY-10，其基载液为普通矿物油。轴承润滑时要求入口油温为38～42℃，轧钢生产线设定轴承的第一档报警温度75℃和第二档极限温度90℃。为检验温度对磁流体黏度影响，黏度测试过程在室温下进行，选择温度变化范围为20～100℃。轴承工作时承载区油膜压力随轧制工况发生变化，选择低速重载工况下的油膜压力对黏度进行影响分析，压力变化范围为0～25MPa。随着温度升高对黏度的影响程度逐渐减弱，不同温度下磁场对黏度的增值也不同，综合考虑测试2选择在50℃施加磁场。

测试3选用的磁流体，以S-220基载液为基体，制备所得的磁流体型号为OAM1、OAM2。在无外加磁场作用下，选取30～60℃进行试验；有外加磁场作用时，选取30℃、34℃与37℃进行试验。

7.3　磁流体黏度分析

7.3.1　无外加磁场作用时磁流体的黏度特性

根据测试3的测试结果，在无外加磁场作用下，理论计算了基载液与新型油基磁流体的黏温特性曲线，并使用测试装置测定了所制备得到的体积分数为0.06的油基磁流体（OAM1）黏度随温度的变化，如图7-3所示。结果表明，理论值与实验测定值相吻合。

在无外加磁场作用时，基载液（S-220）与油基磁流体（OAM1）的黏度，都是随着温度的升高而下降，且黏度增长率呈现下降趋势。温度相同时，OAM1的黏度远大于S-220的黏度。由于所用基载液属于工业用标准，含有少许杂质就会使得OAM1的黏度稍高于理论值。

进一步理论计算得出，在无磁场作用条件下，不同体积分数磁性颗粒的磁流体黏温特性曲线，如图7-4所示。通常情况下磁流体中纳米磁性颗粒的体积分数取0.04、0.06、0.08进行计算。分析可知，在相同条件下，磁流体黏度随其纳米磁性颗粒体积分数的增大而增大，与一般流体的性质相同。随着温度的升高，分子的内能增加，分子之间的作用力不足以约束逐渐增强的分子运动，分子间间距变大，分子间内聚力变小，宏观上表现为磁流体黏度下降。

综上分析可知：理论计算结果与试验测试结果吻合，当磁场强度不变时，随着温度的升高，其黏度呈现下降的趋势。同一温度下，有磁场作用的磁流体黏度明显高于无磁场作用的磁流体黏度。原因在于磁流体是一种特殊的流体，具有和

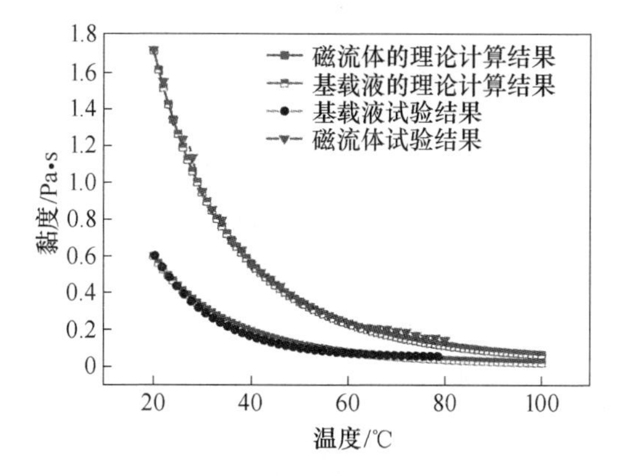

图 7-3 磁流体与基载液的黏温特性曲线

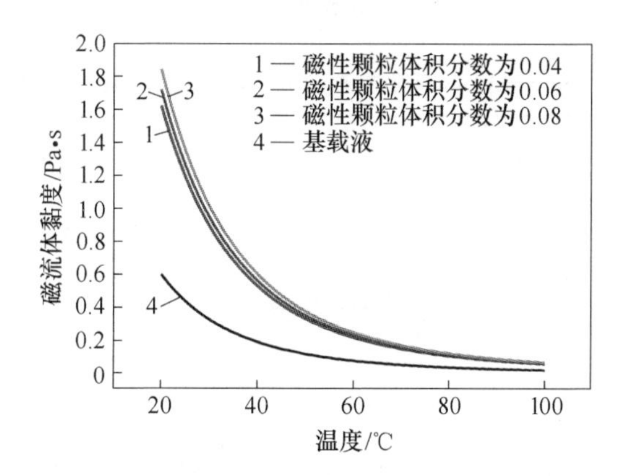

图 7-4 不同体积分数磁性颗粒的黏温特性曲线

流体相同的一般性质。磁流体中分子间的内聚力大小是黏度的主要决定因素，当温度升高时，由于分子的热运动加剧，使得分子间的内聚力减小，其黏度也随之下降；当温度降低时，黏度随之增大[44]。

7.3.2 外加磁场作用时磁流体的黏度特性

外加磁场随电流的变化如图 7-5 所示。当电流相同时，温度为 34℃与 37℃时的磁场强度几乎相同。分析认为，磁场强度与电流呈线性关系，且温度对于磁场强度大小几乎没有影响，可通过改变通电电流大小来调节外加磁场强度，实验中通过电流大小来确定磁场强度值。

7.3.2.1 测试 1 的结果

根据实验测量得到的数据结果，见表 7-3 ~ 表 7-5。相应关系图如图 7-6 ~ 图 7-8 所示。

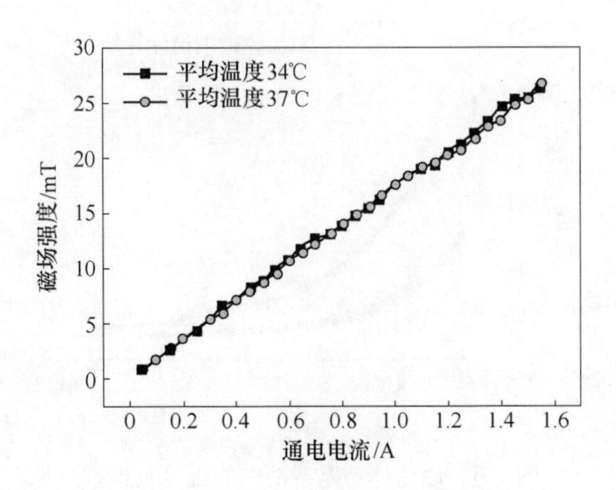

图 7-5　磁场随通电电流的变化

表 7-3　100r/min 不同温度 *T*、电流 *I* 下的 220-10 磁流体黏度

T/℃ \ *I*/A	1	2	3	4	5
20	2. 175	2. 234	2. 340	2. 454	2. 576
40	1. 185	1. 293	1. 389	1. 465	1. 574
60	0. 693	0. 713	0. 744	0. 761	0. 783
80	0. 438	0. 456	0. 481	0. 512	0. 520

表 7-4　100r/min 不同温度 *T*、电流 *I* 下的 460-10 磁流体黏度

T/℃ \ *I*/A	1	2	3	4	5
20	3. 159	3. 248	3. 345	3. 560	3. 654
40	1. 293	1. 378	1. 493	1. 569	1. 643
60	0. 770	0. 891	0. 993	1. 083	1. 185
80	0. 571	0. 582	0. 593	0. 602	0. 615

表 7-5　*I* =5A 不同温度 *T*、不同转速 *n* 下的 460-10 磁流体黏度

T/℃ \ n/r · min^{-1}	100	300	500	800
20	3. 654	2. 785	2. 570	2. 344
40	1. 643	1. 435	1. 293	1. 185
60	1. 185	1. 046	0. 855	0. 793
80	0. 615	0. 458	0. 402	0. 373

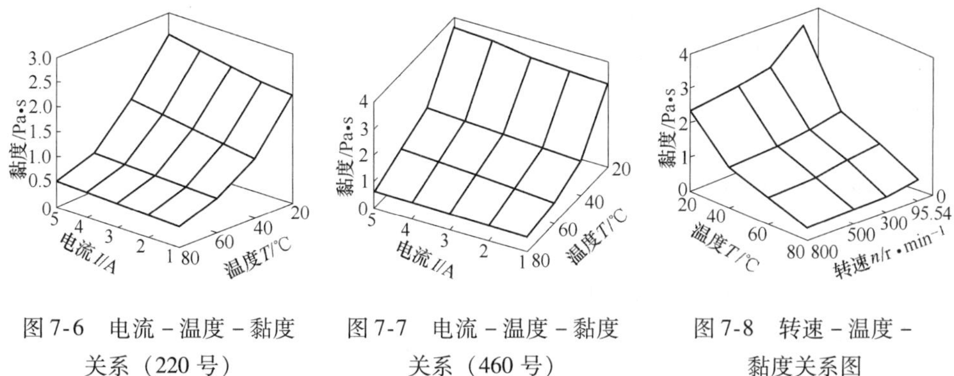

图7-6 电流－温度－黏度关系（220号） 图7-7 电流－温度－黏度关系（460号） 图7-8 转速－温度－黏度关系图

从以上数据和曲线图可以看出，220号和460号油基的磁流体，其黏度变化规律一样，都是黏度随温度和转速升高而降低，随电流（磁场强度）增大而增大。

7.3.2.2 测试2结果

当热电偶检测油膜温度接近于50℃时，调节螺线管线圈的通电电流以改变磁场强度，分析各因素对磁流体黏度的影响，如图7-9所示[9]。

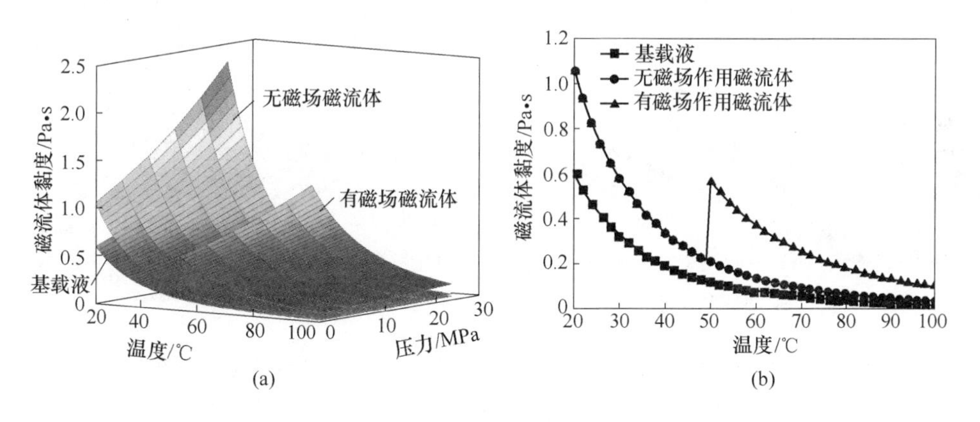

图7-9 磁流体黏度受温度和压力的影响

（a）磁流体黏度受温度和压力的影响；（b）$P=0$ 时磁流体黏度受温度的影响

图7-9（a）分别包含了基载液黏度、无磁场作用和有磁场作用时磁流体的黏度随油膜温度和压力的变化，三者受油温和油压的变化规律相同，随着温度升高而黏度逐渐减小，随着压力增大而黏度逐渐增大，低温时压力对黏度影响非常明显，高温时温度成为黏度变化的主要原因。无论磁流体是否有磁场作用时，其黏度均高于该基载液润滑油。

为进一步反映温度的影响，图 7-9（b）给出了压力为零时温度对三种情况的影响，基于试验台入油口的初始油温为（40 ±2）℃，评判润滑油黏度的温度通常取 40℃或 100℃。从图 7-9 中可知，当基载液和磁流体的黏度分别为 0.2Pa · s 和 0.37Pa · s，施加 10A 电流时，磁场对磁流体黏度影响非常显著，相比无磁场作用时黏度增量较大。

7.3.2.3　测试 3 结果

理论计算得出 30℃时磁流体的黏度特性曲线，并通过实验验证，同时测定了磁流体在 34℃与 37℃时的黏度。如图 7-10 所示。理论计算结果与实验测试结果基本吻合，磁流体黏度随着磁场强度增大而增大，且磁场强度一定时，黏度随着温度的升高而下降。

为了更加直观地研究相同外加磁场强度作用下磁流体黏度随温度的变化，理论计算得到，外加磁场分别为 0、10、20、40、60、80、100mT 时的黏温特性曲线，如图 7-11 所示。分析可知，温度相同时，磁流体黏度随着磁场强度的增大呈现上升的趋势，且上升趋势逐渐降低。

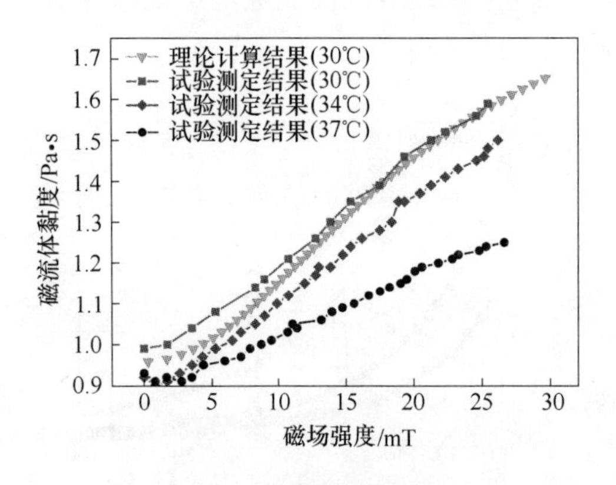

图 7-10　不同温度磁流体的磁黏特性曲线

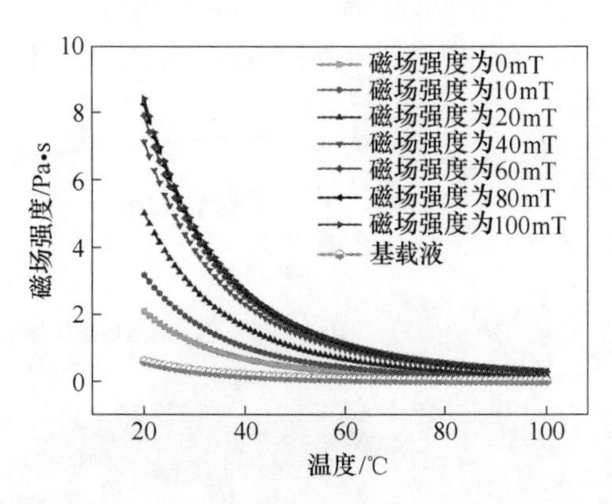

图 7-11　不同外加磁场强度下磁流体的黏温特性曲线

由计算结果可知，磁流体在外磁场作用下随着磁场强度改变，其相对黏度变化率见表 7-6。不同外加磁场强度下随着温度的改变其相对黏度变化率见表 7-7。分析可知：磁场强度作用下，磁流体的黏度变化率始终大于零，磁场作用有助于磁流体黏度的增长，且随着磁场强度的增加，磁流体的黏度变化率逐渐变小，并逐渐趋于零；当外加磁场为定值时，温度作用下磁流体黏度的变化率逐渐降低且趋于零，如图 7-12 所示。

表 7-6　磁场强度作用下磁流体的黏度变化率

温度/℃ \ 场强/mT	0	0~20	20~40	40~60	60~80	80~100
20	0	1.40749407	0.42392682	0.10986186	0.04231776	0.02041256
30	0	1.40748935	0.42246746	0.10986522	0.0423156	0.02041291
40	0	1.40750302	0.423928	0.10986471	0.04231528	0.02041346

表 7-7　不同外加磁场时温度作用下磁流体的黏度变化率

场强/mT \ 温度/℃	20	20~40	40~60	60~80	80~100
0	0	-0.6778654	-0.58946771	-0.51194067	-0.46334078
20	0	-0.6778648	-0.58946673	-0.51195023	-0.46330691
40	0	-0.6778637	-0.58946607	-0.51195512	-0.46330271

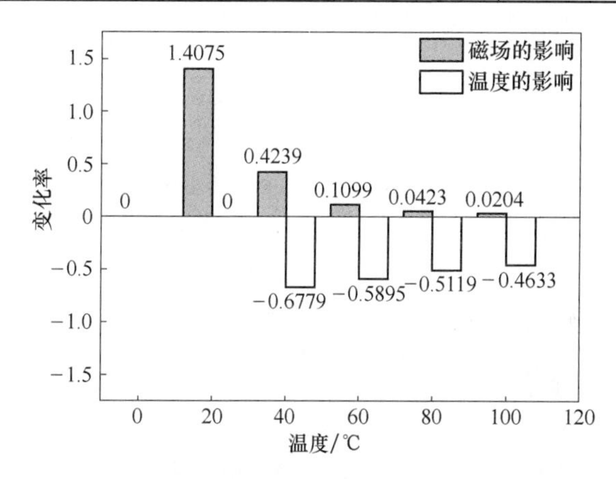

图 7-12　磁场强度和温度作用下的磁流体黏度变化率

为了更好地研究磁场与黏度的关系，绘制了磁流体的磁黏滞后曲线。图 7-13、图 7-14 所示分别为平均温度为 34℃、37℃时，磁场和黏度的滞后曲线[45]。可以得知：当磁场较弱时，磁场减小过程中的黏度大于磁场增加过程中的黏度；当磁场变强时，出现了增加过程中的黏度与磁场减小过程中的黏度相等的现象。因此，磁场对链状结构的形成和破裂的关系，可以用来解释说明该磁黏滞后现象。

当磁场强度较大时，链状结构趋于稳定，宏观上表现为黏度相同。在磁场较弱的阶段，在磁场的减小阶段，链状处于破裂的状态；在磁场的增大阶段，链状结构处于形成的状态，在这两个可逆的工程中，新形成的链长度要小于破裂时的长度，所以磁场强度减小时的黏度要大于增大时的黏度。即使减小阶段使链状结构分裂，但尺寸仍大于增加阶段的尺寸，因此出现了这种现象。随着磁场强度降低到最低值时，磁性液体几乎无链状结构的存在，因而黏度值也相同，恢复到开始的情况。

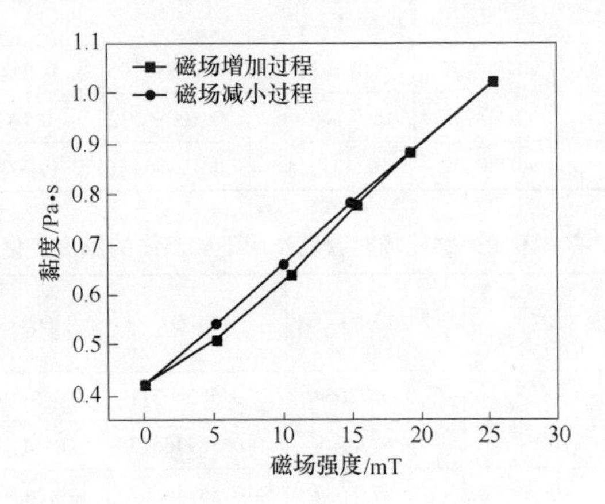

图 7-13　平均温度 34℃时磁场 - 黏度滞后曲线

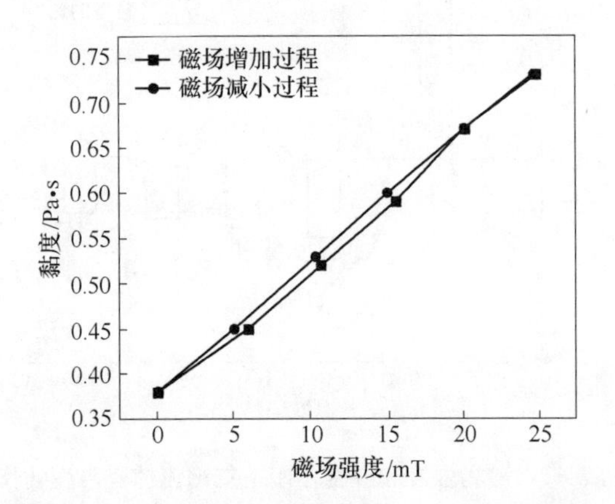

图 7-14　平均温度 37℃时磁场 - 黏度滞后曲线

通过试验数据的处理，得到黏度增长率 $\psi=(\eta_H-\eta_{f0})/\eta_{f0}$ 的变化规律，其中 η_{f0} 和 η_H 分别表示有无磁场作用时铁磁流体的黏性。图 7-15 给出外加磁场不变时，黏度增长率随温度的变化情况。对其进行曲线拟合，得到黏度增长率随温度的变化关系[46]：

$$\psi=3.96659\exp(-T/12.81592)+0.32925 \tag{7-13}$$

可以得出，温度越高，其黏度增长率越小，当温度达到一定的数值 T(℃)，拟合曲线的指数项趋向于零，即黏度增长率将不再变化。说明 T(℃) 以后，磁场的增加主要取决于外加磁场的大小，温度的影响较小，由此表明高温条件下使用磁场调控黏度切实可行。

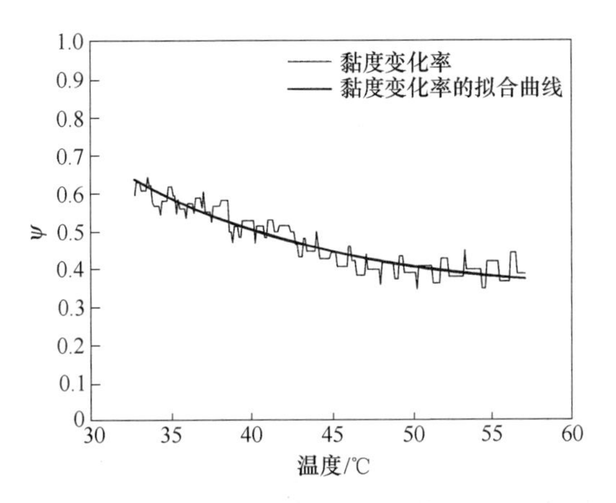

图 7-15 磁场不变时黏度增加率随温度的变化

图 7-16 为在温度不变时相对黏度值随磁场的变化。可以看出：当温度不变时，相对黏度比值随磁场的增强而减小，且当其磁场强度较小时，温度高的相对黏度值大于温度低时的相对黏度值。

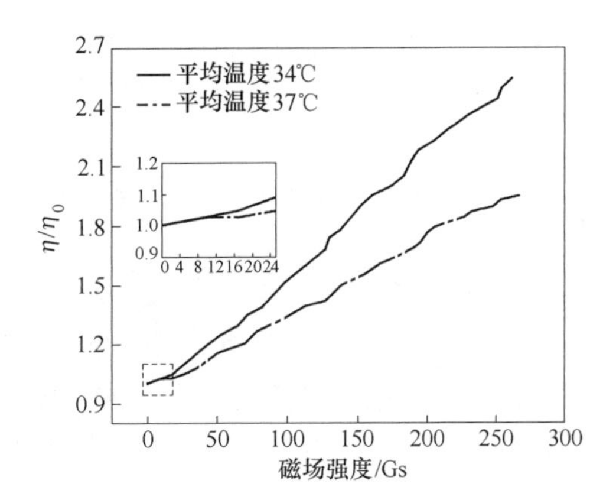

图 7-16 温度不变时相对黏度值随磁场的变化曲线

图 7-17 是理论计算所得的磁场和温度对磁流体黏度变化率的影响。由图可知，磁场强度对黏度的变化率影响呈现出先增大后减小的趋势，但都大于零，即磁场对黏度的增加起到积极作用；温度对磁流体黏度的变化率呈现增大的趋势，且都小于零，即温度对黏度的增加起消极的作用。

查阅文献［27］，得到外加磁场条件下磁流体黏度 η_H 为：

$$\eta_H(T,P,H) = \eta_{f0} + k_1 \cdot \Delta\eta(H) \tag{7-14}$$

式中，η_{f0}为无磁场作用时的磁流体润滑油膜黏度，Pa · s；$\Delta\eta$ 为外加磁场作用下磁流体润滑油膜的黏度增量，Pa · s。

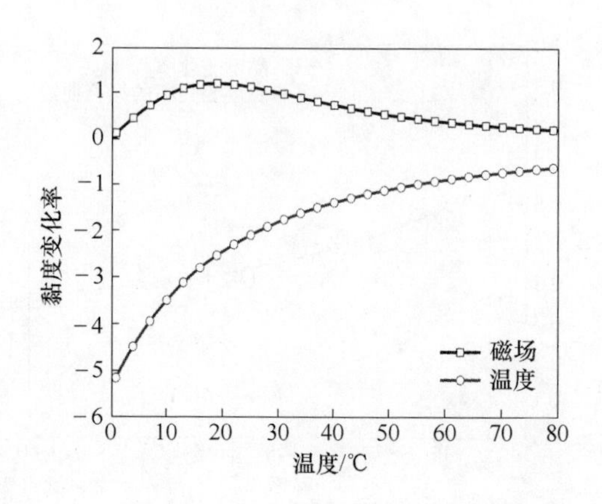

图 7-17 磁场强度和温度对磁流体黏度变化率的影响

考虑到温度和磁场对黏度的影响，对式（7-14）修正得到：

$$\eta_H(T,P,H) = \eta_{f0} + (k_H k_T) \cdot \Delta\eta(H) \tag{7-15}$$

式中，k_H 为仅考虑磁场时的比例系数；k_T 为仅考虑温度时的比例系数，均可通过实验获得。

当仅考虑磁场对黏度变化的影响，根据磁场强度对黏度变化率的定义，可以得到：

$$k_{iH} = (\eta_H - \eta_{f0})/\Delta B \tag{7-16}$$

式中，$i=1$，2，…，n，取平均值为其影响系数，可以得到：

$$\bar{k}_H = \frac{k_{1H} + k_{2H} + \cdots + k_{nH}}{n} \tag{7-17}$$

由试验可知，在 34℃和 37℃下，在磁场增加及减小的过程中，得到 4 个$\bar{k}_H$，分别记为$\bar{k}_H^{TU}$ 和$\bar{k}_H^{TD}$。其中，上标 T 表示温度；U 表示该温度下磁场增加的过程；D 表示该温度下磁场下降的过程；下标 H 表示仅考虑磁场的影响参数。具体数值见表 7-8。

表 7-8 比例系数 k 的取值

k \ T	34℃	37℃
$\bar{k}_H^{TU}$	2. 8418	1. 294
$\bar{k}_H^{TD}$	2. 2503	1. 4562
k_{TH}	2. 546	1. 375
k_H	1. 959	

T℃时的磁场影响系数为：

$$k_{TH} = \frac{\bar{k}_H^{TU} + \bar{k}_H^{TD}}{2} \tag{7-18}$$

将一系列温度下的磁场影响系数取平均值，即可以得到磁场的影响系数：

$$k_H = \frac{k_{T_1H} + k_{T_2H} + \cdots + k_{T_nH}}{n} \tag{7-19}$$

此外，测试得到一组磁场和温度同时变化时的黏度，根据式（7-15）得到，$k_H k_T = 1.337$，将式（7-19）所得 k_H 代入，$k_H k_T = 1.337$，得到 $k_T = 0.682$。综上可知，$k_H > 1$，说明磁场对黏度的增加起到积极作用；$k_T < 1$，说明温度对黏度的增加起到了消极作用。

给出了磁流体制备的试验方案，并对 Fe_3O_4 颗粒进行了分子动力学模拟。理论计算了磁流体的黏温特性以及磁黏特性曲线，通过与实验值的对比发现两者吻合。当磁场较弱的时候，出现了磁黏滞后现象，这是由于外加磁场对链状结构的形成和分裂的影响结果。当温度高于 T℃后，黏度的增加情况主要取决于外加磁场的大小，温度的影响较小，说明高温条件下使用磁场调节黏度是可行的，磁场对黏度的增加起到积极的效应。

为了更直观地研究磁流体在不同条件下的磁黏特性，理论计算得出了磁流体中纳米磁性颗粒的体积分数为 0.06 时，不同温度下磁流体的黏度随磁场强度变化的特性曲线，如图 7-18 所示。理论计算得出了温度 30℃时，不同体积分数纳米磁性颗粒的磁流体黏度随磁场强度变化的特性曲线，如图 7-19 所示。分析可知：不同温度条件下，磁流体黏度随着磁场强度的增大而增大，当温度越低时，磁场强度对于黏度的影响越明显，且当磁场强度达到一定值时黏度不再增加。相同温度条件下，磁流体中纳米磁性颗粒的体积分数对于其黏度的影响也很客观，磁性颗粒的体积分数越大，则黏度随磁场改变越明显。主要原因是磁流体的磁化强度完全取决于磁性颗粒的数量，磁性颗粒越多，则其磁化性能越强，饱和磁化强度越高，当磁流体达到饱和磁化时，磁场强度继续增强，磁流体黏度不再变化。

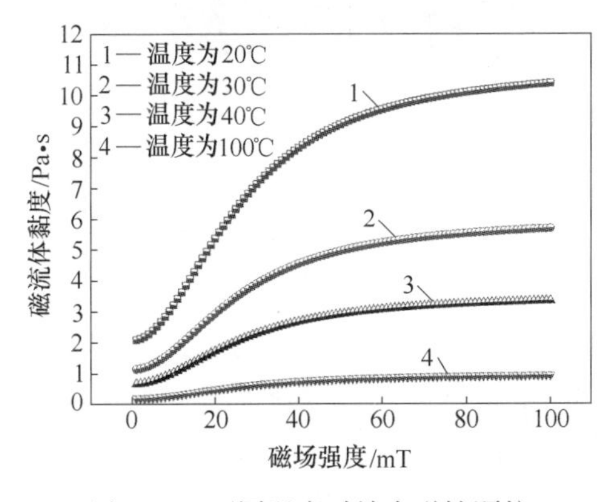

图 7-18 不同温度时纳米磁性颗粒磁流体的磁黏特性

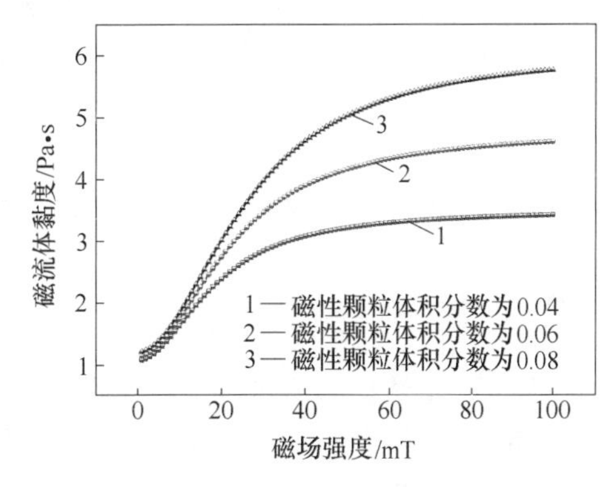

图 7-19 不同体积分数纳米磁性颗粒磁流体的磁黏特性

综上可知：磁流体黏度随温度、磁场强度、纳米磁性颗粒体积分数影响的变化原理，如图7-20所示。施加于磁流体流动方向垂直的磁场，如图7-20（a）所示，常温下无磁场作用时，纳米磁性颗粒均匀分散在磁流体中，在布朗运动作用下保持稳定。当增大磁场强度时，纳米磁性颗粒在磁场作用下开始聚集，沿外加磁场方向形成较短的链状结构，且抵抗热运动的影响，磁流体在宏观上表现为黏度开始增加，如图7-20（b）所示。继续增大外加磁场的强度，纳米磁性颗粒在较大磁场强度作用下，沿磁场方向的趋向更加明显，链状结构变长，磁力矩变大，宏观上表现为磁流体黏度随着磁场强度急剧上升，如图7-20（c）所示。当外加磁场达到一定值时，大多数纳米磁性颗粒沿着磁场方向有序排列形成长链结构，磁场方向与流体流动方向垂直，流体流动受到限制，增大了流体阻力。继续增加磁场，无磁性粒子继续聚集，宏观上表现为磁流体黏度不再随着磁场强度增强而继续增大，如图7-20（d）所示。外加磁场强度作用时的失效临界值，与磁流体中纳米磁性颗粒的体积分数直接相关，体积分数越大，则外加磁场作用越强。

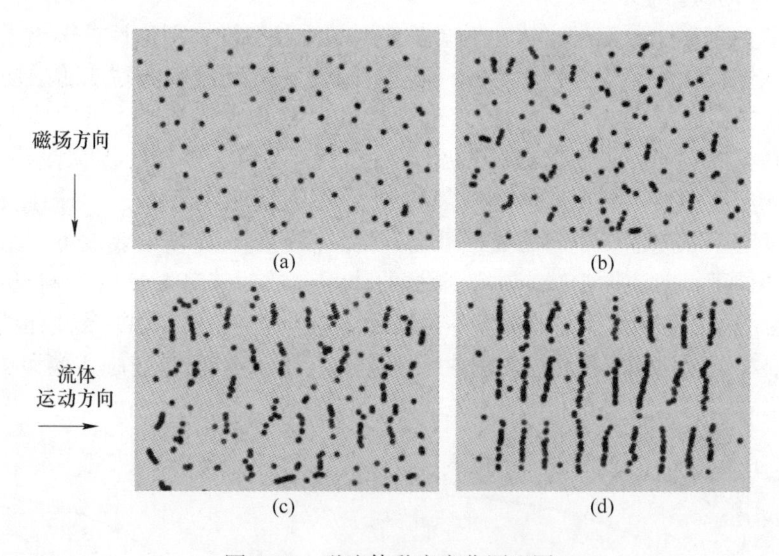

图7-20　磁流体黏度变化原理图

（a）无外加磁场；（b）磁场场强度与热运动的相平衡；（c）磁场强度的连续增强；（d）饱和磁化强度

7.3.3　磁流体的温升特性

图7-21给出基载液S-220与磁流体OAM1温度随时间的变化曲线。升温过程采用恒温水浴锅加热，降温过程为停止恒温水浴加热，同时在一端注入冷水，另一端抽水且速率恒定，模拟工业水冷过程。由于油膜轴承巴氏合金衬套可能发生蠕变的温度为70℃，故设定70℃为峰值温度。由图可知，相同条件下磁流体的

温升速率低于基载液的温升速率，有助于保持其黏度。

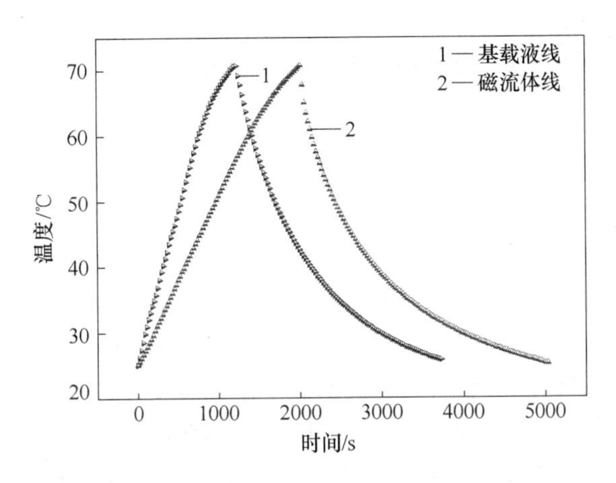

图 7-21 基载液与磁流体温度随时间变化曲线

润滑剂的黏度直接影响油膜轴承的承载能力。润滑剂的黏性越大，其承载能力越高，一般成正比关系：

$$F=\frac{\eta R_2\omega B_1}{\psi^2}\xi \tag{7-20}$$

式中，η 为流体的动力黏度；R_2 为轴承直径；ω 为轴的转速；B_1 为轴承宽度；ξ 为轴承承载能力系数；ψ 为相对间隙。

综上分析可知，与基载液相比，相同条件下，新型磁流体油膜轴承油黏度较大，有助于防止油膜厚度变薄而导致润滑油膜承载能力下降。同时，通过施加外加磁场调节磁流体黏度大小，保持轴承运转的稳定状态，为实现连续润滑提供可能。

8 磁流固多场耦合润滑油膜数值模拟

8.1 有限元方法简介

有限元方法在工程设计和科研领域获得广泛的关注和应用，运用有限元方法对复杂工程问题进行计算分析已成为一种普遍有效的途径。采用磁流体替代传统润滑油对油膜轴承进行润滑，涉及的物理场有：结构场、流体场、磁场、热场四种，属于多场耦合问题。本章基于 Workbench 多场耦合模拟平台，选择合理的数值计算模块，建立各物理场之间的联系，完成磁流固热多场耦合数值模拟计算。

8.1.1 ANSYS CFX 软件概述

ANSYS 协同仿真环境平台 ANSYS Workbench，作为新一代的 CAE 分析环境和应用平台，提供了统一的开发和管理 CAE 信息的工作环境。与传统的仿真环境相比，Workbench 具有客户化、集成化和参数化的特征，多种应用模块集成到该平台，磁流体润滑油膜轴承涉及结构场、流体场、磁场和热场，本章节利用 Workbench 进行多场耦合分析。

运用 ANSYS Workbench 对磁流体润滑油膜轴承进行模拟分析，使用到的模块有 Geometry、Fluid Flow（CFX）、Static Structural 和 Steady-State Thermal。CFX 具有包括流体流动、传热、辐射、多相流等问题的丰富通用物理模型；同时还有如气蚀、凝固、多孔介质、相间传质、非牛顿流、动静干涉等实用模型。CFX 产品的特色是：精确的数值方法、快速稳健的求解技术、丰富的物理模型、先进的流固耦合技术和集成环境与优化技术。

由于油膜轴承润滑介质磁流体是非牛顿性流体，对其进行模拟仿真符合 CFX 的应用范畴和优势特色。通过 CFX 计算润滑油膜所承受的油膜压力和油膜温度，借助 Workbench 耦合技术将油膜计算结果作为外载荷，分别作用于轧辊和衬套表面，实现流固耦合。Static Structural 和 Steady-State Thermal 模块主要用于结构场的应力、应变和温度分析。在 ANSYS CFX12.0 中完全可以实现磁流体的模拟。

图 8-1 为整个磁流体轴承系统的多场耦合分析框图。油膜计算结果表征着油膜轴承的润滑状态和润滑性能的优劣，作为外载荷作用于结构体，其结果的准确性至关重要。轧制过程中，正是这层薄油膜承受巨大的轧制力，通常使用油膜温度来监控轴承的运行状态。运用有限元数值方法模拟铁磁流体润滑油膜轴承，通过承载区的油膜压力和油膜温度来反映其润滑状态。

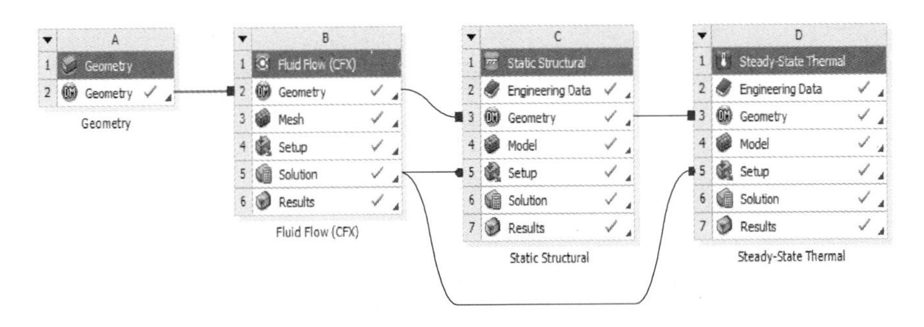

图 8-1 Workbench 多场耦合分析框图

8.1.2 ANSYS 参数化设计语言

ANSYS 参数化设计语言（ANSYS Parametric Design Language），其缩写为 APDL，是一种解释性语言，可以与其他高级语言一样进行代码编写，也可使用宏、参数、矩阵、循环等语句，并且可以通过 VB. NET 等语言对其前处理功能进行二次开发，实现 VB. NET 的强大界面功能与 ANSYS 的强大计算功能的完美结合。此外，可以对 ANSYS 界面使用 UIDL 语言进行二次开发，提高产品设计效率，缩短设计周期。

ANSYS 批处理的最大优点是利用 ANSYS 宏技术实现智能化与参数化建模、分析与后处理。使用 VB. NET 对 ANSYS 的命令流进行开发与连接，可以很直观地通过改变 VB. NET 界面参数，实现修改 ANSYS 命令流内的参数，进而使用命令流进行计算，既提高效率，又节约成本。同时，将常用的命令集做成 ANSYS 宏文件，通过输入宏文件名可以轻松地实现命令集的调用。

8.1.3 磁流体润滑油膜轴承油膜分析系统[47,48]

利用 VB. NET 对 ANSYS 进行二次开发切实可行，在 VB. NET 基础上对 ANSYS 与 CFX 进行二次开发，实现了 VB. NET、ANSYS 和 CFX 的有效集成，提高了油膜轴承磁流体有限元分析效率，实现了油膜轴承磁流体润滑的参数化与可视化。

分析系统流程图如图 8-2 所示。本系统共有三大部分，利用 VB. NET 开发主控程序，利用 ANSYS 生成有限元模型，进而利用 CFX 进行有限元分析。主要设置参数有模型参数、网格参数、润滑油参数、分析设置和初始条件。油膜轴承油膜分析系统开发界面，如图 8-3 所示。

油膜轴承油膜分析系统，只需用户输入相应的参数值，然后生成分析所需的命令文件，最后调用程序进行分析。本系统主要由六大部分组成，分别为登录界

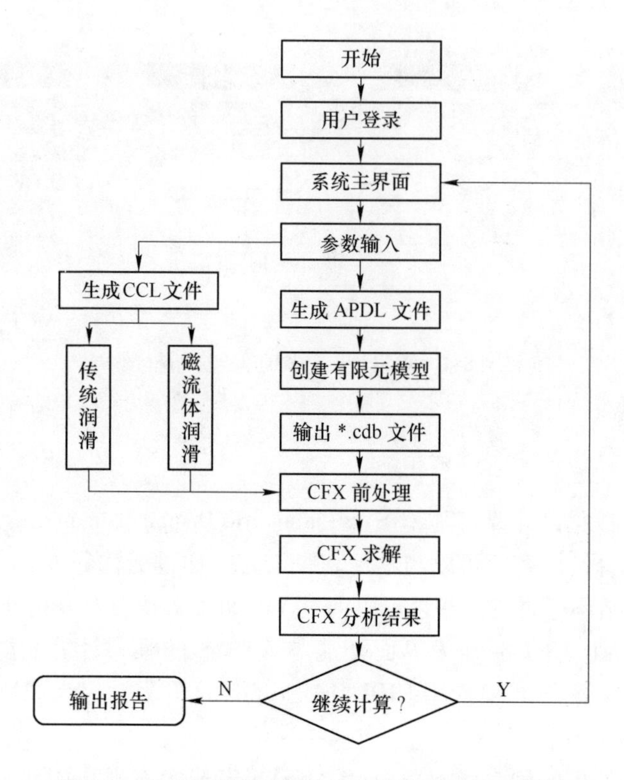

图 8-2　磁流体润滑油膜轴承油膜分析系统流程图

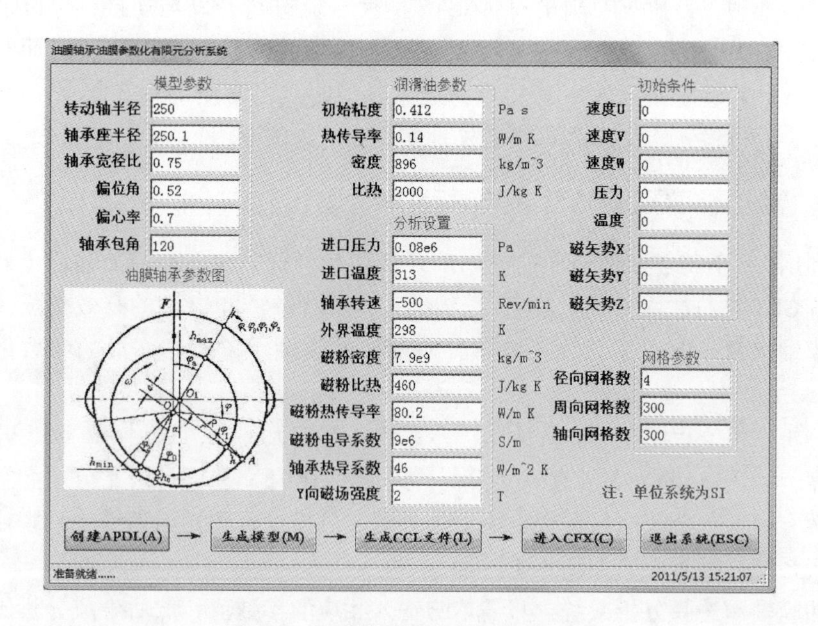

图 8-3　油膜轴承油膜分析系统界面

面、创建 APDL、生成模型、生成 CCL 文件、进入 CFX 和退出系统。各部分具体应用与功能如下：

（1）运行 oilfilm. exe 应用程序，启动油膜轴承油膜参数化有限元分析系统，系统显示欢迎界面，输入用户名和密码，点击“确定”按钮即可进入分析系统主界面，参见图 8-3。

（2）输入相应的参数，包括：模型参数、润滑油参数、分析设置、初始条件和网格参数。可以不同阶段输入不同参数，也可一次性输入所有参数。

（3）单击“创建 APDL（A）”按钮，生成创建油膜几何模型和有限元模型的 APDL 文件，并提示模型生成完毕。

（4）单击“生成模型（M）”按钮，后台启动 ANSYS，自动输入步骤（3）生成的 APDL 文件，建立几何模型，生成有限元模型，在工作目录中生成 oilfilm. cdb 文件。

（5）单击“生成 CCL 文件（L）”按钮，弹出工况选择框，选择所要分析的工况，在工作目录中生成 *. CCL 文件。传统润滑生成 oilfilm_unmag. ccl，磁流体润滑生成 oilfilm_mag. ccl。

（6）单击“进入 CFX（C）”按钮，激活 CFX 分析软件，设置工作目录，单击“CFX-Pre 12. 0”进入 CFX 前处理分析。

（7）在 CFX 前处理中，单击“New Case”按钮，选择 General 即可新建一个分析，导入步骤（4）生成的 oilfilm. cdb 文件，再导入步骤（5）生成的 *. CCL 文件（传统润滑导入 oilfilm_unmag. ccl，磁流体润滑导入 oilfilm_mag. ccl），直接求解。

（8）求解完成进入 CFX 后处理，查看分析结果，绘制所需图形，输出分析报告。

（9）完成油膜轴承油膜有限元分析，单击“退出系统（ESC）”按钮，退出油膜轴承油膜参数化有限元分析系统。

在操作上述步骤（3）之前，用户可通过改变 oilfilm. dat 文件，添加二次开发的油膜分析程序，再执行步骤（3）。在操作上述步骤（4）时，弹出一个模型创建信息窗口，若出现错误，可以通过窗口提示进行快速修改。

目前的分析都是基于本界面展开。本系统还有不足之处，需要在 CFX 后处理方面继续进行二次开发，比如，通过 VB. NET 界面直观控制后处理云图、矢量图、曲线、以及分析报告等。

8.2　磁流体润滑油膜轴承系统建模

8.2.1　油膜轴承几何模型

大型轧机油膜轴承综合试验台由机械系统、动压润滑系统、静压润滑系统、稀油润滑系统、液压加载系统、电气控制系统、气动控制系统和数据采集系统组成，是典型的机电液气一体化的智能化试验台[49]，如图 8-4 所示。其中，机械系统主要包含两侧的动静压油膜轴承、中间的动压试验轴承、轧辊、驱动设备、加载装置以及润滑回路，通过直流调速装置改变直流电机转速，使轧辊以不同轧制转速运转，通过液压缸伸缩杆的压下作用模拟轧制过程中所承受的轧制力。磁流体润滑油膜轴承是采用智能材料铁磁流体替代传统润滑油对动压试验轴承进行润滑。

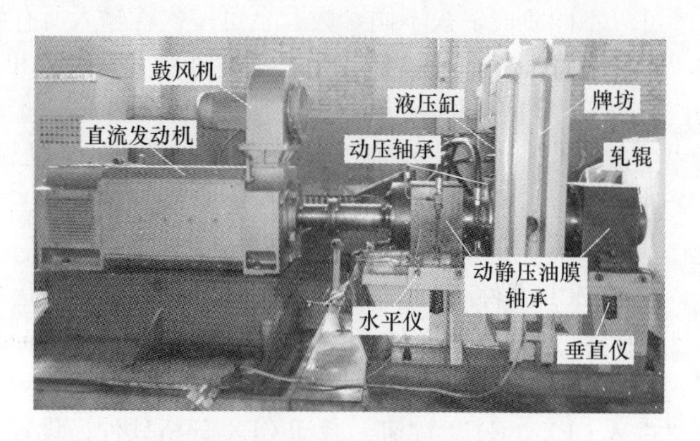

图 8-4　油膜轴承试验台机械系统

图 8-5 为动压油膜轴承的结构简图。对于承载区，润滑油从发散区流向收敛区，将产生油膜压力。非承载区处于发散区，不具备形成油膜压力的条件。对铁磁流体润滑油膜轴承模拟分析时，主要以承载区油膜为研究对象，仅建立承载区油膜模型，忽略结构体油孔和倒角的影响。

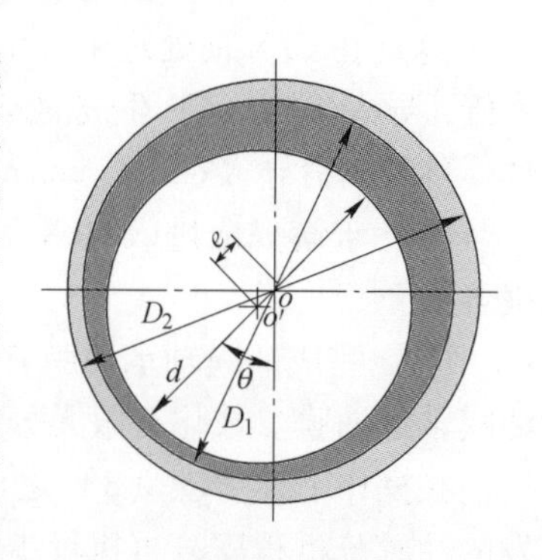

图 8-5　动压油膜轴承结构简图

在保证计算结果准确可靠的前提下，由于油膜轴承属于规则的对称结构，为了尽可能缩短计算时间，整个轴承系统模型仅选择轴向 1/2 模型。建立油膜轴承系统模型主要有两种方法：

（1）采用三维建模软件，如 AutoCAD、Pro/Engineer、Solid Works 等，将几何模型转化为标准格式导入到 Workbench 的 Geometry 模块。

（2）采用 ANSYS Workbench 中几何模型的建模模块 Design Modeler，完成模型建立。

考虑到不同软件之间兼容性和几何模型特征丢失等因素，本章节选择第二种建模方式。

建模时需要注意：轧辊与衬套存在偏心，即两者圆心不重合，由于偏心距非常小，需要调整软件的分辨精度以识别微小参数；如果以全周油膜为分析对象，运用切片方式将油膜分割成不同属性的油膜，即油腔、非承载区和承载区，求解计算时，流体的不连续性将导致计算错误。因此，仅选择承载区的油膜为研究对象。

从轧辊启动直到轴承系统趋于稳定阶段，即油膜压力与轧制力相平衡。选择整个过程中某一时刻的润滑状态进行模拟分析。根据表 8-1 给出的油膜轴承物理参数，建立油膜几何模型和轴承系统模型，如图 8-6 所示。

表 8-1 油膜轴承物理参数

固相	参 数	数值	液相	参 数	数值
结构体	轧辊直径/mm	220	流体	外直径/mm	220.2
	巴氏合金层内径/mm	220		内直径/mm	220
	巴氏合金层外径/mm	224		偏心距/mm	0.07
	衬套内径/mm	224		包角/(°)	120
	衬套外径/mm	244		偏位角/(°)	26.67
	轴承座内径/mm	244			
	轴承座长宽/mm	400×400			

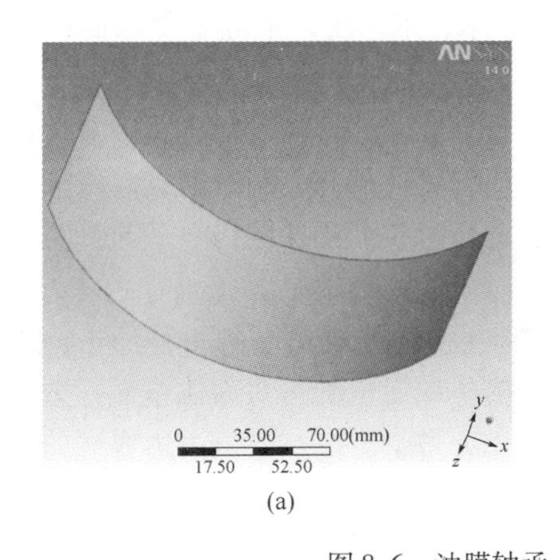

(a)

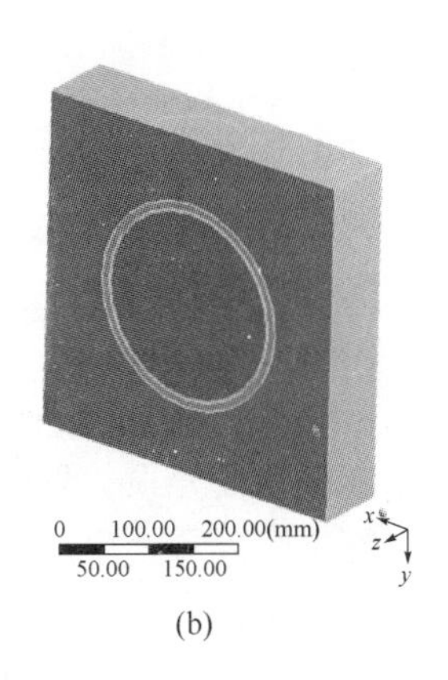

(b)

图 8-6 油膜轴承几何模型
(a) 润滑油膜；(b) 油膜轴承结构体

8.2.2 油膜轴承有限元模型

采用有限元方法对复杂结构和工况进行模拟仿真，网格划分方法和网格单元的类型选择极为关键。如图 8-7 所示，有限元模型采用的三维单元有四面体、六面体、棱锥和楔形单元。选择合适的单元类型主要考虑：设置时间、计算成本和数值耗散。

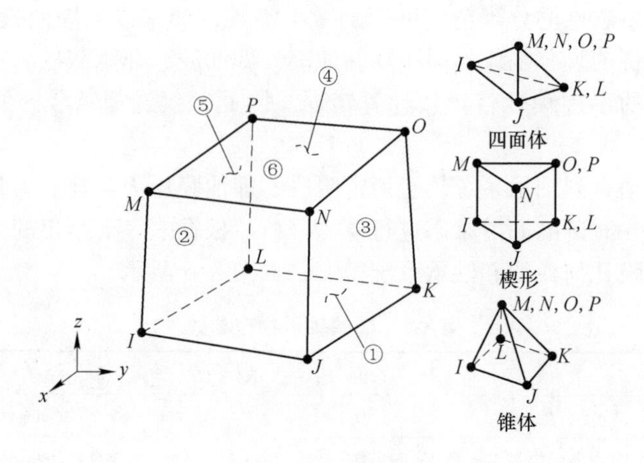

图 8-7　三维流体单元

合适的单元类型能够更好地划分网格以模拟几何模型的边界，达到逼近几何模型的效果，减少模型失真。由于四节点的四面体单元为零阶单元，其内应变均相等，八节点的六面体为一阶单元，其内应变为线性关系。在复杂应力分布环境下，六面体单元阶数越高，计算精度更高，抗畸变的能力强，在三维有限元分析中广泛使用。CFX 采用基于有限元法的有限体积法，推荐采用六面体单元划分网格。

网格划分是有限元方法最基本的工作。影响计算精度的主要因素是网格划分的质量以及单元数量。通常网格越小，求解精度越高，精度的提高将使计算结果占用更多的磁盘空间和内存。实际模拟分析时，需要在网格数量与计算精度之间进行权衡。

映射网格质量是 ANSYS 分析的所有网格中精度最高的一种网格，该网格划分对几何模型有较高要求，划分出来的实体单元全部为六面体单元，选定单元类型后，对三维流体进行映射网格划分，单元数量与节点数量由边界线的划分单元数或单元尺寸决定。

表 8-2 给出了设置油膜不同边界划分的网格尺寸。设置径向划分为 3 等份，

表 8-2　油膜单元的网格尺寸

编号	轴向份数	周向份数	径向份数	单元数	节点数	纵横比	偏斜度
	89mm	230.59mm	0.03 ~ 0.1mm				
1	300	300	3	281808	378200	53.70	0.1344
2	178	460	3	254736	342240	35 ~ 92	0.1358
3	89	230	3	67104	90792	72.18	0.1415
4	200	400	3	247230	332072	41.34	0.1356

轴向与周向分别为 178 和 460 等分时，网格单元数共为 254736 个，节点数为 342240 个，检测发现网格质量较好，网格全部为六面体，无畸变网格，图 8-8（a）给出了局部油膜网格。结构体采用六面体自由划分方法，划分网格如图 8-8（b）所示。

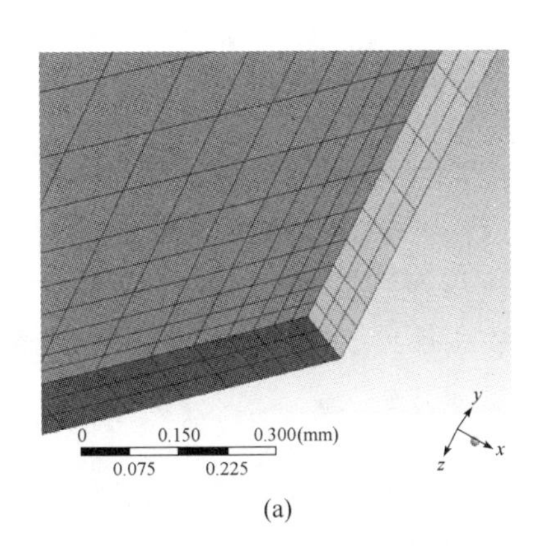

(a)

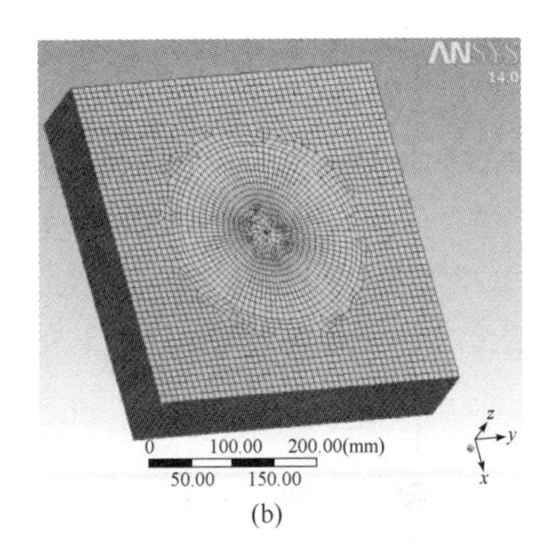

(b)

图 8-8 几何模型网格划分

（a）局部油膜网格；（b）轴承系统的网格

8.3 磁流体润滑油膜模拟

采用铁磁流体润滑油膜轴承，根据流体动压润滑理论，仅在收敛区具备形成油膜压力的条件，非承载区理论上难以形成动压，承载区油膜压力用于平衡轧制力。分析润滑油膜时忽略非承载区的影响，以承载区的润滑油膜作为分析对象，采用 CFX 软件分别模拟传统润滑油、铁磁流体无磁场作用和有磁场作用时油膜压力和油膜温度的分布[50]。两种润滑介质在不同条件下的相关参数设置，见表 8-3。

表 8-3 不同润滑介质相关参数

润滑介质	润滑油	磁流体					
		无磁场作用			有磁场作用		
质量分数 ϕ/%	—	5	10	20	5	10	20
体积分数/%		0.9	1.89	4.15	0.9	1.89	4.15
网格划分	油膜：轴向 178 份；径向 4 份；周向 460 份						
η_0/Pa·s	0.1971	0.2038	0.2210	0.3042	0.2038	0.2210	0.3042
n/r·min^{-1}	轧辊转速：100、300、500						
P_0/MPa	入口压力：0.08～0.12，分三个数值档：0.08、0.1、0.12						
T_0/K	入口润滑油的温度：313K（40℃）						
M_0/kg·kmol^{-1}	325	320.327	315～654	306.308	320.327	315～654	306.308

续表 8-3

润滑介质	润滑油	磁流体					
		无磁场作用			有磁场作用		
c/J·(kg·K)$^{-1}$	1870	1861.58	1852.41	1831.33	1861.58	1852.41	1831.33
λ/W·(m·K)$^{-1}$	0.1	0.14					
B/mT	—	模拟周向和轴向同时施加磁感应强度：10、30、50					
ρ/kg·m^{-3}	896	934.65	976.78	1073.58	934.65	976.78	1073.58

表 8-3 中，η_0 为铁磁流体的初始动力黏度；n 为轧辊转速；P_0 为入口油压；T_0 为入口油温；M_0 为磁流体摩尔质量；c 为比热容；λ 为热导率；ρ 为密度。对于铁磁流体，上述参数与磁性微粒的体积分数和各自成分的材料系数密切相关。质量分数与体积分数之间转换公式为：$\phi = \dfrac{\varphi}{\varphi + (1-\varphi)\rho_{NP}/\rho_{NC}}$；铁磁流体无磁场作用时初始动力黏度为：$\eta_0 = \eta_c(1 + 2.5\phi - 1.55\phi^2)$；铁磁流体的摩尔质量：$M_0 = (1-\phi)M_{0c} + \phi M_{0p}$；铁磁流体体积比热：$c = (1-\phi)c_c + \phi c_p$；铁磁流体导热系数：$\lambda = (1-\phi)\lambda_c + \phi\lambda_p$；铁磁流体密度：$\rho = (1-\phi)\rho_c + \phi\rho_p$。

CFX-Pre 设置时，首先，在材料库中添加铁磁流体材料。磁流体材料主要由按照一定的质量分数或者体积分数混合均匀的磁性微粒与基载液组成。磁性微粒 Fe_3O_4、基载液和磁流体的相关参数设置，见表 8-4。

表 8-4　磁流体材料参数

特性	磁性微粒 Fe_3O_4	基载液 -220	磁流体	
密度/kg·m^{-3}	5180	896	磁流体质量分数	5%(0.05:0.95)
比热容/J·(kg·K)$^{-1}$	937	1870		10%(0.1:0.9)
摩尔质量/kg·mol^{-1}	231.54	325		20%(0.2:0.8)
热导率/W·(m·K)$^{-1}$	80.2	—	80.2	
磁性微粒磁化率	2.5μ_0			

然后，对油膜计算域及相关边界条件进行设置，常用的边界条件设置有：最稳健边界条件、稳健边界条件、对初始条件敏感的设置和非常不可靠的设置。根据油膜轴承的实际运转情况，选择比较合理的边界条件进行施加，如图 8-9 所示。

对于入口边界，实际运转时需要保证入口压力 0.08 ~0.12MPa，因此设置压力边界条件，压力值为 0.08 ~0.12MPa；对于出口边界，由于无法确定油膜破裂的位置，可将其视为自由出口端，其边界压力值为零；对于端泄边界，其边界压力值为零；对于对称边界，由于只建立油膜轴向 1/2 模型，需要设定对称边界；对于与轧辊接触的界面 Roll，由于依靠轧辊转动将速度传递给润滑介质，使其内部产生剪切应力，宏观表现为黏度，以承受轧制压力，将其设置为壁面。由于忽略了界面之间的相对滑移，壁面的转动速度与轧辊的速度相同，同时还需设置相应的热传导系数、壁面边界温度，以保证与轧辊之间的热传递。对于与衬套接触的界面，同样设置为壁面，由于衬套为静止状态，壁面速度为零，同时设置热传导系数和边界温度。

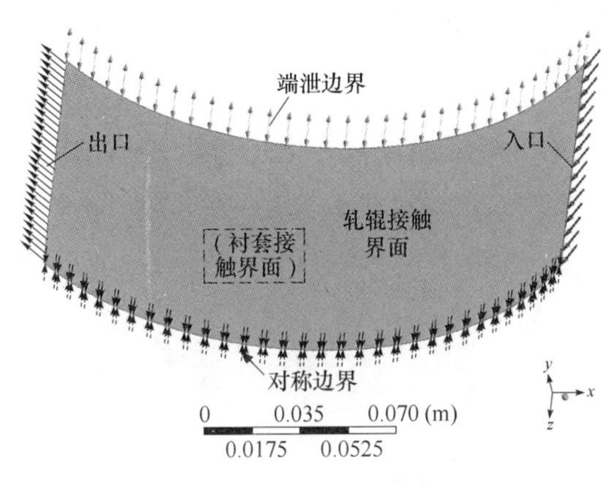

图 8-9 油膜边界条件

8.3.1 传统润滑油模拟

不同润滑介质润滑油膜轴承，主要区别在于润滑介质材料的设置和黏度方程。传统润滑油的黏度方程为：

$$\eta_c(P,T)=\eta_{c0}\exp\left\{(\ln\eta_0+9.67)\left[(1+5.1\times10^{-9}P)^Z\left(\frac{T-138}{T_0-138}\right)^{-S_0}-1\right]\right\} \tag{8-1}$$

设置 CFX 前处理，即可进行求解，得到了传统润滑油润滑时油膜温度、油膜压力、油膜黏度、流速矢量、油膜剪切应变率和油膜压力梯度的分布图，如图 8-10 所示。

8.3.2 磁流体无磁场模拟

磁流体在无磁场作用时，其黏度方程为：

$$\eta_f(T,P,H)=\eta_{c0}\exp\left\{(\ln\eta_0+9.67)\left[(1+5.1\times10^{-9}P)^Z\times\left(\frac{T-138}{T_0-138}\right)^{-S_0}-1\right]\right\}\cdot \left[1+2.5\left(1+\frac{\delta}{r_p}\right)^3\phi-1.55\left(1+\frac{\delta}{r_p}\right)^6\phi^2\right] \tag{8-2}$$

设置 CFX 前处理，即可进行求解，得到无磁场作用时磁流体润滑油膜压力、油膜温度、油膜黏度、流速矢量、油膜剪切应变率和油膜压力梯度的分布图，如图 8-11 所示。

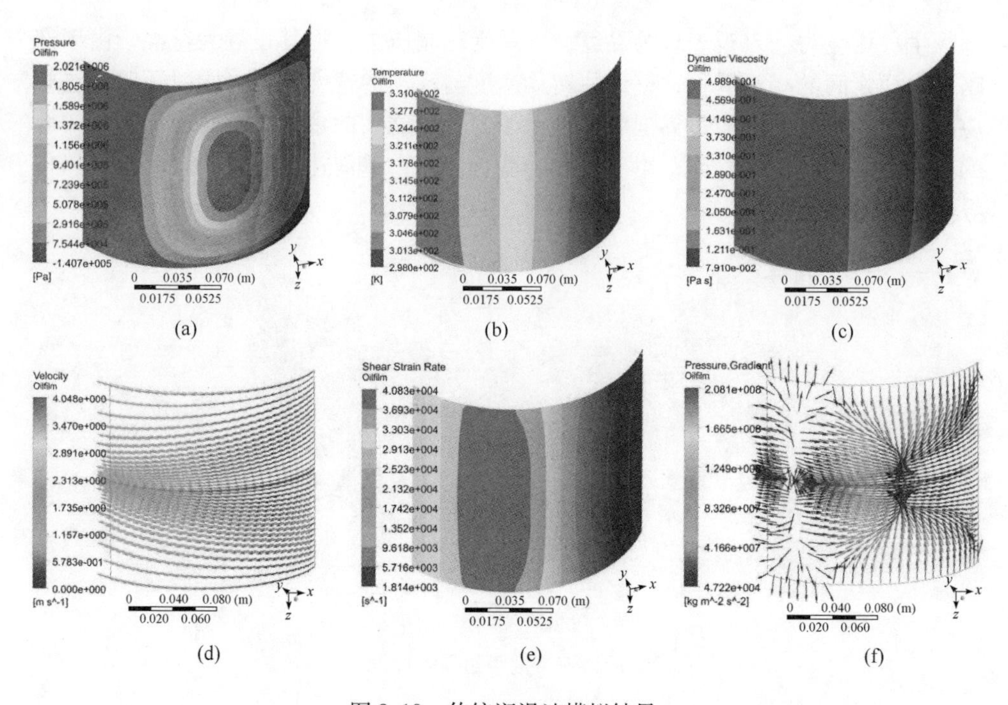

图 8-10　传统润滑油模拟结果

(a)油膜压力;(b)油膜温度;(c)油膜黏度;(d)油膜速度矢量;(e)油膜剪切应变率;(f)油膜压力梯度

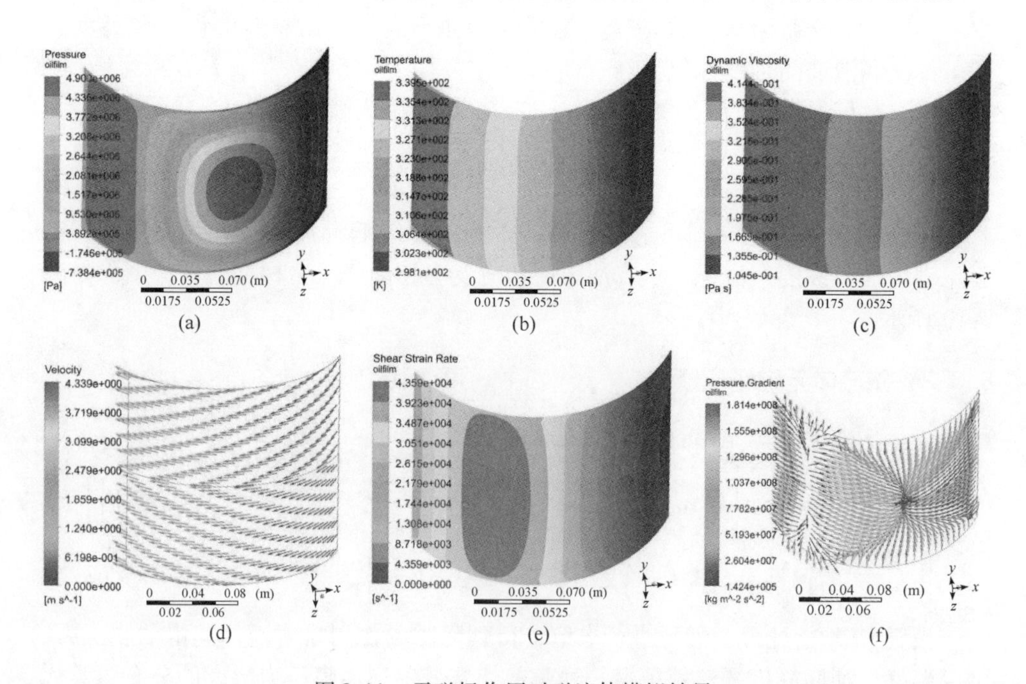

图 8-11　无磁场作用时磁流体模拟结果

(a)油膜压力;(b)油膜温度;(c)油膜黏度;(d)油膜速度矢量;(e)油膜剪切应变率;(f)油膜压力梯度

8.3.3 磁流体有磁场模拟

有磁场作用时磁流体润滑黏度方程为：

$$\eta_{\mathrm{f}}(T,P,H)=\eta_{\mathrm{c0}}\exp\left\{(\ln\eta_0+9.67)\left[(1+5.1\times10^{-9}P)^{Z}\left(\frac{T-138}{T_0-138}\right)^{-S_0}-1\right]\right\}\cdot\left[1+2.5\left(1+\frac{\delta}{r_{\mathrm{p}}}\right)^{3}\phi-1.55\left(1+\frac{\delta}{r_{\mathrm{p}}}\right)^{6}\phi^{2}+\frac{1.5k_1}{\frac{1}{\phi}+\frac{3k_0T}{2\pi r_{\mathrm{p}}^{3}\mu_0(\mu_r-1)H^{2}}}\right] \tag{8-3}$$

设置 CFX 前处理，即可进行求解。得到有磁场作用时磁流体润滑油膜温度、油膜压力、油膜黏度、流速矢量、油膜剪切应变率和油膜压力梯度的分布图，如图 8-12 所示。

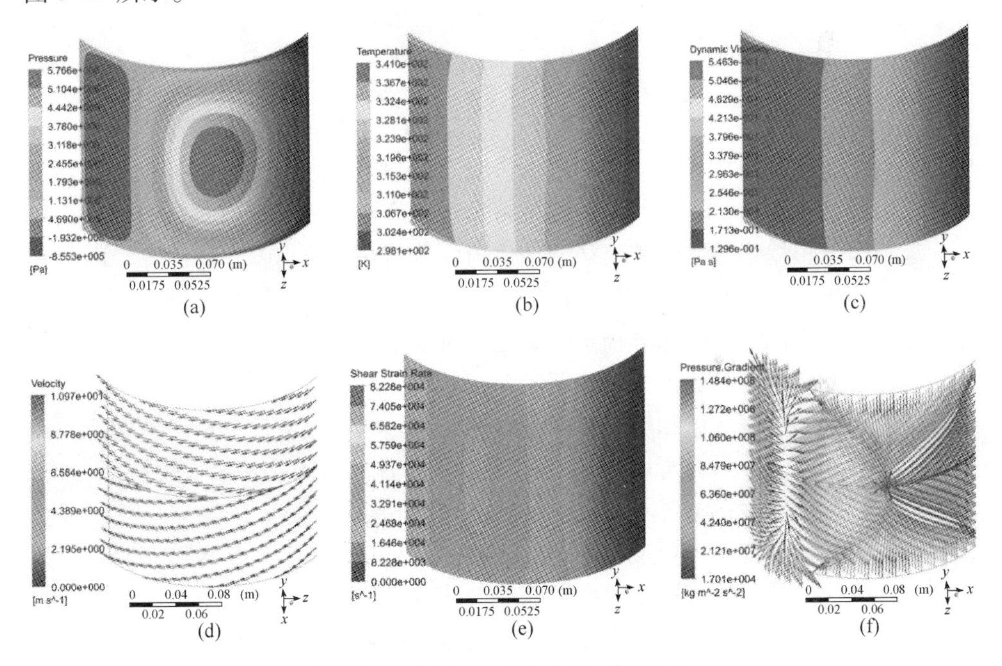

图 8-12 磁流体有磁场作用时计算结果

(a)油膜压力；(b)油膜温度；(c)油膜黏度；(d)油膜速度矢量；(e)油膜剪切应变率；(f)油膜压力梯度

8.3.4 模拟结果对比分析

8.3.4.1 油膜压力和油膜温度

对比图 8-10 ~ 图 8-12 可知，润滑油膜的油膜压力和油膜温度的分布规律大致相同，油膜压力由压力中心向外逐渐减小，油膜温度从入口到出口逐渐升高，不同润滑介质工作时油压和温度大小不同。油膜轴向对称面上油膜压力和油膜温度沿周向的变化规律如图 8-13 所示。

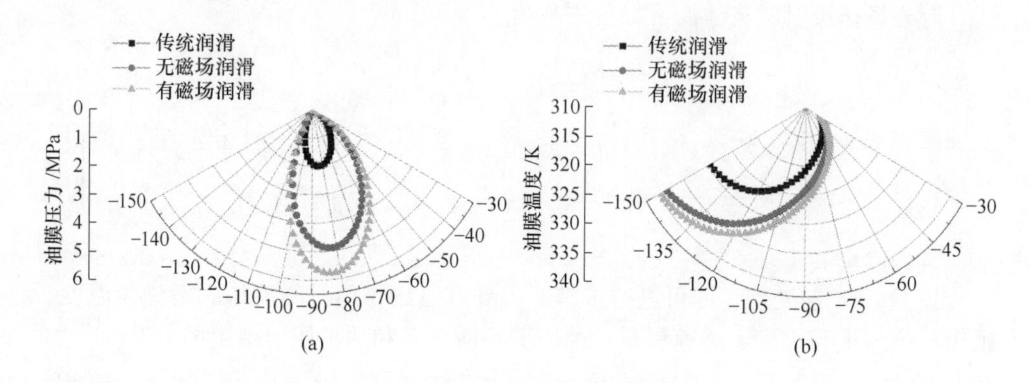

图 8-13　不同模拟结果沿周向分布
（a）油膜压力；（b）油膜温度

由图 8-13 可知，不同润滑介质工作时形成的油膜压力和油膜温度的大小顺序依次是：有磁场作用 > 无磁场作用 > 传统润滑油，与理论计算结果相符。最大油膜压力的位置通过最小膜厚的偏位角来确定，理论计算时最小膜厚应邻近出口处，建模时，根据偏心率计算出初始偏位角，从而获得最小膜厚的位置。由图 8-13（a）可知，理论结果计算的最小膜厚位置与模拟计算结果有差别，主要原因在于建模时设定的偏心率并非轴承稳定运转时的偏心率，而理论计算所得的偏心率是指轴承稳定运行的数值，因此两者存在差别。

油膜温度的分布规律和理论计算也有些区别。由于理论计算不考虑端泄，在轴向上不存在流速，只分析周向速度的影响。试验台的试验轴承采用端泄泄流，测量承载区表面温度的分布规律沿周向呈现“凸抛物线”型，即最小膜厚处温度最高；沿轴向呈现“凹抛物线”型，即两端温度最高。模拟结果表明：沿周向方向从入油口到出油口油膜温度逐渐增大，可能是由于润滑介质在流动时，从入油口流向收敛区，分子之间膨胀运动越剧烈，物质内分子摩擦能以热量形式表现，使得油膜温度升高，理论上在最小膜厚处达到温度最高值；从最小膜厚到出口处，由于分子内部摩擦产生的热量大于散热量，继而油温保持增大趋势，而且从出油口处存在一个能量集聚的过程，则在出口处温度达到最大，油温在周向分布规律与实验测试结果相似。

磁流体润滑时的油膜温度大于传统润滑油，原因在于磁流体中磁性微粒与基载液之间的相互作用，使得润滑介质内部分子摩擦增大，提高磁流体黏度的同时，油膜温度也升高，一定程度上油膜温度又将降低黏度，整体上表现出磁流体润滑的油膜温度大于传统润滑油的油膜温度。随着外加磁场作用时，油膜压力和承载范围的增大使得油膜承载能力变大，由于磁性微粒与基载液分子间的摩擦增加使得油膜温度升高，总体来讲，磁流体润滑的效果还是比较明显。

8.3.4.2 润滑油膜黏度

图 8-14 给出不同润滑条件下承载区油膜黏度的分布，虽然不同润滑介质的黏度变化规律相似，但变化量存在差异。相比传统润滑油，无论有无磁场作用时磁流体黏度均高，有磁场作用时比无磁场作用时高。油膜温度是影响润滑油黏度的主要因素，从入油口到出油口油膜温度逐渐增大，并在出油口达到最大，相应地，油膜黏度从入油口到出油口逐渐减小。

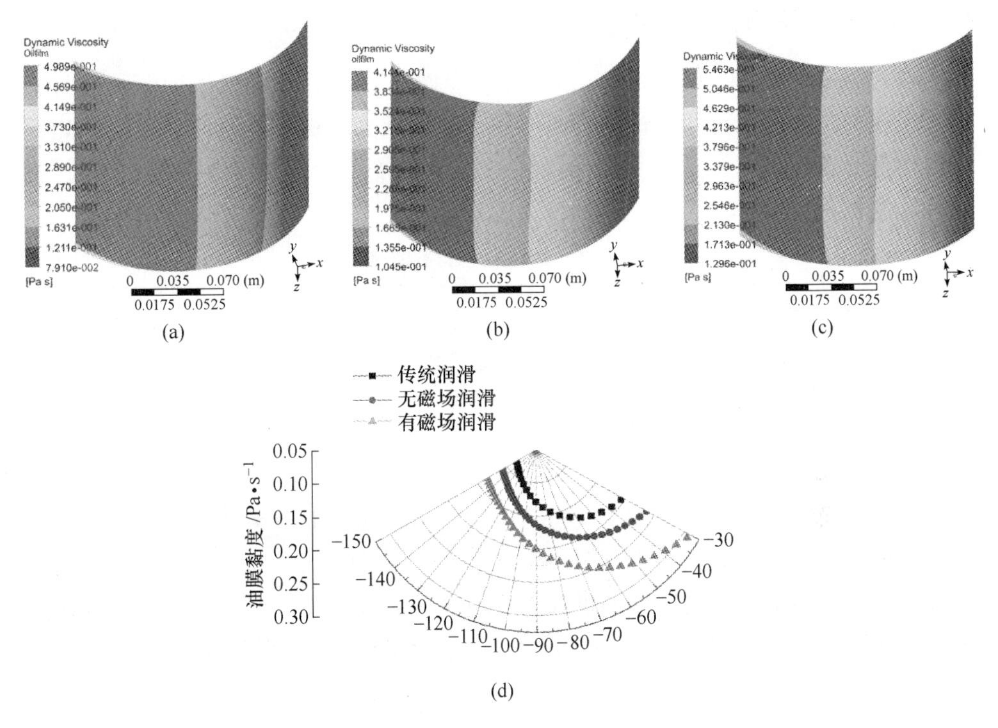

图 8-14 润滑油膜黏度分布

（a）传统润滑油；（b）无磁场作用；（c）有磁场作用；（d）三种结果对比

8.3.4.3 油膜承载能力

油膜压力对承载区面积的积分为承载力，见表 8-5。计算结果表明：磁流体润滑时的承载能力比传统润滑油大，有磁场作用时产生的承载力比无磁场作用时大，数值模拟结果与理论计算结果相符。承载力的水平方向分力 F_x 远大于竖直方向分力 F_y，数值模拟结果远大于理论计算结果。稳定运行时承载力的收敛准则表明：所分析的静态轴承并非处于稳定状态，存在增大偏心距的趋势。

表 8-5 油膜轴承承载力

承载力		F_x	F_y	F_z	F_x/F_y
传统油润滑		-2881.86	11406.6	-2.82e-5	0.2526
铁磁流润滑	无磁场	-8156.26	28361.7	2.93e-3	0.2876
	有磁场	-9291.75	32164.1	-2.16e-3	0.2889

8.4 磁流固多场耦合模拟

将 CFX 模拟计算的油膜压力和油膜温度作为外载荷作用于结构体，进行静力学和稳态温度场分析。以试验台的动压油膜轴承为实例，轴承座、衬套和轧辊选材均为低碳钢，在轴承衬套表面浇注层厚 2mm 的巴氏合金，油膜轴承的材料属性，见表 8-6。

表 8-6 油膜轴承材料属性

材料	弹性模量 /GPa	泊松比	密度 /kg·m^{-3}	线膨胀系数 /℃$^{-1}$	热传导系数 /W·(m·℃)$^{-1}$	比热容 /J·(kg·℃)$^{-1}$
低碳钢	206	0.25	7797	1.2e-5	53.25	434
巴氏合金	60.5	0.30	7420	2.3e-5	33.49	193

油膜轴承试验台的机械系统通过液压缸伸缩杆的压下作用模拟实际轧制生产线上轧辊所受的轧制力，由牛顿第三定律可知，两种方式效果相同，不同之处在于改变了承载区位置。液压缸的供油管路与液压加载系统相连，依据压力表显示的油压计算作用于轴承座表面的均布力，通过油膜压力对巴氏合金的作用实现轴承座的动态平衡。

采用离心浇铸或焊接等工艺技术在衬套内表面结合一层质地软、硬度低的巴氏合金，有利于避免轧辊与衬套间发生摩擦磨损。流固耦合模拟时，定义接触面类型有：Bonded、Frictional、Frictionless、Rough 和 No separation。根据两者实际配合方式，采用 Bonded 设置该接触面。对于衬套与轴承座的接触面，实际轧制现场通常使用平键以阻止周向滑动，太原科技大学油膜轴承试验台衬套与轴承座为过盈连接，采取 Bonded 类型定义该接触面，选择 Pure penalty 接触方式进行模拟分析，如图 8-15 所示。

根据实际情况，对轴承系统进行边界条件约束和载荷施加，如图 8-15（c）所示。试验台采用液压缸伸缩杆的压下作用来代替轧辊所承受的轧制力，施加

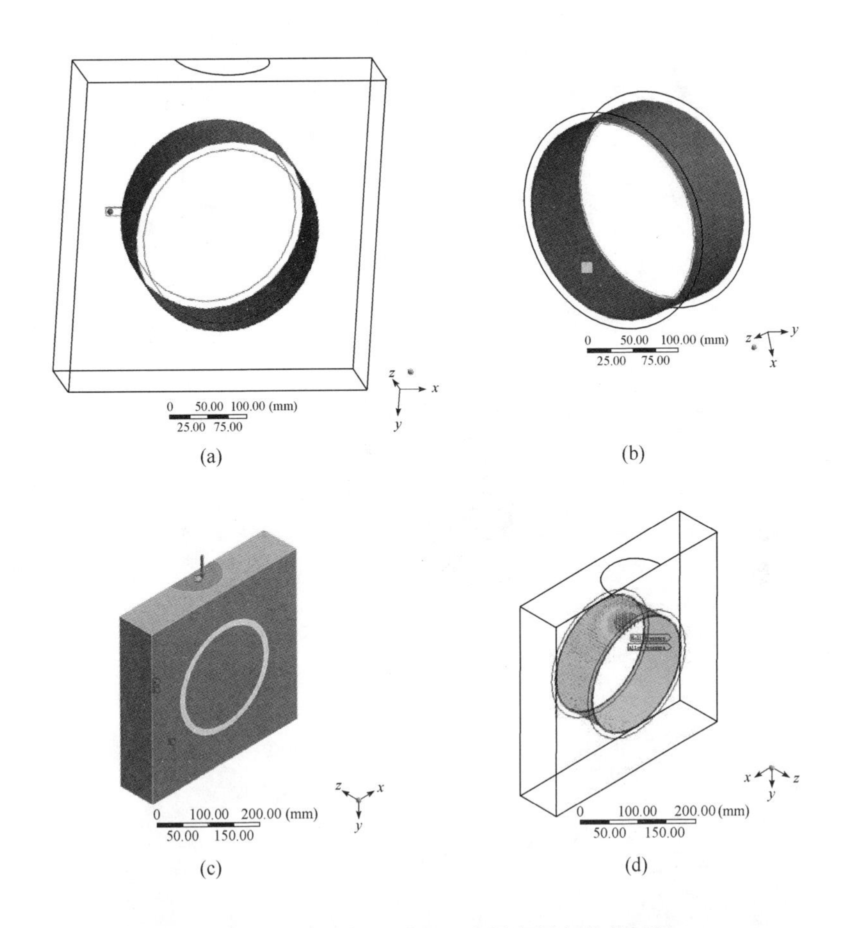

图 8-15　轴承接触面设置、边界条件与载荷时间

（a）衬套与轴承座接触面；（b）衬套与巴氏合金层接触面；（c）轴承边界条件；（d）油膜压力施加

3MPa 均布压力，相当于 3.68t 轧制力。同时轧辊与巴氏合金层分别受到油膜 Roll 壁面和 Chock 壁面油膜压力的影响，由 CFX 直接导入计算结果即可完成载荷施加，如图 8-15（d）所示。选取轴承系统的轴向半模型建立几何模型，在轴承组件的端面施加对称约束。选择轧辊边界约束时，尝试在轧辊轴心处设置直径为 2mm 的通孔，给通孔内表面施加圆柱面支撑，但轴承系统的变形超过模型的几何尺寸，最终在轧辊和轴承座的端面施加固定约束。

设置好所有前处理，进行静力学模拟计算。图 8-15 ~ 图 8-18 分别给出了整个轴承系统以及各组件的变形和等效应力，以及巴氏合金层的剪切应力。整个轴承系统的变形均受到油膜压力的影响，其中轧辊的变形最大，变形值为 2.128μm。各组件所受到的应力不足以发生塑性变形，主要校核指标在于巴氏合金层与衬套的结合强度。

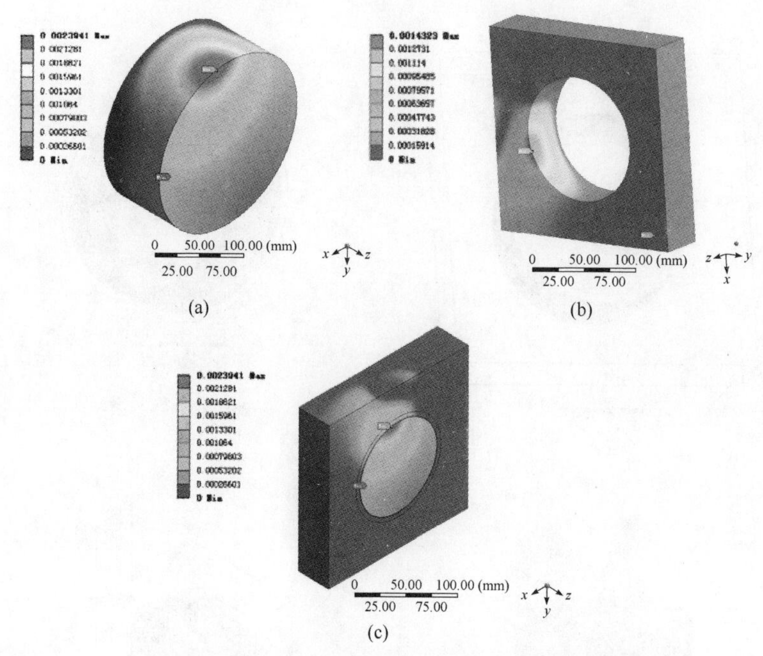

图 8-16　轧辊、轴承座和油膜轴承系统的几何变形

（a）轧辊；（b）轴承座；（c）轴承系统

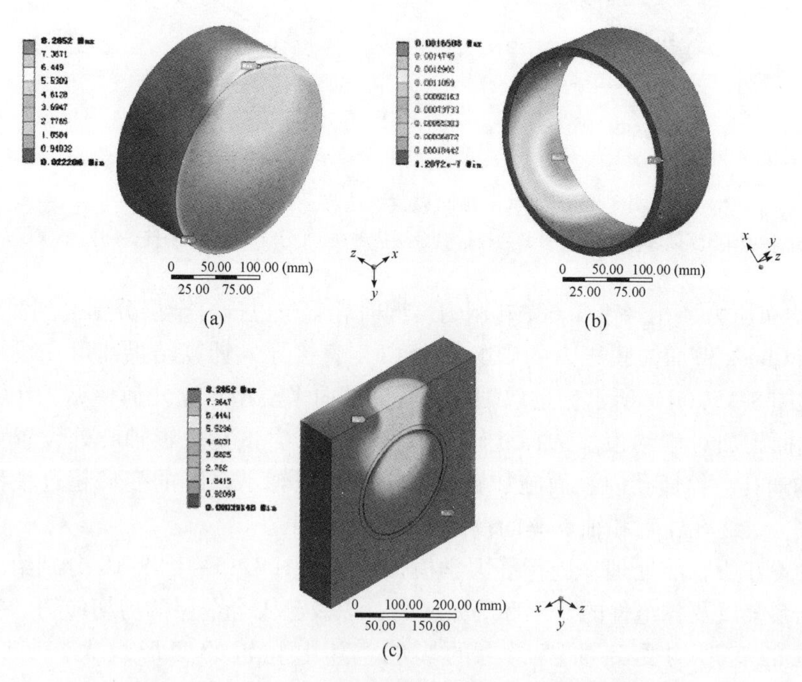

图 8-17　轧辊、衬套和油膜轴承系统的平均等效应力

（a）轧辊；（b）衬套；（c）轴承系统

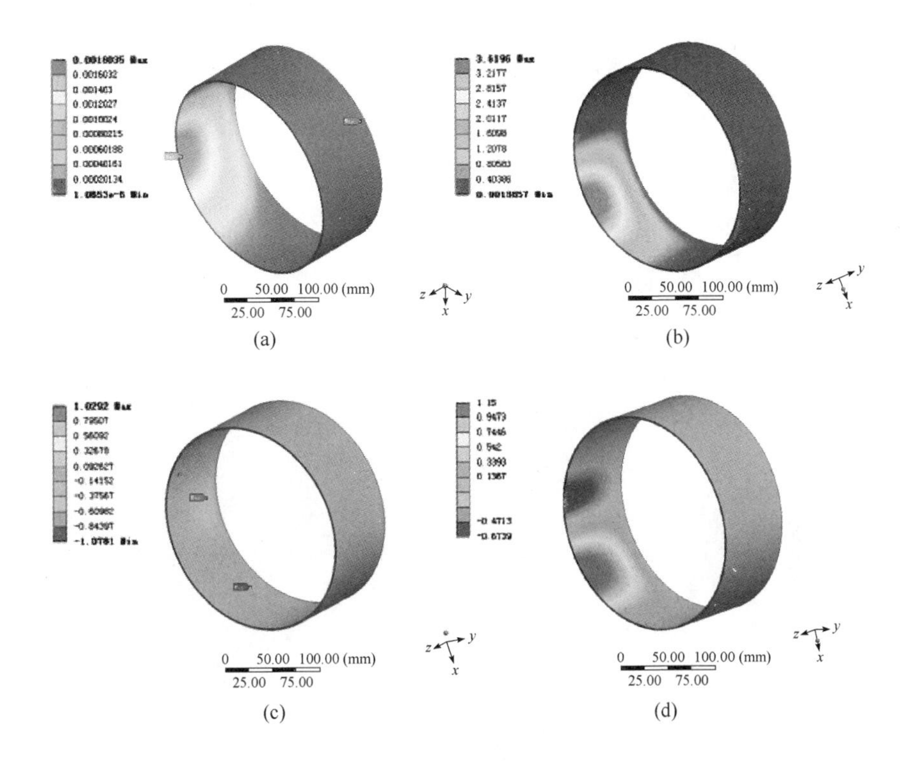

图 8-18 巴氏合金层的变形与应力

（a）几何变形；（b）平均等效应力；（c）*XZ* 平面切应力；（d）*XY* 平面切应力

油膜轴承经过长时间运行，衬套工作区域的巴氏合金可能会剥落，主要原因有：载荷较大；巴氏合金层较厚；巴氏合金与衬套的结合不牢。载荷大或巴氏合金厚仅是外在因素，根本原因在于巴氏合金与衬套的结合强度。给定轧制工况下的模拟结果表明：巴氏合金的变形与应力受油膜压力影响非常大；对比巴氏合金层与衬套的最大结合强度 60MPa，两者之间的切应力较小，不足以发生巴氏合金片状剥落等失效。随着轧制力不断增大，不容忽视切应力所带来的负压影响，因此，轴承衬套合金材料的结合性能成为当前的研究焦点。

轧制生产线上通过热电偶等温度传感器测量轴承内的温度，以反映轴承的润滑性能。基于 CFX 获得润滑油膜的温度及分布规律，将其作为外载荷作用于轧辊与巴氏合金层表面，设定轴承各组件的导热系数和接触面的换热系数为 2000W/(mm^2 · ℃)，进行温度场分析。图 8-19 给出了轴承各组件的温度场分布。轴承系统最高温度位于轧辊表面，约为 66.95℃；由里往外温度逐渐扩散，相比轧辊最高温度，轴承座最高温度降低 10℃ 左右。为降低轴承间隙内高温所产生的负面影响，增加润滑油流量或采用导热性较好的材料将快速散发产生的热量。

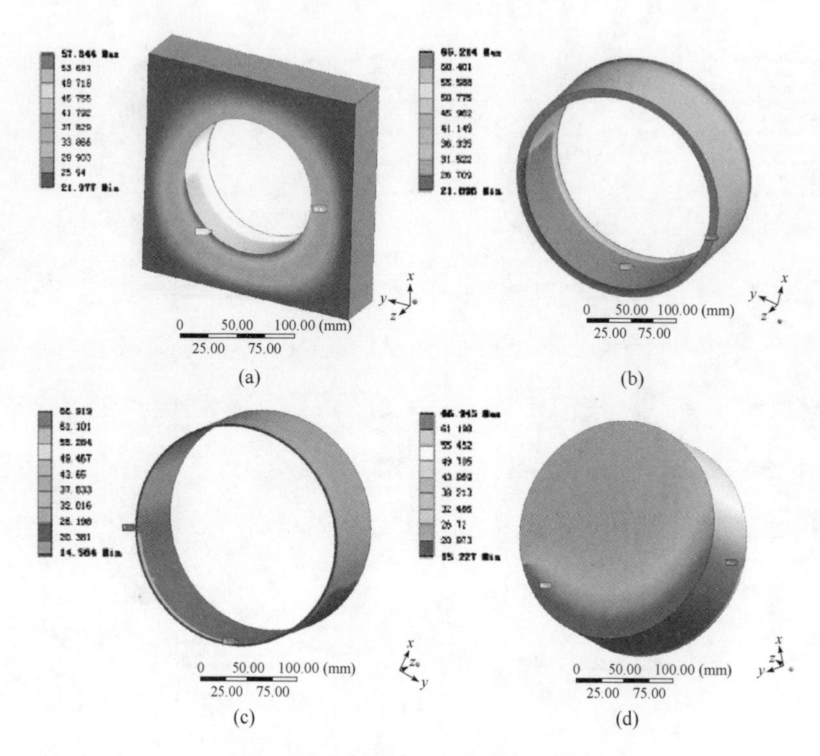

图 8-19　油膜轴承组件温度场分布

（a）轴承座；（b）衬套；（c）巴氏合金层；（d）轧辊

8.5　铁磁流体润滑性能分析

采用铁磁流体润滑油膜轴承，承载能力是轴承的主要性能参数，因此主要分析偏心率、磁感应强度、磁性微粒体积分数、入口压力和轧辊转速对润滑油膜承载性能的影响。根据表 8-7，按照单因子变量原则设定模拟计算的参数。

表 8-7　单因子变量分析参数设定

变量	偏心率	磁感应强度 /mT	轧辊转速 /r · min^{-1}	入口压力 /MPa	质量分数 /%	体积分数 /%	η_0 /Pa · s	密度 /kg · m^{-3}	热传导系数 /J · (kg · K)$^{-1}$	电导率 /W · (m · K)$^{-1}$
偏心率	0.7	50	100	0.08	5	0.9	0.2038	934.65	1861.58	0.1425
	0.8									
	0.9									
磁感应强度	0.7	10	100	0.08						
		30								
		50								

续表 8-7

<table>
<tr><th>变量</th><th>偏心率</th><th>磁感应强度 /mT</th><th>轧辊转速 /r · min^{-1}</th><th>入口压力 /MPa</th><th>质量分数 /%</th><th>体积分数 /%</th><th>η_0 /Pa · s</th><th>密度 /kg · m^{-3}</th><th>热传导系数 /J · (kg · K)$^{-1}$</th><th>电导率 /W · (m · K)$^{-1}$</th></tr>
<tr><td rowspan="5">轧辊转速</td><td rowspan="5">0.7</td><td rowspan="5">50</td><td>100</td><td rowspan="5">0.08</td><td rowspan="8">5</td><td rowspan="8">0.9</td><td rowspan="8">0.2038</td><td rowspan="8">934.65</td><td rowspan="8">1861.58</td><td rowspan="8">0.1425</td></tr>
<tr><td>200</td></tr>
<tr><td>300</td></tr>
<tr><td>400</td></tr>
<tr><td>500</td></tr>
<tr><td rowspan="3">入口压力</td><td rowspan="3">0.7</td><td rowspan="3">50</td><td rowspan="3">100</td><td>0.1</td></tr>
<tr><td>0.12</td></tr>
<tr><td>0.2</td></tr>
<tr><td rowspan="5">质量分数</td><td rowspan="5">0.7</td><td rowspan="5">50</td><td rowspan="5">100</td><td rowspan="5">0.08</td><td>5</td><td>0.9</td><td>0.2016</td><td>934.65</td><td>1861.58</td><td>0.1425</td></tr>
<tr><td>10</td><td>1.89</td><td>0.2112</td><td>976.78</td><td>1852.41</td><td>0.1453</td></tr>
<tr><td>20</td><td>4.15</td><td>0.2512</td><td>1073.6</td><td>1831.33</td><td>0.1516</td></tr>
<tr><td>30</td><td>6.9</td><td>0.3382</td><td>1191.7</td><td>1805.61</td><td>0.1593</td></tr>
<tr><td>40</td><td>10.3</td><td>0.5280</td><td>1338.9</td><td>1773.53</td><td>0.1690</td></tr>
</table>

8.5.1 偏心率对轴承承载能力的影响

对于同一相对间隙的油膜轴承，通过改变油膜轴承的偏心率，即设置不同的轧辊偏心距，建立油膜模型。导入 CFX 中，采用相同的设置对不同偏心率下的油膜进行模拟计算，选取润滑油膜的最大油膜压力、油膜温度和承载力沿各方向的分力进行分析，见表 8-8。

表 8-8 不同偏心率对润滑性能的影响

偏心率	P_{max}/MPa	T_{max}/K	F_x/N	F_y/N	F_z/N	F_x/F_y
0.07	5.8043	340.37	-9268.54	32482.4	-0.0020	-0.2853
0.075	5.9612	342.87	-9428	33314.3	-0.0021	-0.2830
0.08	6.1073	346.23	-9694.55	33906.9	-0.0022	-0.2859
0.085	6.2988	352.46	-10045.3	34599.5	-0.0024	-0.2903
0.09	6.8038	365.32	-10854.3	36811.9	-0.0025	-0.2949

如图 8-20 所示，随着偏心率增大，轧辊偏离轴承衬套轴心位置越大，承载区的油膜厚度将逐渐减小，最大油膜压力、最大油膜温度和径向承载力都增大。此外，偏心率越大，油膜轴承的承载能力增加梯度越大。

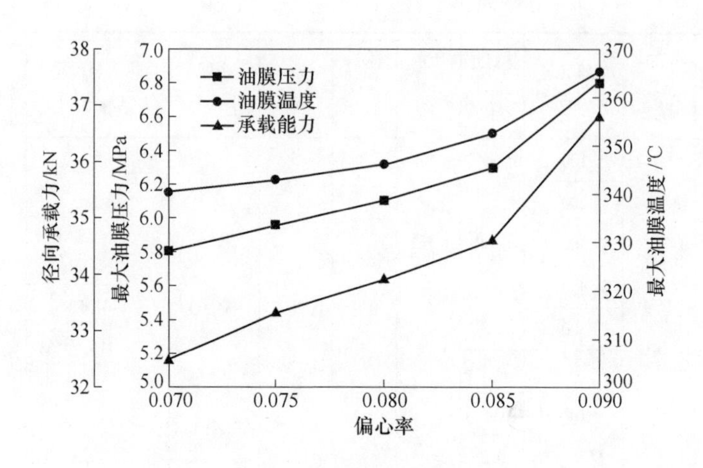

图 8-20　不同偏心率对油膜润滑性能的影响

8.5.2　磁感应强度对轴承承载能力的影响

从磁流体黏度的理论计算与实验研究可知，磁感应强度对黏度影响较大。图 8-21 给出了润滑油膜外磁场的施加方式。模拟铁磁流体润滑油膜轴承时，通过改变磁感应强度来研究其对轴承承载能力的影响，结果见表 8-9。在外磁场作用下，磁流体中磁性微粒由无规则的布朗运动转换为规则有序的排列，以增大界面的摩擦阻力。宏观上表现为黏度增加，同时也提高了油膜温度和油膜压力。油膜温度是影响黏度的主要因素，通过增大磁感应强度使得黏度增量能够弥补因温度升高而带来的黏度减量，实现承载区油膜黏度的动态平衡。

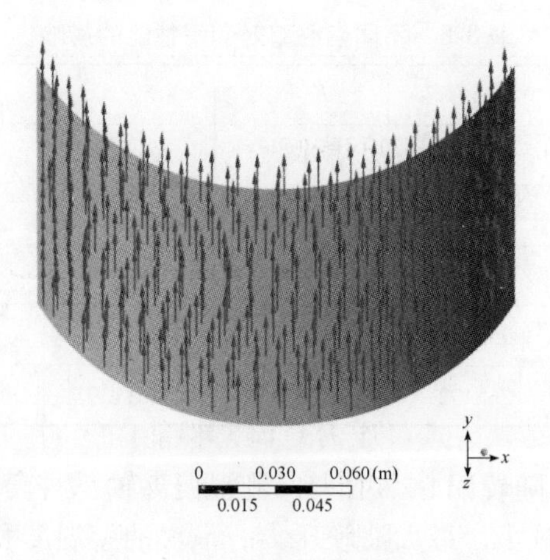

图 8-21　润滑油膜外磁场施加方式

表 8-9 不同磁感应强度对轴承润滑性能的影响

磁感应强度/mT	P_{max}/MPa	T_{max}/K	F_x/N	F_y/N	F_z/N	F_x/F_y
10	5.9548	340.352	-9459.67	33275.2	-0.0022	-0.2843
30	5.9777	340.353	-9508.21	33410.6	-0.0022	-0.2846
50	6.0461	339.529	-9588.82	33812.7	-0.0022	-0.2836

8.5.3 磁性微粒质量分数对轴承承载能力的影响

采用不同质量分数的磁流体对油膜轴承进行润滑，结果见表8-10。由表8-10可知：随着磁流体微粒质量分数的增大，润滑油黏度的增加使得油膜压力增大，但变化量并不明显；然而对温度的影响比较大，主要原因是：磁性微粒含量的增多使得两相界面之间的摩擦热增多，造成油膜温度的升高。降低润滑油黏度，减少油膜压力，总体上表现质量分数对油膜压力的影响不明显。

表 8-10 不同磁性微粒质量分数对轴承润滑性能的影响

质量分数/%	体积分数/%	P_{max}/MPa	T_{max}/K	F_x/N	F_y/N	F_z/N	F_x/F_y
5	0.9	5.7774	340.276	-9252.02	32233.8	-0.0022	-0.2870
10	1.89	5.9580	341.656	-9477.54	33309	-0.0022	-0.2845
20	4.15	5.9751	342.927	-9524.28	33441.7	-0.0022	-0.2848
30	6.9	6.0310	343.971	-9617.37	33757.6	-0.0022	-0.2849
40	10.3	6.0557	344.974	-9675.34	33917	-0.0022	-0.2853

8.5.4 入口压力对轴承承载能力的影响

采用三螺杆泵将润滑油从油箱输送至油膜轴承入油口，整个过程中存在沿途压力损失，试验台的入油管路中设置压力调节装置，以保证润滑油顺利到达入油口，通常要求润滑油的入口压力为0.08~0.12MPa。实际运转之前，需要调节进口管路的流量阀，来控制机械系统中轴承的供油量，根据伯努利方程可知，入口压力将发生变化，因此分析入口压力对润滑性能的影响。分别设置入口压力为0.08MPa、0.1MPa和0.12MPa，对润滑油膜进行模拟分析，模拟结果见表8-11。由表8-11中可知，入口压力对油膜压力和承载能力的影响比较小，在要求的压力范围内基本上可以忽略不计，这与实验测试的结论相符合。

表 8-11　不同入口压力对润滑性能的影响

入口压力	P_{max}/MPa	T_{max}/K	F_x/N	F_y/N	F_z/N	F_x/F_y
0.08	5.7661	340.984	-9291.75	32164.1	-0.0022	-0.2889
0.1	5.9230	340.369	-9508.27	33117	-0.0022	-0.2871
0.12	5.9140	340.297	-9529.06	33093.2	-0.0022	-0.2879

8.5.5　轧辊转速对轴承承载能力的影响

由于忽略轧辊与油膜界面的相对滑移，通过改变轧辊转速，可以获得不同的润滑油速度，使得轴承的承载性能将发生变化。表 8-12 给出了不同轧辊转速下对轴承润滑性能的影响。

表 8-12　不同轧辊转速对轴承润滑性能的影响

转速/r · min^{-1}	P_{max}/MPa	T_{max}/K	F_x/N	F_y/N	F_z/N	F_x/F_y
100	5.76606	340.984	-9291.75	32164.1	-0.0022	-0.2889
200	6.18435	352.75	-10033.6	34716.5	-0.0023	-0.2890
300	6.44464	364.201	-10606.1	36458.2	-0.0025	-0.2909
400	6.69377	374.212	-11151.4	38224.6	-0.0026	-0.2917
500	6.90795	382.488	-11597.1	39865	-0.0027	-0.2909

图 8-22 给出了最大油膜压力、最高油膜温度和径向承载能力随着轧辊转速的变化规律。温度的分布遵循轴向有梯度的规律分布，油膜最高温度不是出现在最小油膜厚度处，而是在油膜出口处。说明轴承在运行中最小油膜厚度处压力最大，当润滑油经过该区域时还会继续升温，从而导致最高温度出现在油膜出口附近。同时发现速度越高，温度变化越剧烈，出口温度越高。建议进一步优化轴承的各设计参数，以减小温升，提高轴承使用寿命。

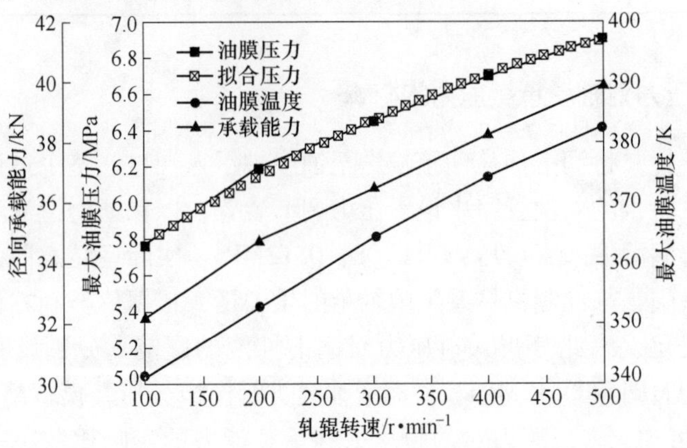

图 8-22　不同转速对承载性能的影响

采用二次多项式对不同轧辊转速下的最大油膜压力进行拟合，拟合方程为：

$$P = -2.9956 \times 10^{-6} n^2 + 0.00459n + 5.3517 \tag{8-4}$$

由图8-22可知，拟合结果与实际模拟计算结果误差非常小。随着转速的增大，最大油膜压力将增大，但变化幅值有所减小。

9 磁流体润滑油膜轴承静动特性

轧机油膜轴承运转时，由于轧制力的作用，轧辊与轴承的楔形间隙内形成了发散区和收敛区。轧辊的转动将润滑油由发散区带入收敛区形成动压润滑，使润滑油膜的各节点具有压力，对各节点油膜压力进行积分，得到了油膜轴承的承载力。当轧制力大于承载力时，轧辊与轴承的偏心距将进一步增大，油膜厚度随之减小，油膜压力随之增大，直到轧制力与承载力平衡。理论上认为轴承在稳定运行过程中，轴承与轧辊由润滑介质完全隔开，处于全流体润滑状态。

9.1 静动特性数学模型

为了获得磁流体润滑油膜轴承的静动特性，本章节将磁流体磁场力方程组与油膜轴承润滑方程组相结合，推导了外加磁场作用下的磁流体润滑油膜轴承的静动特性的数学模型。

9.1.1 雷诺方程

常用的磁场力推导方法有分子电流模型法和能量法。Cowley 和 Rosensweig 采用能量法的思路，将表面力的机械功与热力学功相结合，得到铁磁流体的彻体力，进一步计算得到磁场力表达式，该方法全面且具有一般性，只是其物理概念不够清晰。其磁场的表达形式为：

$$f_m = -\nabla(p_m + p_s) + f_k \tag{9-1}$$

式中，p_m 为磁流体的磁化压力，$p_m = \mu_0\int_0^H M\mathrm{d}H$；$p_s$ 为在磁场中磁流体的体积变化引起压力变化的磁致伸缩压力，$p_s = -\mu_0\int_0^H \rho_f \dfrac{\partial M}{\partial \rho_f}\mathrm{d}H$。

当磁流体的磁化强度与外加磁场强度平行时，获得 Kelvin 力，$f_k = \mu_0 M \cdot \nabla H$。

按照热力学自由能的思想，推导出磁场力的一般形式，该方法推导非常严格，考虑了其他因素对磁彻体力的影响，使得计算结果更加全面。其矢量可表示为：

$$f_m = \mu_0 M_g \nabla H \tag{9-2}$$

式中，$M_g = X_m h_m$。

故磁场力为：

$$f_m = \mu_0 X_m h_m \nabla h_m \tag{9-3}$$

关于润滑理论方程中雷诺方程的建立，通常根据 Navier-Stocks 方程（*N-S* 方程）进行或者微单元体法进行推导，即：

$$\begin{cases}\dfrac{\partial p}{\partial x}=\eta_H\dfrac{\partial^2 u}{\partial y^2}+f_{mx}\\[2ex]\dfrac{\partial p}{\partial z}=\eta_H\dfrac{\partial^2 w}{\partial y^2}+f_{mz}\end{cases}\tag{9-4}$$

外磁场作用下磁流体的黏度可采用增量形式表示：$\eta_H=\eta_0+\Delta\eta$。

油膜轴承实际运转过程中的速度边界条件为：

$$\begin{cases}u\mid_{y=0}=0;v\mid_{y=0}=V_0;w\mid_{y=0}=0\\ u\mid_{y=h}=wR;v\mid_{y=h}=V_h;w\mid_{y=h}=0\end{cases}\tag{9-5}$$

代入速度边界条件，对 $N-S$ 方程进行两次积分，得到：

$$\begin{cases}u=\dfrac{1}{2\eta_m}\dfrac{\partial p}{\partial x}(y^2-yh)-\dfrac{1}{2\eta_m}f_{mx}(y^2-yh)+\dfrac{wR}{h}y\\[2ex]w=\dfrac{1}{2\eta_m}\dfrac{\partial p}{\partial x}(y^2-yh)-\dfrac{1}{2\eta_m}f_{mz}(y^2-yh)\end{cases}\tag{9-6}$$

根据流量连续性条件，得到磁流体的连续性方程为：

$$\frac{\partial\rho_f}{\partial t}+\frac{\partial(\rho_f u)}{\partial x}+\frac{\partial(\rho_f w)}{\partial z}=0\tag{9-7}$$

将其沿膜厚方向积分，得到：

$$\frac{\partial m_x}{\partial x}+\frac{\partial m_z}{\partial z}+\frac{\partial(\rho_f h)}{\partial t}=0\tag{9-8}$$

式中，m_x，m_z 分别是 x，z 方向的流体质量，其表达式为：

$$\begin{cases}m_x=\displaystyle\int_0^h\rho_f u\,dy=-\frac{\rho_f}{12}\left(\frac{h^3}{\eta_m}\frac{\partial p}{\partial x}-\frac{h^3}{\eta_m}f_{mx}+6wRh\right)\\[2ex]m_z=\displaystyle\int_0^h\rho_f w\,dy=-\frac{\rho_f}{12}\left(\frac{h^3}{\eta_m}\frac{\partial p}{\partial z}-\frac{h^3}{\eta_m}f_{mz}\right)\end{cases}\tag{9-9}$$

将流体质量代入连续性方程，得到磁流体润滑油膜轴承的雷诺方程：

$$\frac{\partial}{\partial x}\left(\frac{h^3}{\eta_m}\frac{\partial p}{\partial x}\right)+\frac{\partial}{\partial z}\left(\frac{h^3}{\eta_m}\frac{\partial p}{\partial z}\right)=\mu_0X_m\frac{\partial}{\partial x}\left(\frac{h^3h_m}{\eta_m}\frac{\partial h_m}{\partial x}\right)+\mu_0X_m\frac{\partial}{\partial z}\left(\frac{h^3h_m}{\eta_m}\frac{\partial h_m}{\partial z}\right)+6wR\frac{\partial h}{\partial x}+12\frac{\partial h}{\partial t}\tag{9-10}$$

9.1.2　边界条件

雷诺方程给出了承载区内油膜厚度、油膜压力、润滑油黏度、磁场强度等参数之间的相互关系，由一系列的偏微分方程组成，无法直接进行求解，故采用数值计算方法求解。数值求解的过程中，需要设定边界条件，合理的边界条件可以加快求解速度，提高求解精度。

油膜轴承入口压力的边界条件根据轴承运转情况确定，要求入口压力保证在 0.08 ~ 0.12MPa 之间，本次计算设定为 0.10MPa。由于轴承出口处楔形空间存在发散区，使得润滑油膜破裂，对于出口边界，雷诺边界条件认为油膜破裂发生在最小油膜厚度处的某一个发散间隙内，认为该处的油膜压力为零，且油膜压力梯度也为零，可以满足其流量的连续性。

轧辊与轴承之间的润滑油膜承受实际载荷，当作用于润滑油膜上的压力下降到略低于油膜压力时，存在于润滑油中的气体将会以气泡的形式由流体中溢出，导致润滑油膜的破裂。故轴承不可能承受持续的负压，且应满足流量连续性条件。故本章节采用雷诺边界条件，具体的边界条件为：

轴承入油口边界：$p = p_0$；轴承油膜破裂处：$\partial p / \partial x = 0$；

轴承轴向对称面：$\partial p / \partial z = 0$；轴承两端面：$p = 0$。

9.1.3　膜厚方程

图 9-1 为油膜厚度的示意图，油膜存在于轧辊和衬套之间的间隙内，由收敛区和发散区组成。假设轧辊和轴承衬套的半径分别为 r、R，在衬套上任取一点 P，则偏心距线段 $\overline{O_1O_2} = e$，$\overline{O_1P} = R$，$\overline{O_2P} = r + h$。在 $\triangle O_1O_2P$ 中，由余弦定理得到：

$$(r + h)^2 = R^2 + e^2 - 2eR\cos(\pi - \alpha) \tag{9-11}$$

对式（9-11）配方并化简为：

$$(r + h)^2 = (R + e\cos\alpha)^2 + e^2\sin^2\alpha \tag{9-12}$$

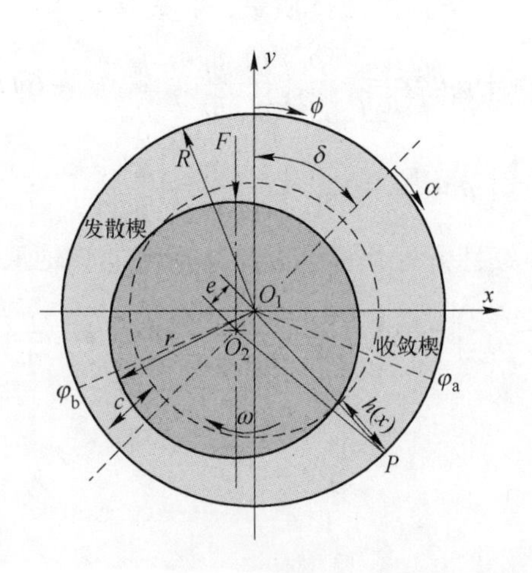

图 9-1　油膜厚度示意图

式（9-12）为膜厚的一元二次方程，由于 $e^2\sin^2\alpha$ 非常小，可忽略不计。则膜厚方程为：

$$h \approx (R-r) + e\cos\alpha = (R-r)\left(1 + \frac{e}{R-r}\cos\alpha\right) = \delta(1+\varepsilon\cos\alpha) \tag{9-13}$$

式中，δ 为半径间隙；ε 为相对偏心率，$\varepsilon = \dfrac{e}{R-r} = \dfrac{e}{\delta}$。当 α 从最小油膜厚度处算起时，油膜厚度表示为：

$$h \approx c(1-\varepsilon\cos\alpha) \tag{9-14}$$

9.1.4 黏度方程

在外加磁场作用下，受温度、压力和磁场影响的磁流体黏度方程为：

$$\eta_H(T,P,H) = \eta_{c0}\exp\left\{(\ln\eta_0 + 9.67)\left[(1+5.1\times10^{-9}P)^z\left(\frac{T-138}{T_0-138}\right)^{-S_0} - 1\right]\right\}\cdot \left[1 + 2.5\left(1+\frac{\delta}{r_p}\right)^3\phi - 1.55\left(1+\frac{\delta}{r_p}\right)^6\phi^2 + \frac{1.5k_1}{\dfrac{1}{\phi} + \dfrac{3k_0T}{2\pi r_p^3\mu_0(\mu_r-1)H^2}}\right] \tag{9-15}$$

9.1.5 静特性分析

如式（9-10）所示，磁流体润滑油膜轴承的二维雷诺方程形式为：

$$\frac{\partial}{\partial x}\left(\frac{h^3}{\eta_m}\frac{\partial p}{\partial x}\right) + \frac{\partial}{\partial z}\left(\frac{h^3}{\eta_m}\frac{\partial p}{\partial z}\right) = \mu_0 X_m \frac{\partial}{\partial x}\left(\frac{h^3 h_m}{\eta_m}\frac{\partial h_m}{\partial x}\right) + \mu_0 X_m \frac{\partial}{\partial z}\left(\frac{h^3 h_m}{\eta_m}\frac{\partial h_m}{\partial z}\right) + 6wR\frac{\partial h}{\partial x} + 12\frac{\partial h}{\partial t}$$

计算静特性时忽略时间项，故磁流体润滑油膜轴承的二维雷诺方程形式为：

$$\frac{\partial}{\partial x}\left(\frac{h^3}{\eta_m}\frac{\partial p}{\partial x}\right) + \frac{\partial}{\partial z}\left(\frac{h^3}{\eta_m}\frac{\partial p}{\partial z}\right) = \mu_0 X_m \frac{\partial}{\partial x}\left(\frac{h_3 h_{m\varphi}}{\eta_m}\frac{\partial h_m}{\partial x}\right) + \mu_0 X_m \frac{\partial}{\partial z}\left(\frac{h^3 h_{m\lambda}}{\eta_m}\frac{\partial h_m}{\partial z}\right) + 6wR\frac{\partial h}{\partial x} \tag{9-16}$$

9.1.5.1 承载能力计算

油膜轴承通过油膜承载力来平衡轧制力，油膜承载力通过将轴承衬套上承载区各点的油膜压力进行积分获得。

$$\begin{cases} F_x = -\displaystyle\int_0^L\int_{\alpha_a}^{\alpha_b} p\sin(\alpha+\alpha_0)R\mathrm{d}\alpha\mathrm{d}z \\ F_y = -\displaystyle\int_0^L\int_{\alpha_a}^{\alpha_b} p\cos(\alpha+\alpha_0)R\mathrm{d}\alpha\mathrm{d}z \end{cases} \tag{9-17}$$

式中，F_x，F_y 分别为 x 方向和 y 方向的油膜承载力；α_a 为油膜承载区的初始边界；α_b 为破裂边界的角位置。

轴承的承载力为：

$$F = \sqrt{F_x^2 + F_y^2} \tag{9-18}$$

则所得到的 $\theta_0^{(n)}$ 为实际偏位角。

9.1.5.2　润滑油流量计算

将周向和轴向的润滑油流速方程式（9-6）沿油膜厚度方向积分，得到各截面的流量：

$$\begin{cases} q_x = \int_0^h u\mathrm{d}y = \int_0^h \left[\dfrac{1}{2\eta_H}\left(\dfrac{\partial p}{\partial x} - f_{mx}\right)(y^2 - hy) + \dfrac{wRy}{h}\right]\mathrm{d}y \\ q_z = \int_0^h w\mathrm{d}y = \int_0^h \dfrac{1}{2\eta_H}\left(\dfrac{\partial p}{\partial z} - f_{mz}\right)(y^2 - hy)\mathrm{d}y \end{cases} \tag{9-19}$$

对式（9-19）积分后化简得到：

$$\begin{cases} q_x = -\dfrac{h^3}{12\eta_H}\left(\dfrac{\partial p}{\partial x} - f_{mx}\right) + \dfrac{wRh}{2} \\ q_z = -\dfrac{h^3}{12\eta_H}\left(\dfrac{\partial p}{\partial z} - f_{mz}\right) \end{cases} \tag{9-20}$$

油膜轴承在实际运转过程中需要不断补充润滑油，主要是为了弥补油膜入油口和出油口的流量差及补充压力供油时直接流出的润滑油量，从而保证润滑油膜的完整性和稳定性。其中，端泄流量是指入油口和出油口之间的油膜压力引起的流量差，故端泄流量表示为：

$$Q = 2\int_0^{2\pi R} q_z \mathrm{d}x = -\frac{R}{6}\int_0^{2\pi} \frac{h^3}{\eta_m}\left(\frac{\partial p}{\partial z} - f_{mz}\right)\bigg|_{z=\frac{L}{2}} \mathrm{d}\alpha \tag{9-21}$$

9.1.6　动特性分析

如式（9-10）所示，铁磁流体润滑油膜轴承计算动特性时的雷诺方程：

$$\frac{\partial}{\partial x}\left(\frac{h^3}{\eta_H}\frac{\partial p}{\partial x}\right) + \frac{\partial}{\partial z}\left(\frac{h^3}{\eta_H}\frac{\partial p}{\partial z}\right) = \mu_0 X_m \frac{\partial}{\partial x}\left(\frac{h^3}{\eta_H}\frac{h_m \partial h_m}{\partial x}\right) + \mu_0 X_m \frac{\partial}{\partial z}\left(\frac{h^3}{\eta_H}\frac{h_m \partial h_m}{\partial z}\right) + 6wR\frac{\partial h}{\partial x} + 12\frac{\partial h}{\partial t} \tag{9-22}$$

油膜力与承载力为相互作用力，由此油膜力可表示为：

$$\begin{cases} w_x = \int_{-1}^{1}\int_{\varphi_a}^{\varphi_b} P\sin(\varphi + \alpha_0)\mathrm{d}\varphi\mathrm{d}\lambda \\ w_y = \int_{-1}^{1}\int_{\varphi_a}^{\varphi_b} P\cos(\varphi + \alpha_0)\mathrm{d}\varphi\mathrm{d}\lambda \end{cases} \tag{9-23}$$

油膜力与位置和扰动有关，其大小取决于轧辊轴心的位置以及轴颈的运动方程，因此认为是 x_j，y_j，$\dot{x}_j$，$\dot{y}_j$ 的函数，即油膜力可表示为：

$$\begin{cases} w_x = w_x(x, y, \dot{x}, \dot{y}) \\ w_y = w_y(x, y, \dot{x}, \dot{y}) \end{cases} \tag{9-24}$$

由于油膜轴承恶劣的工作条件，不同的润滑因素将对轴承平衡位置产生一定的扰动。将油膜承载力在轴颈平衡位置处用泰勒级数展开为位移扰动和速度扰动的函数，保留其中的线性部分，则得到式（9-25）。

$$\begin{cases} w_x = w_{x0} + \left(\dfrac{\partial w_x}{\partial x}\right)_0 \dot{x} + \left(\dfrac{\partial w_x}{\partial y}\right)_0 \dot{y} + \left(\dfrac{\partial w_x}{\partial \dot{x}}\right)_0 \ddot{x} + \left(\dfrac{\partial w_x}{\partial \dot{y}}\right)_0 \ddot{y} \\ w_y = w_{y0} + \left(\dfrac{\partial w_y}{\partial x}\right)_0 \dot{x} + \left(\dfrac{\partial w_y}{\partial y}\right)_0 \dot{y} + \left(\dfrac{\partial w_y}{\partial \dot{x}}\right)_0 \ddot{x} + \left(\dfrac{\partial w_y}{\partial \dot{y}}\right)_0 \ddot{y} \end{cases} \tag{9-25}$$

式中，w_{x0}，w_{y0}分别是轴承稳定运行状态时的油膜力。

得到刚度和阻尼系数为：

$$\begin{cases} k_{xx} = \left(\dfrac{\partial w_x}{\partial x}\right)_0, k_{xy} = \left(\dfrac{\partial w_x}{\partial y}\right)_0, k_{yx} = \left(\dfrac{\partial w_y}{\partial x}\right)_0, k_{yy} = \left(\dfrac{\partial w_y}{\partial y}\right)_0 \\ c_{xx} = \left(\dfrac{\partial w_x}{\partial \dot{x}}\right)_0, c_{xy} = \left(\dfrac{\partial w_x}{\partial \dot{y}}\right)_0, c_{yx} = \left(\dfrac{\partial w_y}{\partial \dot{x}}\right)_0, c_{yy} = \left(\dfrac{\partial w_y}{\partial \dot{y}}\right)_0 \end{cases} \tag{9-26}$$

微扰方程为：

$$\begin{cases} M\ddot{x}_j' + D_{xx}\dot{x}_j' + D_{xy}\dot{y}_j' + K_{xx}x_j' + K_{xy}y_j' = 0 \\ M\ddot{y}_j' + D_{yx}\dot{x}_j' + D_{yy}\dot{y}_j' + K_{yx}x_j' + K_{yy}y_j' = 0 \end{cases} \tag{9-27}$$

由于轴承运行过程中存在油膜挤压效应，需要考虑时间变量，按照稳定状态的数值解法求解雷诺方程具有较大难度，在小位移和小速度的扰动下，将油膜厚度以及油膜压力通过泰勒展开式转化为位移和速度的方程，油膜压力利用泰勒级数展开并只保留线性项，则有：

$$p = p_0 + p_x x_j' + p_y y_j' + p_{\dot{x}}\dot{x}_j' + p_{\dot{y}}\dot{y}_j' \tag{9-28}$$

$$h = h_0 - \dot{x}\cos\varphi - \dot{y}\sin\varphi \tag{9-29}$$

$$\frac{\partial h}{\partial \varphi} = \frac{\partial h_0}{\partial \varphi} + \ddot{x}\sin\varphi - \ddot{y}\cos\varphi \tag{9-30}$$

$$\frac{\partial h}{\partial \tau} = -\ddot{x}\cos\varphi - \ddot{y}\sin\varphi \tag{9-31}$$

将式（9-28）~式（9-31）代入雷诺方程，忽略高阶小量，得到稳定状态的油膜压力及不稳定状态时的油膜压力的偏微分项，写成矩阵形式，整理得到

$$\frac{\partial}{\partial x}\left(\frac{h_0^3}{\overline{\eta}_m}\frac{\partial}{\partial x}\right)\begin{pmatrix} p_0 \\ p_x \\ p_y \\ p_{\dot{x}} \\ p_{\dot{y}} \end{pmatrix} + \frac{\partial}{\partial y}\left(\frac{h_0^3}{\overline{\eta}_m}\frac{\partial}{\partial y}\right)\begin{pmatrix} p_0 \\ p_x \\ p_y \\ p_{\dot{x}} \\ p_{\dot{y}} \end{pmatrix} = k_s\frac{\partial}{\partial \varphi}\left(\frac{\overline{h}_m h_0^3}{\overline{\eta}_m}\frac{\partial \overline{h}_m}{\partial \varphi}\right) + k_s\left(\frac{D}{L}\right)^2\frac{\partial}{\partial \lambda}\left(\frac{\overline{h}_m h_0^3}{\overline{\eta}_m}\frac{\partial \overline{h}_m}{\partial \lambda}\right) +$$

$$6\frac{\partial h_0}{\partial x}k_{s\varphi}\frac{\partial}{\partial\varphi}\left[\frac{\bar{h}_{m\varphi}}{\bar{\bar{\eta}}_m}(-3h_0^2\cos\varphi)\frac{\partial\bar{h}_{m\varphi}}{\partial\varphi}\right]+k_{s\lambda}\left(\frac{D}{L}\right)^2\frac{\partial}{\partial\lambda}\left[\frac{\bar{h}_{m\lambda}}{\bar{\bar{\eta}}_m}(-3h_0^2\cos\varphi)\frac{\partial\bar{h}_{m\lambda}}{\partial\lambda}\right]+$$

$$\frac{\partial}{\partial\varphi}\left[\frac{1}{\bar{\bar{\eta}}_m}(3h_0^2\cos\varphi)\frac{\partial p_0}{\partial\varphi}\right]+\left(\frac{D}{L}\right)^2\frac{\partial}{\partial\lambda}\left[\frac{1}{\bar{\bar{\eta}}_m}(3h_0^2\cos\varphi)\frac{\partial p_0}{\partial\lambda}\right]+6\sin\varphi k_{s\varphi}\cdot$$

$$\frac{\partial}{\partial\varphi}\left[\frac{\bar{h}_{m\varphi}}{\bar{\bar{\eta}}_m}(-3h_0^2\sin\varphi)\frac{\partial\bar{h}_{m\varphi}}{\partial\varphi}\right]+k_s\left(\frac{D}{L}\right)^2\frac{\partial}{\partial\lambda}\left[\frac{\bar{h}_{m\lambda}}{\bar{\bar{\eta}}_m}(-3h_0^2\sin\varphi)\frac{\partial\bar{h}_{m\lambda}}{\partial\lambda}\right]+$$

$$\frac{\partial}{\partial\varphi}\left[\frac{1}{\bar{\bar{\eta}}_m}(3h_0^2\sin\varphi)\frac{\partial p_0}{\partial\varphi}\right]+\left(\frac{D}{L}\right)^2\frac{\partial}{\partial\lambda}\left[\frac{1}{\bar{\bar{\eta}}_m}(3h_0^2\sin\varphi)\frac{\partial p_0}{\partial\lambda}\right]-6\cos\varphi-12\cos\phi-12\sin\phi$$

由于轴颈对中良好，一般都在精度范围之内，边界条件描述为：

（1）在周向方向，当 $\theta=0$，$p=0$，在油膜破裂处，$p=0$，$\frac{\partial p}{\partial\theta}=0$。

（2）在轴向方向，当 $y=0$ 时，$\frac{\partial p_0}{\partial y}=\frac{\partial p_x}{\partial y}=\frac{\partial p_y}{\partial y}=\frac{\partial p_{\dot{x}}}{\partial y}=\frac{\partial p_{\dot{y}}}{\partial y}=0$。

当 $y=\pm L/2$ 时，$p_0=p_a$；$p_x=p_y=p_{\dot{x}}=p_{\dot{y}}=0$。

将计算所得的压力值代入油膜力表达式和泰勒展开式，得到：

$$\begin{cases}K_{xx}=\int_0^L\int_{\alpha_a}^{\alpha_b}-P_x\sin x\mathrm{d}x\mathrm{d}y,K_{yx}=\int_0^L\int_{\alpha_a}^{\alpha_b}-P_x\cos x\mathrm{d}x\mathrm{d}y\\ K_{xy}=\int_0^L\int_{\alpha_a}^{\alpha_b}-P_y\sin x\mathrm{d}x\mathrm{d}y,K_{yy}=\int_0^L\int_{\alpha_a}^{\alpha_b}-P_y\cos x\mathrm{d}x\mathrm{d}y\\ C_{xx}=\int_0^L\int_{\alpha_a}^{\alpha_b}-P_{\dot{x}}\sin x\mathrm{d}x\mathrm{d}y,C_{yx}=\int_0^L\int_{\alpha_a}^{\alpha_b}-P_{\dot{x}}\cos x\mathrm{d}x\mathrm{d}y\\ C_{xy}=\int_0^L\int_{\alpha_a}^{\alpha_b}-P_{\dot{y}}\sin x\mathrm{d}x\mathrm{d}y,C_{yy}=\int_0^L\int_{\alpha_a}^{\alpha_b}-P_{\dot{y}}\cos x\mathrm{d}x\mathrm{d}y\end{cases}\tag{9-32}$$

式中，K_{xx}，K_{xy}，K_{yx}，K_{yy}分别为油膜的直接刚度、交叉刚度；C_{xx}，C_{xy}，C_{yx}，C_{yy}分别为油膜的直接阻尼、交叉阻尼；P_x，P_y，$P_{\dot{x}}$，$P_{\dot{y}}$分别为油膜压力对位移扰动和对速度扰动的偏导项的无量纲量，$P_x=\frac{\partial P}{\partial x}$，$P_y=\frac{\partial P}{\partial y}$，$P_{\dot{x}}=\frac{\partial P}{\partial\dot{x}}$，$P_{\dot{y}}=\frac{\partial P}{\partial\dot{y}}$。

对于上述变量的求解，通过求解雷诺方程的数值得到。

9.1.7　稳定性分析[51]

临界质量代表油膜轴承稳定性的上限值，可以通过估算油膜轴承的临界质量来分析油膜轴承的运行稳定性。因此，临界质量可以作为油膜轴承运行稳定性的判定准则。如果系统质量小于临界质量 M_{cr}，说明轴承运行稳定，否则就是不稳定。油膜稳定性准则是基于刚度和阻尼系数建立的临界质量，是动态系数的函数，见式（9-33）：

$$M_{cr} = K_{eq}/\gamma^2 \tag{9-33}$$

式中，K_{eq}和 γ^2 分别为等效油膜刚度系数与不稳定的涡动频率系数。通过方程式（9-54）和式（9-55）获得。

临界转速为临界质量的开方，即：

$$W_{cr} = \sqrt{M_{cr}} \tag{9-34}$$

9.2 静动特性数学模型的无量纲化

使用解析法直接求解磁流体润滑油膜轴承数学模型很困难，通常采用数值求解算法将偏微分方程转换为代数方程求解偏微分方程的近似解。数值法有三个步骤：划分单元、离散化和求解。求解各类偏微分方程常用的数值方法有限差分法或有限体积法等，本章节采用有限差分法对数学模型进行离散，主要步骤是：首先，对数学模型进行无量纲化，以减少求解过程中的参数，并增强理论计算的通用性及稳定性；其次，用有限差分法对无量纲方程进行离散，便于用计算机语言进行编程求解。

各参数无量纲化如下所示：

周向变量 x 的无量纲形式为：$\varphi = x/R$，$\alpha_a < \alpha < \alpha_b < 2\pi/3$；

轴向变量 z 的无量纲形式为：$\lambda = 2z/L(-1 \leqslant \lambda \leqslant 1)$；

径向变量 y 的无量纲形式为：$\overline{y} = y/c$；

油膜厚度 h 的无量纲形式为：$\overline{h} = h/c$；

磁流体黏度 $\overline{\eta}_H$ 的无量纲形式为：$\overline{\eta}_m = \eta_m/\eta_{m0}$；

磁场强度 H 的无量纲形式为：$\overline{h}_m = h_m/h_{m0}$；

油膜压力 p 的无量纲形式为：$\overline{p} = p/p_0$，$p_0 = \eta_{m0} wR^2/c^2$；

速度的无量纲形式为：$\overline{u} = u/u_0$，$\overline{w} = w/w_0$；

时间的无量纲化形式为：$\tau = wt$。

9.2.1 雷诺方程的无量纲化

9.2.1.1 磁流体润滑油膜轴承的无量纲化雷诺方程

磁流体润滑油膜轴承的二维雷诺方程形式为：

$$\frac{\partial}{\partial x}\left(\frac{h^3}{\eta_m}\frac{\partial p}{\partial x}\right) + \frac{\partial}{\partial z}\left(\frac{h^3}{\eta_m}\frac{\partial p}{\partial z}\right) = \mu_0 X_m h_m \frac{\partial}{\partial x}\left(\frac{h^3}{\eta_m}\frac{\partial h_m}{\partial x}\right) + \mu_0 X_m h_m \frac{\partial}{\partial z}\left(\frac{h^3}{\eta_m}\frac{\partial h_m}{\partial z}\right) + 6wR\frac{\partial h}{\partial x} + 12\frac{\partial h}{\partial t}$$

将各无量纲化参数代入雷诺方程，得到无量纲化的雷诺方程：

$$\frac{\partial}{\partial\varphi}\left(\frac{\bar{h}^3}{\bar{\eta}_m}\frac{\partial\bar{p}}{\partial\varphi}\right)+\left(\frac{D}{L}\right)^2\frac{\partial}{\partial\lambda}\left(\frac{\bar{h}^3}{\bar{\eta}_m}\frac{\partial\bar{p}}{\partial\lambda}\right)$$

$$=k_s\frac{\partial}{\partial\varphi}\left(\frac{\bar{h}^3\bar{h}_m}{\bar{\eta}_m}\frac{\partial\bar{h}_m}{\partial\varphi}\right)+k_s\left(\frac{D}{L}\right)^2\frac{\partial}{\partial\lambda}\left(\frac{\bar{h}^3\bar{h}_m}{\bar{\eta}_m}\frac{\partial\bar{h}_m}{\partial\lambda}\right)+6\frac{\partial\bar{h}}{\partial\varphi}+12\frac{\partial\bar{h}}{\partial\tau}\tag{9-35}$$

式中，k_s 为反映铁磁效应与磁滞效应大小的磁彻体力系数，$k_s=\frac{\mu_0X_mh_{m0}^2c^2}{\eta_{m0}R^2}$。

9.2.1.2　边界条件的确定

磁流体润滑油膜轴承的边界条件为：

入油口处：$\alpha=\alpha_a$ 时，$p=0$；油膜破裂处：$\alpha=\alpha_b$ 时，$\partial\bar{p}/\partial\varphi=0$。

轴向边界条件：$z=0$ 时，$\partial\bar{p}/\partial\lambda=0$，$z=\pm L/2$ 时，$p=0$。

则无量纲形式为：

$$\bar{p}\mid_{\varphi=\varphi_a}=0;\bar{p}\mid_{\varphi=\varphi_b}=\partial\bar{p}/\partial\varphi=0;\bar{p}\mid_{\lambda=\pm1}=0;\bar{p}\mid_{\lambda=0}=\partial\bar{p}/\partial\lambda=0$$

9.2.1.3　雷诺方程离散化

无量纲化后的方程形式为：

$$\frac{\partial}{\partial\varphi}\left(\bar{h}^3\frac{\partial\bar{p}}{\partial\varphi}\right)+\left(\frac{D}{L}\right)^2\frac{\partial}{\partial\lambda}\left(\bar{h}^3\frac{\partial\bar{p}}{\partial\lambda}\right)=k_s\frac{\partial}{\partial\varphi}\left(\bar{h}^3\bar{h}_m\frac{\partial\bar{h}_m}{\partial\varphi}\right)+k_s\left(\frac{D}{L}\right)^2\frac{\partial}{\partial\lambda}\left(\bar{h}^3\bar{h}_m\frac{\partial\bar{h}_m}{\partial\lambda}\right)+6\frac{\partial\bar{h}}{\partial\varphi}\tag{9-36}$$

采用中差商法对式（9-35）进行化简，则方程中每一项可表示为：

$$\frac{\partial}{\partial\varphi}\left(\bar{h}^3\frac{\partial\bar{p}}{\partial\varphi}\right)=\frac{\bar{h}^3\mid_{i+1/2,j}(\bar{p}_{i+1,j}-\bar{p}_{i,j})-\bar{h}^3\mid_{i-1/2,j}(\bar{p}_{i,j}-\bar{p}_{i-1,j})}{(\Delta\varphi)^2}$$

$$\frac{\partial}{\partial\lambda}\left(\bar{h}^3\frac{\partial\bar{p}}{\partial\lambda}\right)=\frac{\bar{h}^3\mid_{i,j+1/2}(\bar{p}_{i,j+1}-\bar{p}_{i,j})-\bar{h}^3\mid_{i,j-1/2}(\bar{p}_{i,j}-\bar{p}_{i,j-1})}{(\Delta\lambda)^2}$$

$$\frac{\partial}{\partial\varphi}\left(\bar{h}^3\bar{h}_m^3\frac{\partial\bar{h}_m}{\partial\varphi}\right)=\frac{\bar{h}^3\bar{h}_m\mid_{i+1/2,j}(\bar{h}_{mi+1,j}-\bar{h}_{mi,j})-\bar{h}^3\bar{h}_m\mid_{i-1/2,j}(\bar{h}_{mi,j}-\bar{h}_{mi-1,j})}{(\Delta\varphi)^2}$$

$$\frac{\partial}{\partial\lambda}\left(\bar{h}^3\bar{h}_m\frac{\partial\bar{h}_m}{\partial\lambda}\right)=\frac{\bar{h}^3\bar{h}_m\mid_{i,j+1/2}(\bar{h}_{mi,j+1}-\bar{h}_{mi,j})-\bar{h}^3\bar{h}_m\mid_{i,j-1/2}(\bar{h}_{mi,j}-\bar{h}_{mi,j-1})}{(\Delta\lambda)^2}$$

$$\frac{\partial\bar{h}}{\partial\varphi}=\frac{\bar{h}\mid_{i+1/2,j}-\bar{h}\mid_{i-1/2,j}}{\Delta\varphi}$$

将上述等式代入雷诺方程中，化简得到：

$$\frac{1}{(\Delta\varphi)^2}[\bar{h}^3\mid_{i+1/2,j}(\bar{p}_{i+1,j}-\bar{p}_{i,j})-\bar{h}^3\mid_{i-1/2,j}(\bar{p}_{i,j}-\bar{p}_{i-1,j})]+$$

$$\left(\frac{D}{\Delta\lambda L}\right)^2[\bar{h}^3\mid_{i,j+1/2}(\bar{p}_{i,j+1}-\bar{p}_{i,j})-\bar{h}^3\mid_{i,j-1/2}(\bar{p}_{i,j}-\bar{p}_{i,j-1})]$$

$$=\frac{k_s}{(\Delta\varphi)^2}[\bar{h}^3\bar{h}_m\mid_{i+1/2,j}(\bar{h}_{mi+1,j}-\bar{h}_{mi,j})-\bar{h}^3\bar{h}_m\mid_{i-1/2,j}(\bar{h}_{mi,j}-\bar{h}_{mi-1,j})]+$$

$$k_s\left(\frac{D}{\Delta\lambda L}\right)^2\left[\bar{h}^3\bar{h}_m\big|_{i,j+1/2}(\bar{h}_{mi,j+1}-\bar{h}_{mi,j})-\bar{h}^3\bar{h}_m\big|_{i,j-1/2}(\bar{h}_{mi,j}-\bar{h}_{mi,j-1})\right]+$$

$$6\frac{1}{\Delta\varphi}\left[\frac{\partial\bar{h}}{\partial\varphi}=\frac{\bar{h}\big|_{i+1/2,j}-\bar{h}\big|_{i-1/2,j}}{\Delta\varphi}\right]$$

即

$$\begin{aligned}&\bar{h}^3\big|_{i+1/2,j}\bar{p}_{i+1,j}+\bar{h}^3\big|_{i-1/2,j}\bar{p}_{i-1,j}-\left[\bar{h}^3\big|_{i+1/2,j}+\bar{h}^3\big|_{i-1/2,j}\right]\bar{p}_{i,j}+\left(\frac{\Delta\varphi D}{\Delta\lambda L}\right)^2\cdot\\&\bar{h}^3\big|_{i,j+1/2}\bar{p}_{i,j+1}+\left(\frac{\Delta\varphi D}{\Delta\lambda L}\right)^2\bar{h}^3\big|_{i,j-1/2}\bar{p}_{i,j-1}-\left(\frac{\Delta\varphi D}{\Delta\lambda L}\right)^2\left[\bar{h}^3\big|_{i,j+1/2}+\bar{h}^3\big|_{i,j-1/2}\right]\bar{p}_{i,j}\\&=k_s\bar{h}^3\bar{h}_m\big|_{i+1/2,j}\bar{h}_{mi+1,j}+k_s\bar{h}^3\bar{h}_m\big|_{i-1/2,j}\bar{h}_{mi-1,j}-k_s\left[\bar{h}^3\bar{h}_m\big|_{i+1/2,j}+\right.\\&\left.\bar{h}^3\bar{h}_m\big|_{i-1/2,j}\right]\bar{h}_{mi,j}+k_s\left(\frac{\Delta\varphi D}{\Delta\lambda L}\right)^2\bar{h}^3\bar{h}_m\big|_{i,j+1/2}\bar{h}_{mi,j+1}+k_s\left(\frac{\Delta\varphi D}{\Delta\lambda L}\right)^2\bar{h}^3\bar{h}_m\big|_{i,j-1/2}\\&\bar{h}_{mi,j-1}-k_s\left(\frac{\Delta\varphi D}{\Delta\lambda L}\right)^2\left[\bar{h}^3\bar{h}_m\big|_{i,j+1/2}-\bar{h}^3\bar{h}_m\big|_{i,j-1/2}\right]\cdot\\&\bar{h}_{mi,j}+\Delta\varphi(\bar{h}\big|_{i+1/2,j}-\bar{h}\big|_{i-1/2,j})\end{aligned}\tag{9-37}$$

进一步整理得到：

$$A_{i,j}\bar{p}_{i+1,j}+B_{i,j}\bar{p}_{i-1,j}+C_{i,j}\bar{p}_{i,j+1}+D_{i,j}\bar{p}_{i,j-1}-E_{i,j}\bar{p}_{i,j}=F_{i,j}+G_{i,j}\tag{9-38}$$

其中系数为：

$$\begin{cases}A_{i,j}=\bar{h}^3\big|_{i+1/2,j};B_{i,j}=\bar{h}^3\big|_{i-1/2,j};C_{i,j}=\left(\dfrac{\Delta\varphi D}{\Delta\lambda L}\right)^2\bar{h}^3\big|_{i,j+1/2}\\D_{i,j}=\left(\dfrac{\Delta\varphi D}{\Delta\lambda L}\right)^2\bar{h}^3\big|_{i,j-1/2};E_{i,j}=A_{i,j}+B_{i,j}+C_{i,j}+D_{i,j}\\F_{i,j}=3\Delta\varphi(\bar{h}\big|_{i+1/2,j}-\bar{h}\big|_{i-1/2,j});\\G_{i,j}=k_s\left[(A\bar{h}_m)_{i,j}\bar{H}_{i+1,j}+(B\bar{h}_m)_{i,j}\bar{H}_{i-1,j}+(C\bar{h}_m)_{i,j}\bar{H}_{i,j+1}+\right.\\\qquad\left.(D\bar{h}_m)_{i,j}\bar{H}_{i,j-1}-(E\bar{h}_m)_{i,j}\bar{H}_{i,j}\right]\end{cases}$$

9.2.1.4 超松弛迭代求解

利用超松弛迭代法求解任一点的油膜压力，根据上述推导过程，得到迭代公式如下：

$$\bar{p}_{i,j}^{(k+1)}=\frac{A_{i,j}\bar{p}_{i+1,j}^{(k)}+B_{i,j}\bar{p}_{i-1,j}^{k+1}+C_{i,j}\bar{p}_{i,j+1}^{(k)}}{E_{i,j}}+\frac{D_{i,j}\bar{p}_{i,j-1}^{(k+1)}-F_{i,j}-G_{i,j}}{E_{i,j}}\tag{9-39}$$

9.2.1.5 收敛准则

运用计算机求解计算时的收敛准则为：

$$\frac{\sum_{j=2}^{n}\sum_{i=2}^{m}\left|\bar{p}_{i,j}^{(k)}-\bar{p}_{i,j}^{(k-1)}\right|}{\sum_{j=2}^{n}\sum_{i=2}^{m}\left|\bar{p}_{i,j}^{(k)}\right|}\leqslant 0.005\tag{9-40}$$

9.2.2　膜厚与黏度方程的无量纲化

铁磁流体润滑油膜轴承的膜厚方程无量纲形式为：

$$\bar{h} = 1 + \varepsilon\cos\varphi \tag{9-41}$$

铁磁流体润滑油膜轴承的黏度方程无量纲形式为：

$$\bar{\eta}_{\mathrm{f}}(T,P,H) = \exp\left\{(\ln\eta_0 + 9.67)\left[(1 + 5.1\times10^{-9}P)^{Z}\left(\frac{T-138}{T_0-138}\right)^{-S_0} - 1\right]\right\}\cdot \left[1 + 2.5\left(1+\frac{\delta}{r_{\mathrm{p}}}\right)^3\phi - 1.55\left(1+\frac{\delta}{r_{\mathrm{p}}}\right)^6\phi^2 + \frac{1.5k_1}{\dfrac{1}{\phi} + \dfrac{3k_0T}{2\pi r_{\mathrm{p}}^3\mu_0(\mu_r - 1)H^2}}\right] \tag{9-42}$$

9.2.3　磁场模型的无量纲化

选取螺线管作为其外加磁场的施加模型，并对其磁场分布进行测试，依据试验结果，得到位于轧辊和衬套中间油膜区的磁场强度分布情况。图 9-2 为磁场强度沿轴承和径向的变化曲线。

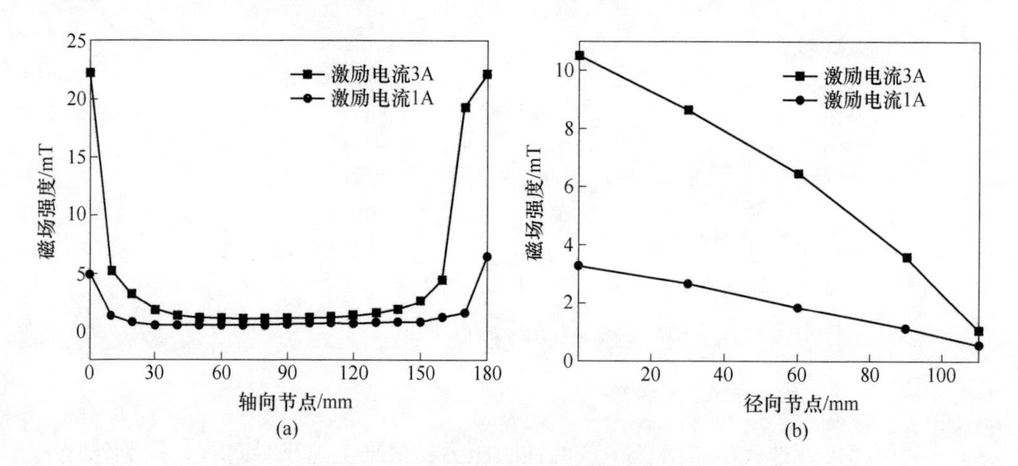

图 9-2　磁场强度分布的试验结果

（a）沿轴向磁场变化；（b）沿径向磁场变化

由图 9-2 可知，沿轴向分布的磁场呈二次抛物线型，其磁场表示为：

$$h_{\mathrm{m}}(z) = h_{\mathrm{mo}} - (h_{\mathrm{mo}} - h_{\mathrm{me}})(2z/L)^2 \tag{9-43}$$

沿径向分布的磁场呈一次方程型，其磁场表示为：

$$h_{\mathrm{m}}(x) = h_{\mathrm{ml}} - (h_{\mathrm{ml}} - h_{\mathrm{mr}})(x/R) \tag{9-44}$$

引入无量纲参数 $\overline{h_{\mathrm{m}}(\lambda)} = h_{\mathrm{m}}(z)/h_{\mathrm{mo}}, \overline{h_m(\varphi)} = h_{\mathrm{m}}(x)/m_{\mathrm{ml}}$，对磁场进行无量纲化，得到：

$$\overline{h_{\mathrm{m}}(\lambda)} = 1 - (1-\alpha)\lambda^2 \tag{9-45}$$

$$\overline{h_m(\varphi)} = 1 - (1-\beta)\varphi \tag{9-46}$$

式中，α 为端部磁场强度与中间磁场强度的比值，是磁场梯度的一个重要参数，其取值范围为 0～1；β 为中截面上靠近轧辊端部的磁场强度与靠近轴承座的磁场强度的比值，其取值的范围为 0～1。设定 $\alpha=0.5$、$\beta=1$，磁场将没有变化，则磁流体润滑油膜轴承的雷诺方程为古典的流体动压润滑雷诺方程，此时轴承相当于传统润滑的轴承。如果磁场梯度是正值，即 $\alpha>1$、$\beta>1$ 时，则诱导出负的磁压力，此时轴承性能下降。

为了更好地研究上述两个参数的影响，计算磁项修改后的雷诺方程 $\partial(\bar{h}_{m\lambda}\partial\bar{h}_{m\lambda}/\partial\lambda)\partial\lambda$，获得 $\partial(\bar{h}_{m\varphi}\partial\bar{h}_{m\varphi}/\partial\varphi)\partial\varphi$ 在不同方向的变化曲线，如图 9-3 和图 9-4 所示。

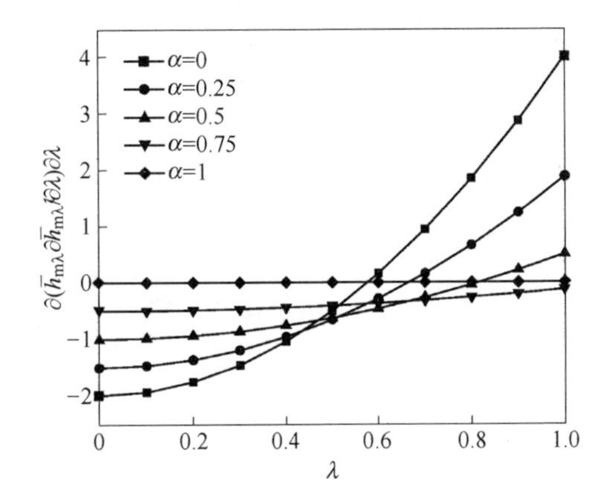

图 9-3　α 对磁场 $\partial(\bar{h}_{m\lambda}\partial\bar{h}_{m\lambda}/\partial\lambda)\partial\lambda$ 的影响

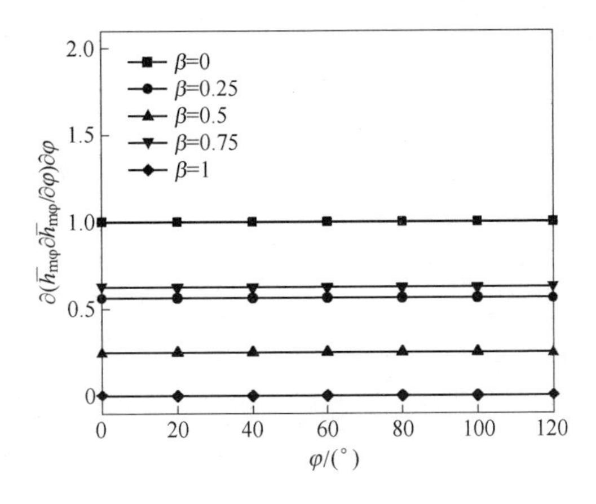

图 9-4　β 对磁场 $\partial(\bar{h}_{m\varphi}\partial\bar{h}_{m\varphi}/\partial\varphi)\partial\varphi$ 的影响

由图 9-3 可知，当 $\alpha=1$，磁项值为零，相当于传统润滑的油膜轴承；当 $\alpha=0.75$，很明显磁力项沿着整个轴承为负值，因此，积极诱导磁压力有助于改进轴承性能；对于 $\alpha=0.5$，部分磁力项为负值，轴承中部地区的很小区域为正值；随着 α 进一步减少，负值区域逐渐减小，正值区域继续增加，进而增加积极的磁力，减小其副作用。

由图 9-4 可知，当 $\beta=1$，磁项值为零，相当于传统润滑的油膜轴承；当 $\beta<1$，磁力项沿整个轴承为负值。因此，积极诱导磁压力有助于改进轴承性能。

9.2.4　静特性的无量纲化

9.2.4.1　承载能力的无量纲化

取无量纲承载量 $\overline{F}=F/\left(\dfrac{L\eta_{\mathrm{m}}wR^3}{2c^2}\right)$，则承载力的无量纲形式及其离散化形式为：

$$\overline{F}_{\varphi}=\int_{-1}^{1}\int_{\varphi_{\mathrm{a}}}^{\varphi_{\mathrm{b}}}\overline{p}\sin(\varphi+\alpha_0)\mathrm{d}\varphi\mathrm{d}\lambda=\sum_{j=1}^{n}\sum_{i=1}^{m}\overline{p}_{i,j}\sin\varphi_{i,j}\Delta\varphi\Delta\lambda \tag{9-47}$$

同理：

$$\overline{F}_{\lambda}=\int_{-1}^{1}\int_{\varphi_{\mathrm{a}}}^{\varphi_{\mathrm{b}}}\overline{p}\cos(\varphi+\alpha_0)\mathrm{d}\varphi\mathrm{d}\lambda=\sum_{j=1}^{n}\sum_{i=1}^{m}\overline{p}_{i,j}\cos\varphi_{i,j}\Delta\varphi\Delta\lambda \tag{9-48}$$

无量纲承载力为：

$$\overline{F}=\sqrt{\overline{F}_{\varphi}^2+\overline{F}_{\lambda}^2} \tag{9-49}$$

承载力的方位角为：

$$\alpha'=\arctan(\overline{W}_{\lambda}/\overline{W}_{\varphi}) \tag{9-50}$$

9.2.4.2　端泄流量无量纲化

在轴承轴向的两端面上，其端泄流量为：

$$\begin{aligned}Q&=2\int_0^{2\pi R}q_z\mathrm{d}x=-\frac{R}{6}\int_0^{2\pi}\frac{h^3}{\eta_H}\left(\frac{\partial p}{\partial z}-\frac{f_{\mathrm{mz}}}{\partial z}\right)\Bigg|_{z=\frac{L}{2}}\mathrm{d}\alpha\\&=-\frac{R}{6}\int_0^{2\pi}\frac{c^3\,\overline{h}^3}{\eta_{\mathrm{m0}}\,\overline{\eta}_{\mathrm{m}}}\left(\frac{p_0\partial\overline{p}}{\frac{L}{2}\partial\lambda}-\mu_0X_{\mathrm{m}}h_{\mathrm{m0}}^2\frac{\overline{h}_{\mathrm{m}\lambda}\partial\overline{h}_{\mathrm{m}\lambda}}{\frac{L}{2}\partial\lambda}\right)\Bigg|_{\lambda=1}\mathrm{d}\varphi\\&=-\frac{wR^4c}{3L}\int_0^{2\pi}\left(\frac{\overline{h}^3}{\overline{\eta}_{\mathrm{m}}}\frac{\partial\overline{p}}{\partial\lambda}\right)\Bigg|_{\lambda=1}\mathrm{d}\varphi+\frac{\mu_0X_{\mathrm{m}}h_{\mathrm{m0}}^2Rc^3}{3L\eta_{\mathrm{m0}}}\int_0^{2\pi}\left(\frac{\overline{h}^3}{\overline{\eta}_{\mathrm{m}}}\frac{\overline{h}_{\mathrm{m}\lambda}\partial\,\overline{h}_{\mathrm{m}\lambda}}{\partial\lambda}\right)\Bigg|_{\lambda=1}\mathrm{d}\varphi\\&=Q_{\mathrm{p}}+Q_{\mathrm{H}}\end{aligned} \tag{9-51}$$

引入无量纲参数：$Q_{\mathrm{p}}=-\dfrac{wR^4c}{3L}\overline{Q}_{\mathrm{p}}$；$Q_{\mathrm{H}}=\dfrac{\mu_0X_{\mathrm{m}}h_{\mathrm{m0}}^2Rc^3}{3L\eta_{\mathrm{m0}}}\overline{Q}_{\mathrm{H}}$，则上式为：

$$\begin{cases} \overline{Q}_{p3} = \int_0^{2\pi} \left(\frac{\overline{h}^3}{\overline{\eta}_m} \frac{\partial \overline{p}}{\partial \lambda} \right) \bigg|_{\lambda=1} d\varphi = \sum_{i=1}^{m} \left(\frac{\overline{h}^3}{\overline{\eta}_m} \right) \bigg|_{i,1} \frac{\overline{p}_{i+1,1} - \overline{p}_{i,1}}{\Delta\lambda} \Delta\varphi \\ \overline{Q}_{H3} = \int_0^{2\pi} \left(\frac{\overline{h}^3}{\overline{\eta}_m} \frac{\overline{h}_{m\lambda} \partial \overline{h}_{m\lambda}}{\partial \lambda} \right) \bigg|_{\lambda=1} d\varphi = \sum_{i=1}^{m} \left(\frac{\overline{h}^3 \overline{h}_{m\lambda}}{\overline{\eta}_m} \right) \bigg|_{i,1} \frac{\overline{h}_{m\lambda i+1,1} - \overline{h}_{m\lambda i,1}}{\Delta\lambda} \Delta\varphi \end{cases} \tag{9-52}$$

9.2.5 动特性无量纲化

引入无量纲参数：$\overline{K}_{ij} = \frac{K_{ij}C}{LDP}$，$\overline{C}_{ij} = \frac{C_{ij}2cw}{LDP}$，则刚度和阻尼系数的无量纲化形式为：

$$\begin{cases} \overline{K}_{xx} = \int_{-1}^{1}\int_{\varphi_a}^{\varphi_b} P_x \cos(\varphi + \alpha_0) d\varphi d\lambda, \overline{K}_{xy} = \int_{-1}^{1}\int_{\varphi_a}^{\varphi_b} P_y \cos(\varphi + \alpha_0) d\varphi d\lambda \\ \overline{K}_{yx} = \int_{-1}^{1}\int_{\varphi_a}^{\varphi_b} P_x \sin(\varphi + \alpha_0) d\varphi d\lambda, \overline{K}_{xy} = \int_{-1}^{1}\int_{\varphi_a}^{\varphi_b} P_y \sin(\varphi + \alpha_0) d\varphi d\lambda \\ \overline{C}_{xx} = \int_{-1}^{1}\int_{\varphi_a}^{\varphi_b} P_{\dot{x}} \cos(\varphi + \alpha_0) d\varphi d\lambda, \overline{C}_{xy} = \int_{-1}^{1}\int_{\varphi_a}^{\varphi_b} P_{\dot{y}} \cos(\varphi + \alpha_0) d\varphi d\lambda \\ \overline{C}_{yx} = \int_{-1}^{1}\int_{\varphi_a}^{\varphi_b} P_{\dot{x}} \sin(\varphi + \alpha_0) d\varphi d\lambda, \overline{C}_{yy} = \int_{-1}^{1}\int_{\varphi_a}^{\varphi_b} P_{\dot{y}} \sin(\varphi + \alpha_0) d\varphi d\lambda \end{cases} \tag{9-53}$$

9.2.6 稳定性分析

将式（9-53）所得的无量纲刚度和阻尼系数代入临界质量，引入无量纲参数，$\overline{K}_{eq} = \frac{c}{4LDP} K_{eq}$，$\overline{\Omega}^2 = \frac{1}{2w}\gamma^2$，得到无量纲油膜刚度系数与不稳定的涡动频率系数：

$$\overline{K}_{eq} = \overline{\Omega}^2 \ \overline{M}_{CR} = \frac{\overline{C}_{xx}\overline{K}_{yy} + \overline{C}_{yy}\overline{K}_{xx} - \overline{C}_{yx}\overline{K}_{xy} - \overline{C}_{xy}\overline{K}_{yx}}{\overline{C}_{xx} + \overline{C}_{yy}} \tag{9-54}$$

$$\overline{\Omega}^2 = \frac{(\overline{K}_{xx} - \overline{K}_{eq})(\overline{K}_{yy} - \overline{K}_{eq}) - \overline{K}_{xy}\overline{K}_{yx}}{\overline{C}_{xx}\overline{K}_{yy}} \tag{9-55}$$

引入无量纲系数 $\overline{M}_{cr} = \frac{cw}{2LDP} M_{cr}$，则临界质量的无量纲形式为：

$$\overline{M}_{cr} = \overline{K}_{eq} / \overline{\Omega}^2 \tag{9-56}$$

无量纲的临界转速为：

$$\overline{w}_{cr} = \sqrt{\overline{M}_{cr}} \tag{9-57}$$

9.3 静动特性的数值求解

由于解析法求解偏微分方程很难获得精确解，本小节对磁流体润滑油膜轴承静动特性的数学模型进行数值求解。首先，给出了数值求解过程中需要用到的相关参数，由 MATLAB 编写求解程序，求解出磁流体润滑油膜轴承的静动特性。

9.3.1　数值求解的相关参数

对磁流体润滑油膜轴承静动特性数值求解之前，需要对轴承的相关参数给予说明与设定。其中，油膜轴承的相关几何参数，见表 9-1。

表 9-1　油膜轴承的几何参数

轴承内径 /mm	轴承外径 /mm	轧辊直径 /mm	围包角 /(°)	初始偏位角 /(°)	偏心距 /mm	偏心率
220.2	224	220	120	26.67	0.07	0.7

求解磁流体润滑油膜轴承的静动特性时，还需要设定其工况参数，从而更好地对其进行求解与比较。数值求解过程中的工况参数设置，见表 9-2。

表 9-2　数值求解工况参数设定

工 况 参 数	参 数 大 小
入口压力 P_0/MPa	0.1
磁感应强度 B/mT	0、10、20、25
轧辊转速 n/r · min^{-1}	300、1000、3000

9.3.2　数值求解计算流程图

磁流体润滑油膜轴承静动特性的分析涉及大量多元偏微分方程，难以直接求解。本小节采用有限差分法进行求解，获得了无量纲的油膜压力、油膜厚度、承载力、刚度和阻尼系数及临界转速等相关参数。通过理论分析油膜压力 P、油膜厚度 h、刚度阻尼系数及临界速度与磁场强度 h_m 之间的关系。利用 MATLAB 语言进行编程、求解磁流体润滑油膜轴承数学模型的流程图，如图 9-5 和图 9-6 所示。图 9-5 为求解总流程图，图 9-6 为利用多层网格法进行迭代求解磁流体润滑模型的计算流程图。

9.3.3　磁流体润滑模型静特性的数值求解

根据前面的磁流体润滑油膜轴承静动特性的数学模型及上述的求解流程图，对不同条件下的静动特性进行了数值求解。分别获得其油膜厚度、油膜压力以及刚度和阻尼系数的分布图，并对不同条件下的计算结果进行计算分析。

图 9-7（a）为转速为 300r/min 时油膜压力的三维分布图，可知油膜压力沿周向方向先增大后减小；在中间部位，油膜压力沿轴向方向也先增大后减小，而在两端部位的油膜压力为零。这是因为油膜压力主要分布在承载区，而在非承载

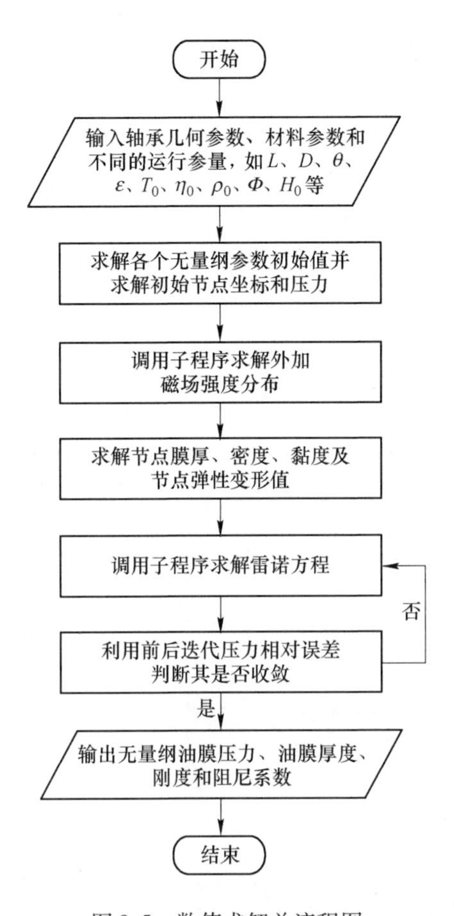

图 9-5 数值求解总流程图

区内油膜的压力都几乎为零。该特征与轴承的实际压力分布情况相吻合。图 9-7（b）为转速为 300r/min 时油膜厚度的三维分布图，可知沿轴向方向，油膜厚度先减小后增大；在任一周向截面内，油膜厚度沿轴向方向变化较小。图 9-8 和图 9-9 分别为转速为 1000r/min 和 3000r/min 时油膜压力及油膜厚度的三维分布图，可知油膜压力和油膜厚度的变化规律与 300r/min 时的变化规律相一致，但随着转速的增大，油膜压力随之增大，油膜厚度随之减小。

为了更好地研究磁场对磁流体润滑油膜轴承静特性的影响，将不同磁场作用下的油膜厚度及油膜压力沿中截面的变化规律进行分析对比，如图 9-10 所示。可以得知，不同磁场作用下的油膜压力以及油膜厚度的分布规律是一致的。由图 9-10（a）得知，油膜压力随着磁场强度的增加而增大，且变化梯度逐渐增大。由图 9-10（b）得知，油膜厚度随着磁场强度的增加而增大，且变化规律逐渐减小。这是因为随着磁场强度的增大，磁流体的黏度也随之增大，但其黏度随磁场

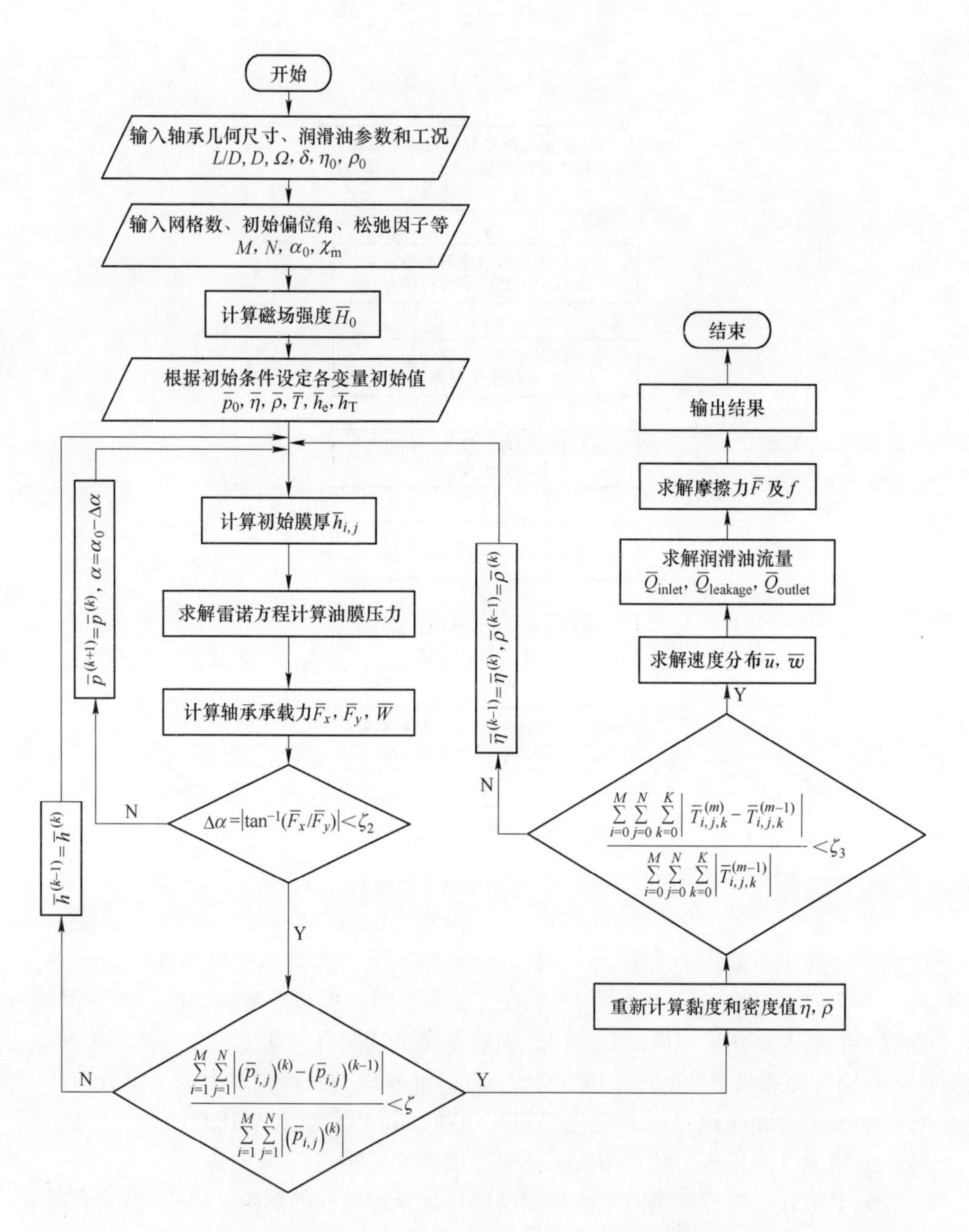

图 9-6　利用多层网格法迭代求解磁流体润滑模型流程图

变化的规律并非是线性的关系。

承载力是判断油膜轴承性能的重要参数，油膜轴承的承载能力等于各个点油膜压力的总和，即承载区的油膜压力分布对承载区面积的积分。图 9-11 所示为

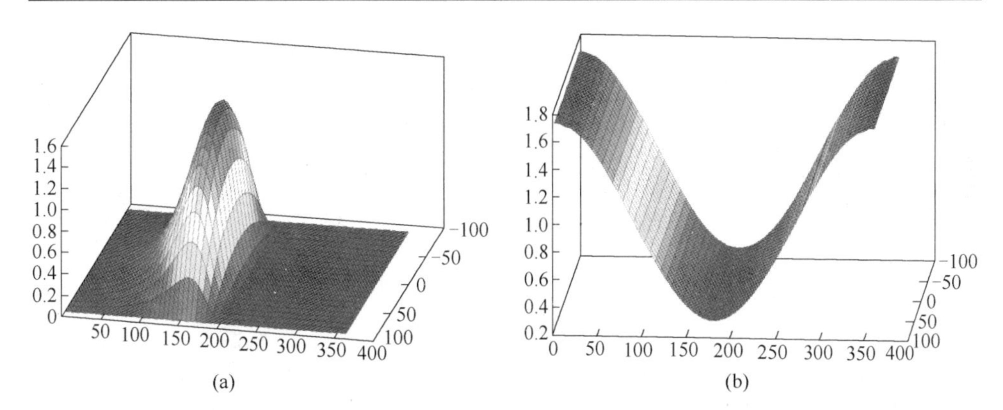

图 9-7 转速 300r/min 时磁场作用下磁流体的无量纲润滑求解结果

（a）油膜压力分布；（b）油膜厚度分布

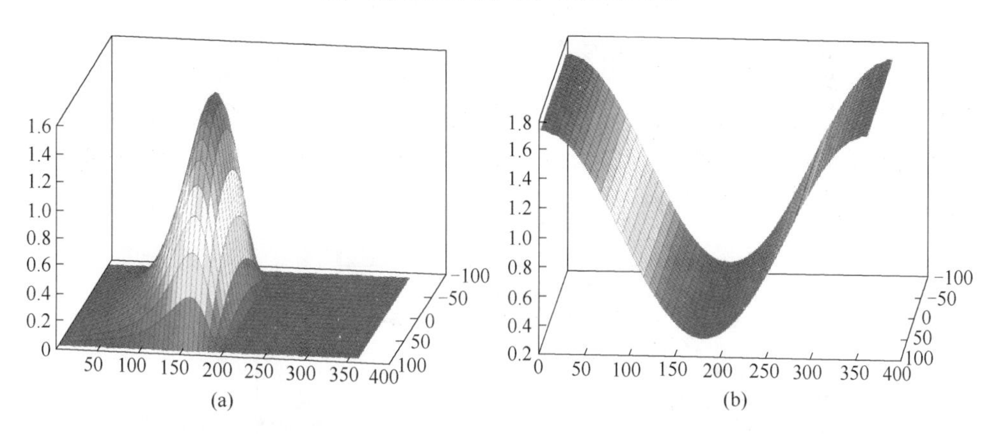

图 9-8 转速 1000r/min 时磁场作用下磁流体的无量纲润滑求解结果

（a）油膜压力分布；（b）油膜厚度分布

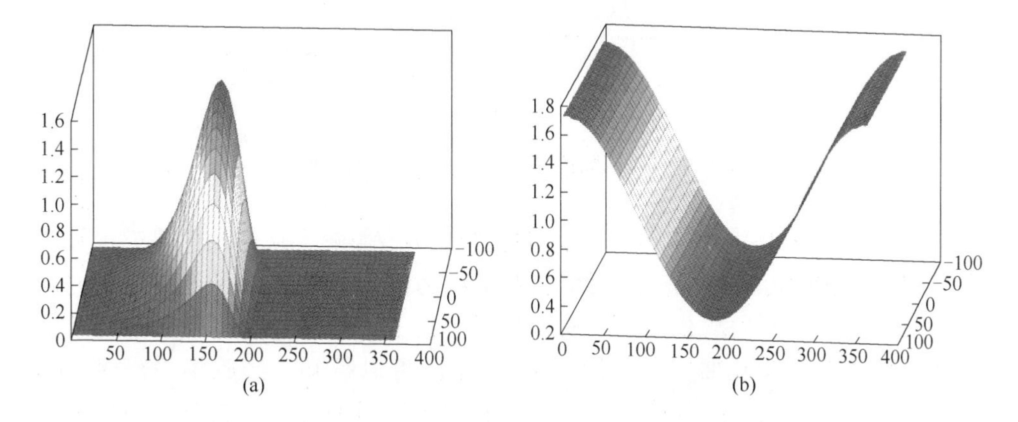

图 9-9 转速 3000r/min 时磁场作用下磁流体的无量纲润滑求解结果

（a）油膜压力分布；（b）油膜厚度分布

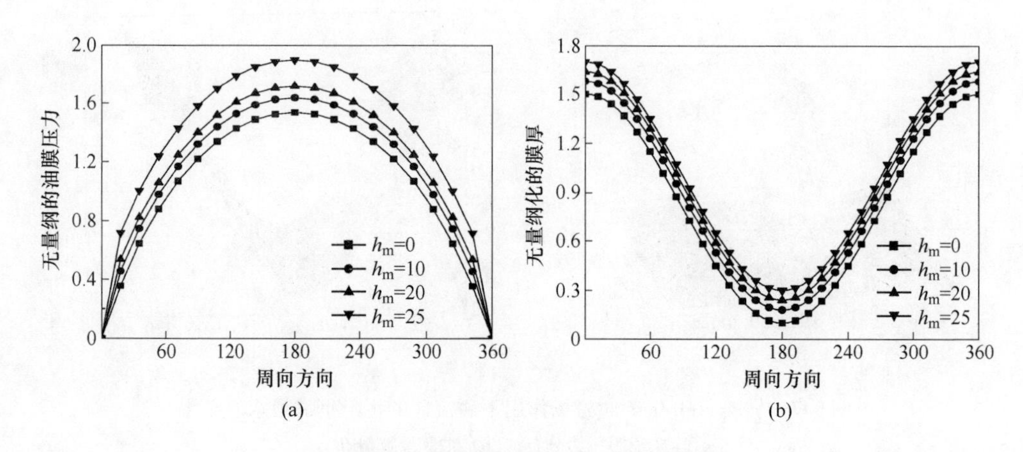

图 9-10　不同磁场作用下的对比图

（a）油膜压力分布曲线；（b）油膜厚度分布曲线

轴向最大承载力和径向最大承载力随偏心率的变化情况，可以得知，随着偏心率的增大，轴向和径向的最大承载力也增大，且轴向最大承载力的变化情况明显小于沿径向最大承载力的变化。

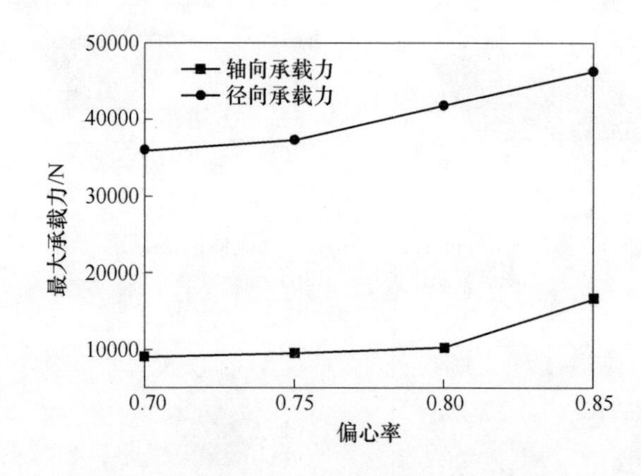

图 9-11　不同偏心率下的承载力的对比图

由图 9-7 ~ 图 9-9 可知，磁场强度对油膜压力有影响，从前述的研究可知磁场对磁流体黏度也有影响，进而也会对承载力产生影响。为了更好地研究磁场对轴向和径向最大承载力的影响，分析对比了不同磁场强度下，轴向及径向最大承载力的变化曲线，如图 9-12 所示。可以得知，当磁场不变时，轴向和径向最大承载力随着偏心率的增大而增大；当偏心率不变时，轴向和径向承载力随着磁场的增大也不同程度地增大，且偏心率越大，增大的趋势越来越小。

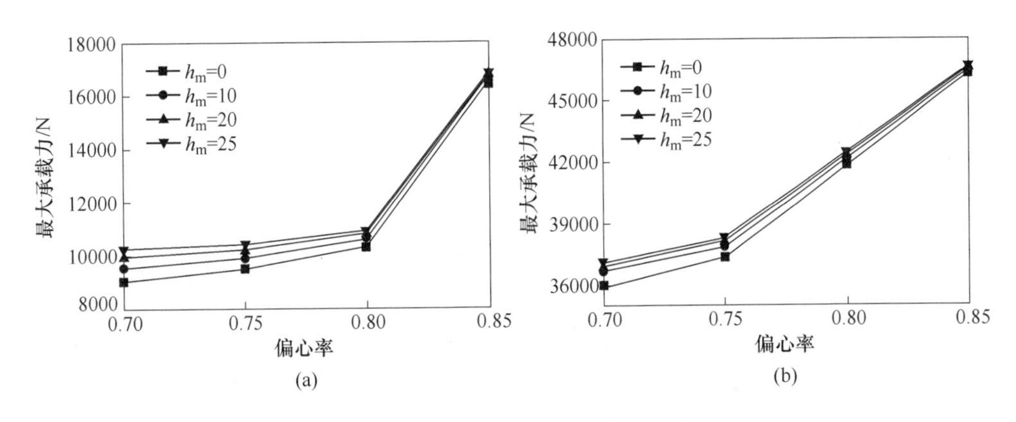

图 9-12 不同磁场下的承载力对比

（a）轴向承载力变化曲线；（b）径向承载力变化曲线

9.3.4 磁流体润滑模型动特性的数值求解

磁流体润滑油膜轴承动特性主要包括刚度和阻尼系数、临界质量和临界速度等，通过数值求解得到了不同磁场强度下润滑油膜的动特性系数。对比分析了磁场对上述参数的影响。本小节在计算动特性时，轴承宽径比取为0.75，转速设为1000r/min，磁场取 0mT、10mT、20mT 和 25mT，这与之前设计的磁场大小相一致。

图 9-13 所示为相同宽径比不同磁场条件下，无量纲刚度系数随偏心率的变化曲线。由图 9-13（a）可知，随着偏心率的增大，K_{xx}随之增大；但随着磁场的增大，K_{xx}却随之减小，在偏心率增大的过程中，其值逐渐趋于一致。由此可知，磁场对该系数的增大有阻滞的作用。由图 9-13（b）得知，随着偏心率的增大，K_{xy}随之增大，但在磁场增大的过程中，其数值保持不变。由此可知，磁场对其影响较小。

由图 9-13（c）可知，K_{yx}随着偏心率的增大呈现先减小后增大的变化趋势，且随着磁场强度的增大，其数值逐渐减小，但在偏心率增大的过程中其值逐渐趋于一致。由此可知，磁场对该系数的增大有阻滞的作用。由图 9-13（d）可知，随着偏心率的增大，K_{yy}逐渐增大；且 K_{yy}随着磁场的增大也随之增大，但增长的梯度却逐渐减小，逐渐趋于一致。由此可知，磁场对该系数的增大有阻滞的作用。

对比图 9-13 可知，在相同磁场作用下，随着偏心率的变化，交叉系数 K_{yx}和 K_{yy}变化较小，表明沿 y 方向的位移对油膜力的影响较大；而 K_{xx}和 K_{xy}变化较大，说明沿 x 方向的位移对油膜力的影响较大。

图 9-14 为相同宽径比不同磁场条件下，无量纲阻尼系数随偏心率的变化

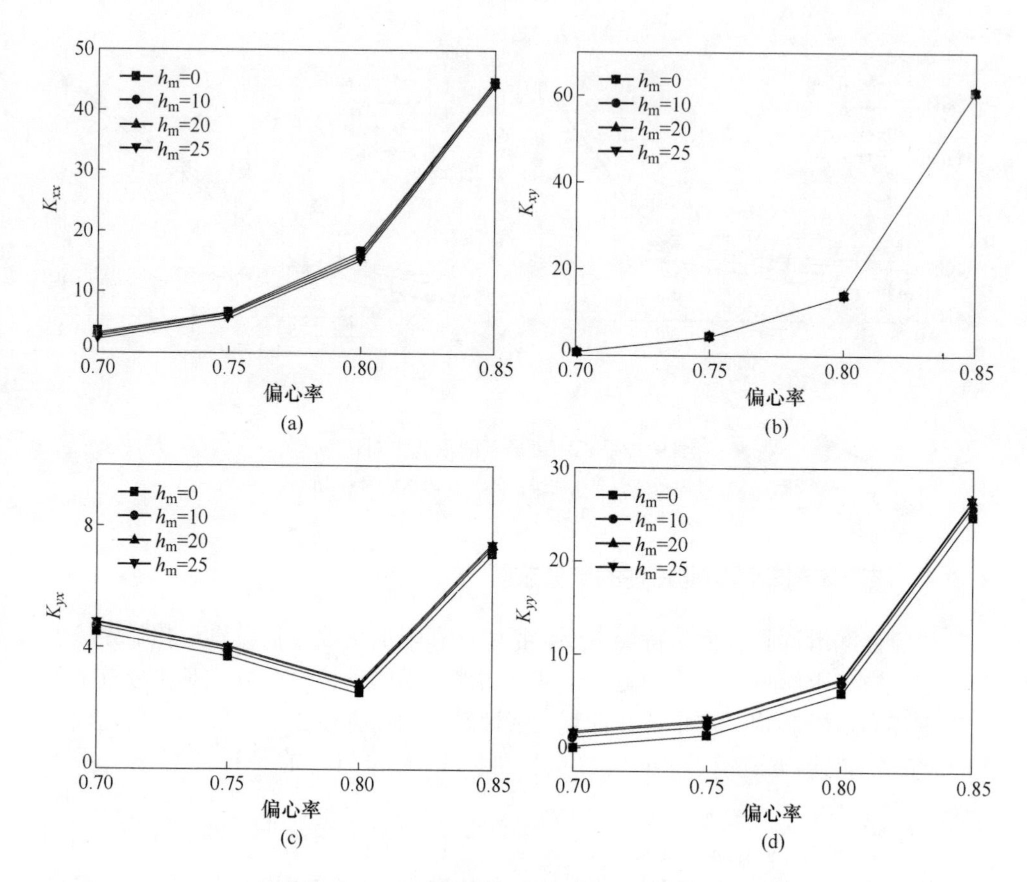

图 9-13　不同磁场下无量纲的刚度系数对比图

(a) K_{xx}变化曲线；(b) K_{xy}变化曲线；(c) K_{yx}变化曲线；(d) K_{yy}变化曲线

曲线。

由图 9-14（a）可知，C_{xx}随着偏心率的增大而增大，但在磁场增大的过程中，其数值保持不变。由此可知，磁场对其影响较小。

由图 9-14（b）可知，$C_{xy}=C_{yx}$随着偏心率的增大而增大，且随着磁场的增大而增大，但增长的梯度逐渐减小，逐渐趋于一致。由此可知，磁场对该系数的增大有阻滞的作用。由图 9-14（c）可知，C_{yy}随着偏心率的增大而增大，且随着磁场的增大而增大，但增长的梯度逐渐减小，逐渐趋于一致。由此可知，磁场对该系数的增大有阻滞的作用。

对比图 9-14 可知，相同磁场作用下，随着偏心率的变化，交叉系数 C_{xy}、C_{yx}和 C_{xx}变化较大，说明沿 x 方向的速度对油膜力的影响较大。而 C_{yy}变化较小，表明沿 y 方向的速度对油膜力的影响较大。

根据刚度和阻尼系数，利用稳定性相关的计算公式，可以得出其无量纲化的

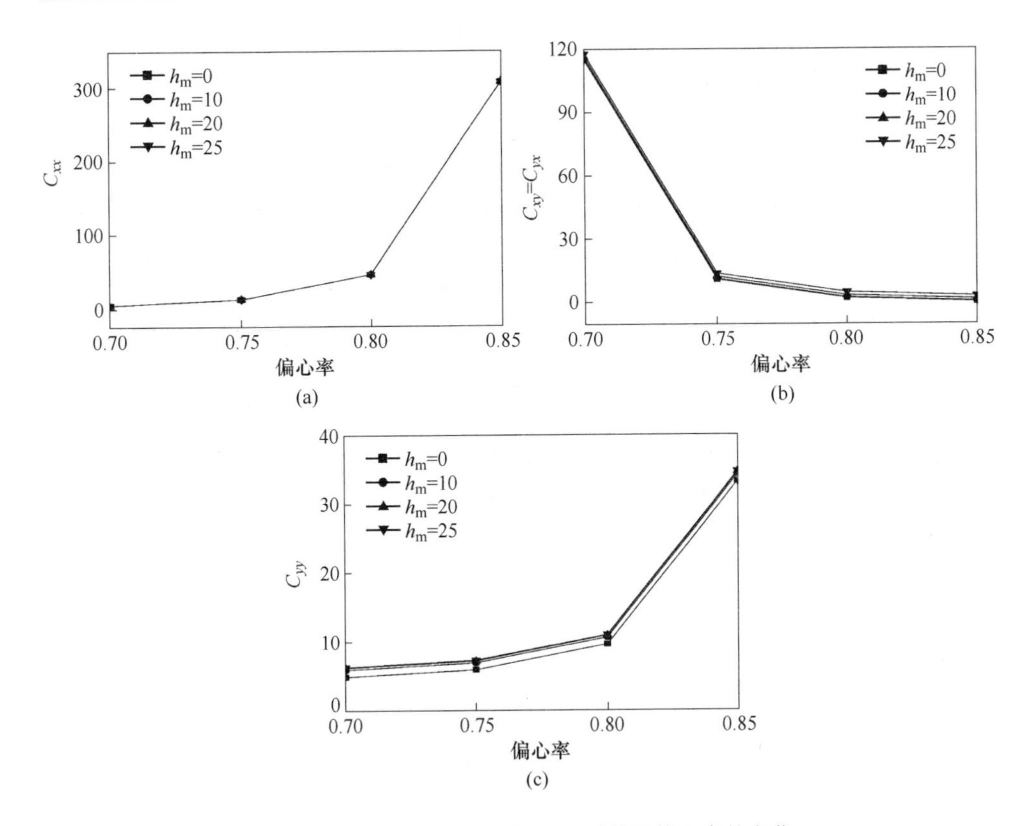

图 9-14　不同磁场下无量纲阻尼系数随偏心率的变化

(a) C_{xx}变化曲线；(b) $C_{xy}=C_{yx}$变化曲线；(c) C_{yy}变化曲线

临界转速，将所得数据进行拟合，得到不同磁场条件下，临界转速随偏心率的变化曲线，如图 9-15 所示。

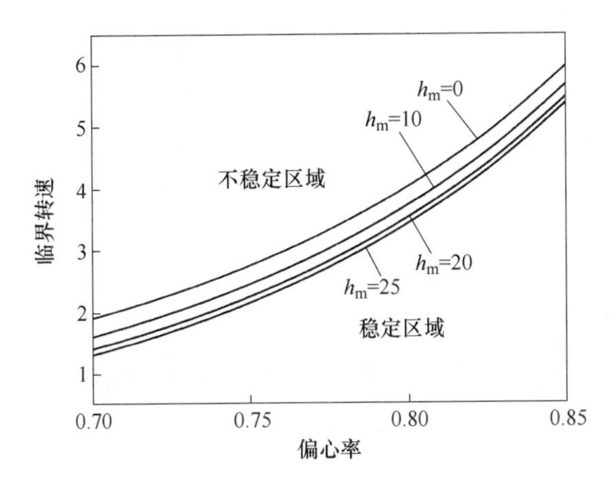

图 9-15　不同磁场条件下临界转速随偏心率的变化

由图 9-15 可知，当磁场不变时，无量纲临界转速随着偏心率的增大而增大；当偏心率不变时，临界转速随着磁场的增大呈现逐渐减小的趋势，但随着磁场的持续增大，临界转速减小的梯度逐渐地减小；为得到相同的临界转速，在不同的磁场强度下，其偏心率随着磁场的增加而增大。分析可知，当轴承承受相同载荷时，当转速越高、偏心率越小时，即轧辊轴心趋向于轴承中心时，可能发生涡动现象，轴承运转不稳定，轧辊做周期性的旋转运动。相同转速下，轧辊轴心越发趋向远离轴承中心时，轧辊能够迅速地稳定下来，从而使得其稳定性大幅提升。

本小节利用 MATLAB 计算程序分别对磁流体润滑油膜轴承的静特性及动特性进行数值求解，首先给出了计算时的相关参数，然后给出了计算流程图，得到了不同磁场作用下的油膜压力、油膜厚度、承载力、刚度和阻尼系数，以及其临界转速的变化曲线，并分析比对了磁场对相关参数的影响。计算结果表明，磁流体润滑有助于提高其油膜轴承的承载力和运转的稳定性。

参考文献

[1] 池长青. 铁磁流体的物理学基础和应用 [M]. 北京：北京航空航天大学出版社，2011.

[2] 韩会敏，李德才. 磁流体制备技术的研究现状与发展方向 [J]. 机械工程师，2007 (2)：25 ~ 27.

[3] 左正平. 磁流体油膜轴承油的制备及其润滑性能试验研究 [D]. 太原：太原科技大学，2017.

[4] Wang Jianmei, Zuo Zhengping, Li Zhixiong, et al. Preparation and viscosity characteristics of a nano-scale magnetic fluid oil-film bearing oil [J]. Journal of Nanoscience and Nanotechnology. (Accepted)

[5] Venkatasubramanian S, Kaloni P N. Stability and uniqueness of magnetic fluid motions [J]. Proceedings Mathematical Physical & Engineering Sciences, 2002, 458 (2021): 1189 ~ 1204.

[6] 王建梅，孙建召，薛涛，等. 磁流体润滑技术的发展 [J]. 机床与液压，2011. 39 (06)：109 ~ 112.

[7] Ochoński W. Sliding bearings lubricated with magnetic fluids [J]. Industrial Lubrication & Tribology, 2007, 59 (6): 252 ~ 265.

[8] 王建梅，黄庆学，杨世春，等. 轧机油膜轴承锥套设计技术 [J]. 机械制造，2006，44 (1)：33 ~ 35.

[9] 郭溪泉，李树青. 现代大型连油膜轴承（技术与应用） [M]. 北京：机械工业出版社，1998.

[10] H Qingxue , W Jianmei, L Yugui, et al. Research on fatigue damage mechanism of sleeve life in oil film bearing [J]. International Journal of Steel and Iron Research, 2007 (1): 60 ~ 64, 68.

[11] Wang J M, Huang Q X, et al. Numerical Analysis on fatigue failure of sleeve in oil-film bearing. Fracture and Damage Mechanics V, Key Engineering Materials, 2006: 323 ~ 326.

[12] 黄庆学，王建梅，静大海，等. 油膜轴承锥套过盈装配过程中的压力分布及损伤 [J]. 机械工程学报，2006，42 (10)：102 ~ 107.

[13] 王建梅，黄庆学，申福昌，等. 轧机油膜轴承润滑理论的回顾与展望 [J]. 润滑与密封，2006 (2)：177 ~ 181.

[14] 王建梅，黄庆学，丁光正. 油膜轴承润滑理论研究进展 [J]. 润滑与密封，2012，37 (10)：112 ~ 116.

[15] Huang Qingxue, Wang Jianmei, et al. Simulation on mechanical behaviors of oil-film bearing sleeve by elastic interference Fit [J]. The Proceeding of the 1st International Symposium on Digital Manufacture, 2006: 173 ~ 177.

[16] 黄庆学，申光宪，梁爱生，等. 轧机轴承与轧辊寿命研究及应用 [M]. 北京：冶金工业出版社，2003 (7)：303 ~ 304.

[17] 王建梅. 大型轧机油膜轴承润滑性能与运行行为研究 [D]. 太原：太原理工大学，2009.

[18] Wang Jianmei, Huang Qingxue, et al. BEM Simulation on elastic deformation of oil-film bearing

in low speed and heavy load rolling mill [J]. The Proceeding of the 1st International Symposium on Digital Manufacture, 2006: 186 ~ 189.

[19] 孙建召. 新型轧机油膜轴承磁流体润滑理论与实验研究 [D]. 太原: 太原科技大学, 2011.

[20] Wang Jianmei, Huang Qingxue, Sun Jianzhao, et al. research on load-carrying performances of magnetic-fluid lubrication for mill oil-film bearing [J]. Advanced Materials Research. 2013, 712 ~ 715: 356 ~ 359.

[21] 黄讯杰. 油膜轴承磁流体润滑性能研究 [D]. 太原: 太原科技大学, 2013.

[22] 侯成. 轴承巴氏合金的蠕变力学行为研究 [D]. 太原: 太原科技大学, 2012.

[23] 王建梅, 薛亚文, 张艳娟, 等. 巴氏合金 SnSb11Cu6 蠕变力学性能研究 [J]. 稀有金属材料与工程, 2015, 44 (6): 1432 ~ 1438.

[24] 黄平. 润滑数值计算方法 [M]. 北京: 高等教育出版社, 2012.

[25] 张笑天, 王建梅, 张亚南, 等. 润滑油温度变化速率影响因素的灰色关联分析 [J]. 太原科技大学学报, 2015, 36 (1): 40 ~ 44.

[26] 赵猛, 邹继斌, 胡建辉. 磁场作用下磁流体粘度特性的研究 [J]. 机械工程材料, 2006, 30 (8): 64 ~ 65.

[27] 王建梅. 中国轧机油膜轴承最新研究进展 [A]. 第三届全国地方机械工程学会学术年会暨海峡两岸机械科技论坛论文集 [C]. 海南省机械工程学会, 2013, 5.

[28] 康建峰. 油膜轴承磁流固多场耦合润滑机理与性能研究 [D]. 太原: 太原科技大学, 2014.

[29] 王建梅, 黄庆学, 杨世春. 低速重载轧机轴承弹性变形的边界元求解 [J]. 哈尔滨工业大学学报, 2006 (Z38): 306 ~ 309.

[30] 薛亚文. 油膜轴承巴氏合金蠕变特性与寿命研究 [D]. 太原: 太原科技大学, 2014.

[31] Wang Jianmei, Huang Qingxue, Sun Jianzhao. Research on energy equation of lubrication model on large-scale journal bearing system [J]. Advanced Materials Research, 2011, 145: 139 ~ 144.

[32] 王建梅, 黄庆学, 杨世春. 大型轧机油膜轴承的三维热弹性流体动力润滑分析 [J]. 太原重型机械学院学报, 2004 (S1): 14 ~ 17.

[33] 张艳娟. 磁流体润滑油膜的数值求解与实验研究 [D]. 太原: 太原科技大学, 2015.

[34] 王建梅, 张艳娟, 康建锋, 等. 轧机油膜轴承磁流体润滑性能的计算分析软件 V1.0 (软件著作权). 国家版权局. 授权号: 2013SR060214.

[35] Zhang Yanjuan, Wang Jianmei, Li Decai. External magnetic field of journal bearing with twined solenoid [J]. Journal of Magnetics, 2017, 22 (2): 291 ~ 298.

[36] 张亚南, 王建梅, 张笑天, 等. 外加磁场对磁流体润滑油膜轴承的影响 [J]. 润滑与密封, 2015 (10): 65 ~ 69.

[37] Celso Fabricio de Melo, Ricardo Luiz Araújo. Calibration of low frequency magnetic field meters using a Helmholtz coil [J]. Measurement, 2009, 42 (9): 1330 ~ 1334.

[38] 王建梅, 康建峰, 张艳娟, 等. 磁流体油膜轴承 [P]. 发明专利号: ZL201310343351.8.

[39] Huang W, Wu J, Guo W, et al. Initial susceptibility and viscosity properties of low concentra-

tion ε-Fe_3 N based magnetic fluid [J]. Nanoscale Res Lett, 2007, 2 (3): 155 ~ 160.
[40] 王健. 铁磁流体的制备方法和粘度测量 [D]. 南京: 南京理工大学, 2005.
[41] 张亚南, 张艳娟, 王建梅. 磁流体润滑油膜粘度监控软件 (软件著作权). 国家版权局. 著作权号: 2014SR060481.
[42] 姜宏伟, 张亚南, 王建梅, 等. 磁流体油膜轴承油的粘度特性研究 [J]. 太原科技大学学报, 2016, 37 (5): 400 ~ 405.
[43] 王建梅, 张亚南, 张笑天, 等. 一种粘度可调节的磁流体润滑油膜轴承. 实用新型专利号: ZL201520161736.7.
[44] Wang J, Kang J, Zhang Y, et al. Viscosity monitoring and control on oil-film bearing lubrication with ferrofluids [J]. Tribology International, 2014, 75 (5): 61 ~ 68.
[45] 张亚南, 王建梅, 张艳娟, 等. 时间累积效应对油膜轴承油粘度的影响研究 [J]. 太原科技大学学报. 2016, 37 (1): 64 ~ 67.
[46] 张亚南. 磁流体润滑油膜轴承静动特性研究 [D]. 太原: 太原科技大学, 2016.
[47] 王建梅, 黄庆学. 油膜轴承可视化性能计算系统的设计及实现 [J]. 太原科技大学学报. 2006, 27 (Z1): 17 ~ 21.
[48] 唐亮, 王建梅, 康建峰, 等. 油膜轴承性能计算可视化界面的开发 [J]. 轴承, 2013 (2): 61 ~ 64.
[49] 王建梅, 朱琳, 李海斌, 等. 轧机油膜轴承综合试验台 [P]. 国家发明专利. 专利号: ZL201110194789.5.
[50] 孙建召, 王建梅, 薛涛, 等. 轧机轴承润滑油膜温度场有限元分析 [J]. 润滑与密封, 2011, 36 (1): 39 ~ 42, 48.
[51] 蔡敏, 王建梅, 张亚南, 等. 线材轧机轴承运行稳定性数值分析与试验研究 [J]. 太原科技大学学报, 2016, 37 (2): 119 ~ 125.